本教材第 1 版曾获首届全国教材建设奖全国优秀教材一等奖

“十四五”职业教育国家规划教材

“十三五”职业教育国家规划教材

“十二五”职业教育国家规划教材
经全国职业教育教材审定委员会审定
高等院校“互联网+”系列精品教材

国家精品在线
课程配套教材

射频技术（第 2 版）

主编　高　燕　于宝明
副主编　汤　滟　谭立容　顾纪铭
主审　顾　斌

扫一扫看
课程导学
视频

扫一扫看
典型例题
解析

電子工業出版社
Publishing House of Electronics Industry
北京 · BEIJING

内 容 简 介

本书按照教育部最新的职业教育教学改革要求，在多年工学结合课程改革的基础上，由经验丰富的双师型教师与企业一线技术人员共同编写。全书分为8章，以射频通信系统为主线逐步讲解通信系统内收发模块电路的相关知识与技能，主要包括射频技术概论，高频电路基础，高频小信号放大器，高频功率放大器，正弦波振荡器，反馈控制电路，振幅调制、解调与混频，角度调制与解调等内容。每章后设置实用案例电路分析、电路仿真演示、模块电路实验等项目，内容紧扣职业岗位技能需求。本书根据课程特点深层次挖掘与提炼课程内容蕴含的思政元素，践行“价值引领、知识传授、能力培养”三位一体的教学目标。

本书重难点配有例题讲解，每章都有专业名词解析、本章小结、思考题与习题，便于教师教学与学生自学。学习者可通过扫描书中二维码观看知识点和技能点授课视频，也可登录中国大学MOOC平台查找“射频技术”开展在线自主学习，通过观看各章节讲课视频、动画、课件等多元化资源，并辅以课堂讨论、章节测试，提升学习效果。

本书可作为高等职业教育本专科院校相应课程的教材，也可作为开放大学、成人教育、自学考试、中职学校和培训班的教材，以及电子工程技术人员的参考工具书。

图书在版编目（CIP）数据

射频技术 / 高燕，于宝明主编. —2版. —北京：电子工业出版社，2021.11
高等院校“互联网+”系列精品教材
ISBN 978-7-121-38018-1

Ⅰ. ①射…　Ⅱ. ①高…　②于…　Ⅲ. ①射频电路－电路设计－高等学校－教材　Ⅳ. ①TN710.02

中国版本图书馆CIP数据核字（2019）第263900号

责任编辑：桑　昀
印　　刷：天津画中画印刷有限公司
装　　订：天津画中画印刷有限公司
出版发行：电子工业出版社
　　　　　北京市海淀区万寿路173信箱　邮编：100036
开　　本：787×1 092　1/16　印张：13.25　字数：339千字
版　　次：2014年8月第1版
　　　　　2021年11月第2版
印　　次：2024年6月第2次印刷
定　　价：58.00元

凡所购买电子工业出版社图书有缺损问题，请向购买书店调换。若书店售缺，请与本社发行部联系，联系及邮购电话：（010）88254888，88258888。

质量投诉请发邮件至zlts@phei.com.cn，盗版侵权举报请发邮件至dbqq@phei.com.cn。

本书咨询联系方式：chenjd@phei.com.cn。

本书先后被评为“十二五”“十三五”和“十四五”职业教育国家规划教材，并荣获首届全国教材建设奖全国优秀教材一等奖，是国家精品在线课程的配套教材。全书共分为 8 章：第 1 章为射频技术概论，主要介绍通信系统的组成与分类、无线电设备、信号的时/频域分析、无线电波的划分及传播方式、非线性电路等；第 2 章为高频电路基础，主要介绍射频电路中的元器件、谐振电路、电路的阻抗变换作用、选择性滤波器等；第 3 章为高频小信号放大器，主要介绍高频小信号放大器的分类与组成及主要技术指标、高频小信号单调谐放大器、放大器中的噪声等；第 4 章为高频功率放大器，主要介绍功率放大器、丙类谐振功率放大器、谐振功率放大器的特性分析及电路等；第 5 章为正弦波振荡器，主要介绍振荡器、反馈型振荡器、LC 正弦波振荡器、石英晶体振荡器等；第 6 章为反馈控制电路，主要介绍反馈控制电路的组成、分类及特点，三种反馈控制电路，锁相环路的基本组成及特性，频率合成器等；第 7 章为振幅调制、解调与混频，主要介绍频率变换、振幅调制、调幅电路、调幅信号的解调、混频电路等；第 8 章为角度调制与解调，主要介绍角度调制、调频信号和调相信号、调频的实现方法及电路、调频波的解调等。

本书由经验丰富的双师型教师和企业一线技术人员共同编写，在第 1 版的基础上做了修订，有以下主要特点。

1. 符合职教理念，重构教材内容

射频技术的内容本身需要一定的数学基础，且概念抽象。为了适应高职教育生源现状及相应的培养目标，本书在内容上体现层次性、针对性和形式多样性，按照毕业生岗位能力结构的变化重新组织相关教学内容，将认识上有难度的知识体系化繁为简，强调对原理框图、物理概念的描述和模块电路分析方法的掌握，淡化抽象理论的讲解和烦琐的数学推导。

2. 跟踪行业发展，体现先进技术

本书以应用性、职业性、系统性、先进性为目标，由于射频通信技术与实际应用结合紧密，因此有必要及时将专业前沿技术引入教学，并引入通信技术的新发展动向及新应用，体现知识的先进性和应用性，以增强学习者良好的学习体验和学习效果。

3. 突出实践技能，贴近岗位需求

本书在内容上注重校-行-企结合，以应用为主旨和特征构建教学内容体系，对岗位职业技能要素予以分解并形成项目，通过实验实训项目加强对学生实践技能的培养：配合电路仿真演示进行辅助教学；训练学生能够对通信系统中的主要模块电路，如高频小信号放大器、功率放大器、振荡器、混频器、调幅调频电路及其解调电路进行调试和指标测试；对调频收音机整机电路进行独立设计、焊接、制作和调试，以加强学习者对系统整体的认识和理解。

4. 融入思政元素，陶冶爱国情怀

本书坚持以立德树人为宗旨，强化质量导向，实现内涵发展，注重知识传授、能力培养与价值引领有效融合。注重寻找专业教育与思政教育的“触点”，在内容上有意识、有计划、有目的地融入思政元素，营造教育氛围。本书将爱党爱国、工匠精神、规范意识等元素嵌入课程教学的过程，使学习者在学习专业知识和技能的同时，提升自己的政治素养、道德品质和职业素养。

5. 丰富配套资源，实现开放共享

本书以“创新、协调、绿色、开放、共享”的新发展理念为指导，以模块化教学为主线，开发出与教材配套的立体化资源。理论部分配有多媒体课件、微课、动画、习题库等，辅以NI Multisim 仿真电路设计软件；实验环节有与课程配套的射频电路实验箱、实验测试电路板等。各类资源以二维码的形式嵌入教材相应的知识点，同时有对应的国家精品在线开放课程，依托中国大学 MOOC 平台，向高校和社会学习者提供服务，实现教学资源高度共享。

本书由南京信息职业技术学院高燕、于宝明担任主编，由南京信息职业技术学院汤滟、谭立容和南京钛能科技股份有限公司高级工程师顾纪铭任副主编。南京信息职业技术学院顾斌教授为本书的审核提出了很多宝贵意见。本书在编写过程中得到了南京信息职业技术学院丁宁副教授的指导，在此表示感谢！

为了方便教师教学，本书以二维码的形式嵌入多种类型的教学资源，方便学习者获取信息；依托中国大学 MOOC 平台开设国家精品在线开放课程，为各类高校相关课程、企业培训、认证考试及社会学习者线上学习提供服务。学习者可随时通过课程平台讨论区与教师及其他学习者交流反馈，课程团队会根据质量数据落实本课程教学质量的持续改进，不断提高课程满意度。

由于通信电子技术的不断发展和课程教学改革的不断推进，其内涵及外延也在不断变化，加之编者水平有限，书中难免存在不足和疏漏之处，希望同行专家和学习者能给予批评指正。

扫一扫看典型案例 1：ND250 电台的具体故障维修方法分解说明

扫一扫看典型案例 2：基于 FPGA 的便携式频谱分析仪

扫一扫看典型案例 3：南京泰之联无线科技有限公司考场频谱侦测仪

扫一扫看典型案例 4：跳频无线数传电台

扫一扫看典型案例 5：增益可控射频放大器

目 录

第 1 章 射频技术概论 …… 1

1.1 通信系统的组成与分类 …… 2

1.1.1 通信系统的组成 …… 2

1.1.2 模拟通信系统 …… 2

1.1.3 数字通信系统 …… 3

1.2 无线电设备 …… 3

1.2.1 调制与解调 …… 3

1.2.2 无线电发送设备与接收设备 …… 5

1.2.3 天线的分类与功能 …… 6

1.3 信号的时/频域分析 …… 7

1.4 无线电波的划分及传播方式 …… 9

1.4.1 无线电波的划分 …… 9

1.4.2 无线电波的传播方式 …… 10

1.5 非线性电路 …… 11

1.5.1 非线性器件的特性 …… 11

1.5.2 非线性器件的作用 …… 12

1.5.3 非线性电路的分析 …… 12

1.5.4 非线性电路的应用 …… 13

专业名词解析 …… 13

本章小结 …… 14

思考题与习题 1 …… 15

仿真演示 1 方波信号的频谱 …… 15

实验 1 信号的时/频域特性测量 …… 16

第 2 章 高频电路基础 …… 19

2.1 射频电路中的元器件 …… 20

2.1.1 电阻 …… 20

2.1.2 电容 …… 20

2.1.3 电感 …… 21

2.2 谐振电路 …… 22

2.2.1 串联谐振电路 …… 22

2.2.2 并联谐振电路 …… 23

2.3 电路的阻抗变换作用 …… 25

2.3.1 阻抗变换电路 …… 25

2.3.2 LC 选频匹配网络 …… 27

2.4 选择性滤波器 ······ 28
2.4.1 LC 集中选频滤波器 ······ 29
2.4.2 石英晶体滤波器 ······ 31
2.4.3 陶瓷滤波器 ······ 32
2.4.4 声表面波滤波器 ······ 33
专业名词解析 ······ 34
本章小结 ······ 35
思考题与习题 2 ······ 35
实验 2 测试 LC 滤波电路 ······ 35
第 3 章 高频小信号放大器 ······ 38
3.1 高频小信号放大器的分类与组成及主要技术指标 ······ 39
3.1.1 高频小信号放大器的分类与组成 ······ 39
3.1.2 高频小信号放大器的主要技术指标 ······ 39
3.2 高频小信号单调谐放大器 ······ 41
3.2.1 单级单调谐放大器 ······ 41
3.2.2 多级单调谐放大器 ······ 42
3.2.3 集中选频放大器 ······ 43
3.3 放大器中的噪声 ······ 44
3.3.1 噪声的来源与分类 ······ 44
3.3.2 电路中衡量噪声性能的指标 ······ 45
3.3.3 抑制噪声的措施 ······ 46
案例分析 1 高频小信号放大器 ······ 46
专业名词解析 ······ 47
本章小结 ······ 48
思考题与习题 3 ······ 48
仿真演示 2 高频小信号放大器电路 ······ 48
实验 3 测试高频小信号放大器的性能指标 ······ 49
第 4 章 高频功率放大器 ······ 52
4.1 功率放大器 ······ 53
4.1.1 功率放大器的工作状态分类 ······ 53
4.1.2 功率放大器的工作状态特点 ······ 53
4.2 丙类谐振功率放大器 ······ 54
4.2.1 电路组成 ······ 54
4.2.2 工作原理 ······ 54
4.2.3 功率与效率的关系 ······ 56
4.3 谐振功率放大器的特性分析 ······ 57
4.3.1 谐振功率放大器的工作状态 ······ 57
4.3.2 谐振功率放大器的负载特性 ······ 57
4.3.3 各级电压对工作状态的影响 ······ 59

4.4 谐振功率放大器电路……60
4.4.1 直流馈电电路……60
4.4.2 匹配滤波网络……61
案例分析 2 谐振功率放大器……61
专业名词解析……62
本章小结……63
思考题与习题 4……63
仿真演示 3 丙类谐振功率放大器电路……63
实验 4 测试匹配滤波电路……65
第 5 章 正弦波振荡器……67
5.1 振荡器……68
5.2 反馈型振荡器……69
5.2.1 反馈型振荡器的振荡过程……69
5.2.2 反馈型振荡器的工作条件……69
5.2.3 反馈型振荡器的性能指标……71
5.3 LC 正弦波振荡器……72
5.3.1 三点式振荡器的组成原则……72
5.3.2 三点式振荡器……73
5.3.3 振荡器应用电路……75
5.3.4 改进型电容三点式振荡器……77
5.4 石英晶体振荡器……79
5.4.1 石英谐振器及其特性……79
5.4.2 石英晶体振荡器的分类……79
案例分析 3 电容三点式振荡器……83
专业名词解析……84
本章小结……85
思考题与习题 5……86
仿真演示 4 电容三点式振荡器……87
仿真演示 5 并联型石英晶体振荡器……88
实验 5 测试振荡器电路……89
第 6 章 反馈控制电路……92
6.1 反馈控制电路的组成、分类及特点……93
6.2 三种反馈控制电路……94
6.2.1 自动增益控制电路……94
6.2.2 自动频率控制电路……94
6.2.3 自动相位控制电路……95
6.3 锁相环的基本组成及特性……96
6.3.1 锁相环的基本组成……96
6.3.2 锁相环的数学模型……99

6.3.3 锁相环的基本特性……100
6.3.4 集成锁相环……101
6.3.5 锁相环的应用……102
6.4 频率合成器……104
6.4.1 频率合成器的主要技术指标……105
6.4.2 锁相环频率合成器……105
案例分析 4 锁相环频率合成器……108
专业名词解析……110
本章小结……111
思考题与习题 6……111
仿真演示 6 模拟乘法器鉴相器的基本特性测试电路……112
实验 6 测试数字锁相环频率合成器电路……113
第 7 章 振幅调制、解调与混频……116
7.1 频率变换……117
7.1.1 频率变换电路的特性……117
7.1.2 频谱搬移的基本原理……118
7.2 振幅调制……120
7.2.1 调制的概念及分类……120
7.2.2 调幅的分类及方法……120
7.2.3 普通调幅信号……121
7.2.4 双边带调幅信号……125
7.2.5 单边带调幅信号……127
7.3 调幅电路……128
7.3.1 调幅电路的分类……128
7.3.2 低电平调幅电路……129
7.3.3 高电平调幅电路……132
7.4 调幅信号的解调……133
7.4.1 检波的作用及分类……133
7.4.2 二极管峰值包络检波器……134
7.4.3 同步检波器……137
7.5 混频电路……139
7.5.1 混频原理……139
7.5.2 混频器的性能指标……140
7.5.3 混频器的组成……141
7.5.4 混频干扰……141
案例分析 5 调幅电路……144
案例分析 6 检波电路……145
案例分析 7 混频电路……146
专业名词解析……147

本章小结 …… 148
思考题与习题 7 …… 149
仿真演示 7　模拟乘法器实现 AM 调制 …… 149
仿真演示 8　模拟乘法器实现 DSB 调制 …… 150
仿真演示 9　二极管峰值包络检波电路 …… 151
仿真演示 10　模拟乘法器实现同步检波电路 …… 151
仿真演示 11　模拟乘法器实现混频电路 …… 153
实验 7　测试调幅电路 …… 153
实验 8　测试检波电路 …… 156
实验 9　测试混频电路 …… 157
第 8 章　角度调制与解调 …… 160
8.1　角度调制 …… 161
8.2　调频信号和调相信号 …… 161
8.2.1　调频信号的基本性质 …… 161
8.2.2　调相信号的基本性质 …… 163
8.2.3　调频信号与调相信号的关系 …… 163
8.2.4　调角信号的频谱及参数 …… 167
8.3　调频的实现方法及电路 …… 169
8.3.1　调频的实现方法 …… 169
8.3.2　调频电路的基本性能指标 …… 170
8.3.3　直接调频法 …… 170
8.3.4　间接调频法 …… 173
8.4　调频波的解调 …… 174
8.4.1　鉴频器的主要技术指标 …… 174
8.4.2　鉴频方法与电路 …… 175
案例分析 8　调频对讲机 …… 179
专业名词解析 …… 180
本章小结 …… 181
思考题与习题 8 …… 181
仿真演示 12　变容二极管直接调频电路 …… 182
仿真演示 13　锁相环鉴频电路 …… 183
实验 10　测试鉴频器电路 …… 184
附录 A　自动搜台调频收音机应用 …… 187
附录 B　软件无线电技术 …… 193
附录 C　思政小学堂 …… 198
参考文献 …… 202

第1章 射频技术概论

通信改变着人们的生活方式，在不同的环境下通信有着不同的解释。通信可以理解为需要信息的双方或多方将信息从一地传输至另一地的过程。在古代，人们通过驿站、飞鸽传书、烽火报警等方式进行信息传递。随着现代科技的迅猛发展，移动电话、卫星电话、导航、雷达等各种通信设备应运而生，并在不同的领域均得到广泛应用。

本章主要介绍通信系统的组成与分类、无线电发送设备与接收设备、信号的时/频域分析、无线电波的划分及传播方式、非线性电路。

知识点目标：

- 了解射频通信的基本概念和基本的通信系统组成。
- 理解发送设备和接收设备的基本组成及工作原理。
- 了解调制与解调的作用及分类。
- 了解信号具有时域和频域两大特点，理解周期性信号的傅里叶级数变换分析法。
- 了解无线电波的三种传播方式：地波、天波和空间波，并对通信中常用的天线的基本知识有初步的了解。
- 了解非线性器件的特性及对非线性电路的分析法。

技能点目标：

- 掌握无线电收发系统的框图画法。
- 掌握信号幅频图的画法，并能借助幅频图分析信号的特点和规律。
- 掌握高频实验仪器如函数信号发生器、数字存储示波器、频谱分析仪的使用方法，并学会利用高频实验仪器测量信号的参数。

1.1 通信系统的组成与分类

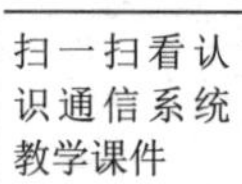

1.1.1 通信系统的组成

通信系统指实现信息传输的系统，其基本组成框图如图1.1所示。通信系统一般包括信源、发送设备、信道、接收设备与信宿5个部分。各部分的作用如下。

信源 将传输的信息（如声音或图像）转换成微弱的电信号（基带信号）。信源必须有话筒、摄像机等换能器。

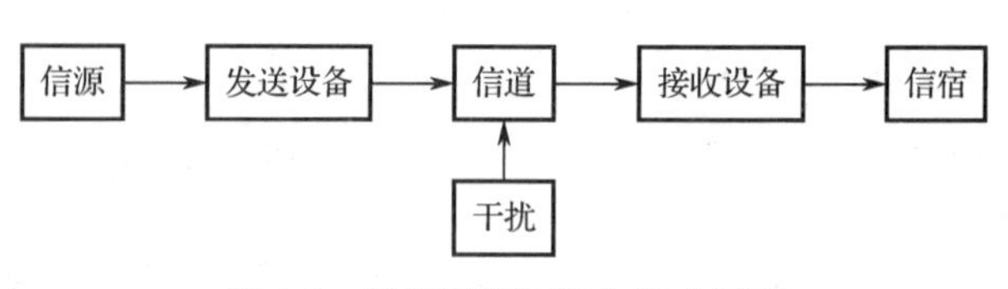

图1.1 通信系统的基本组成框图

发送设备 将基带信号转换成适合信道传输的信号。发送设备的转换方式是多种多样的，调制是常见的转换方式。对于数字通信系统，发送设备常常又包括编码器与调制器。

信道 传输信号的物理媒介。在无线信道中，信道可以是自由空间；在有线信道中，信道可以是双绞线、同轴电缆或光纤。不同的信道具有不同的传输特性。

接收设备 将接收信号进行处理，以恢复相应的原始基带信号。其功能是完成发送设备的反变换，即进行解调及解码等。由于在信道中会引入干扰，因此恢复的信号可能会产生失真，应尽量减小失真。

信宿 将接收设备恢复的原始基带信号转换成相应的消息。如果信源是话筒，要传输的信号是话音电信号，那么信宿是扬声器，它将话音电信号转换成声音。

干扰 信号在信道内传输时不可避免会受到干扰与噪声的影响。干扰大致可以分成两类，一类是同频干扰，另一类是非同频干扰。根据信号的特点合理地设计和调整信道特性可以提高通信性能。

通信系统有多种分类方式。按照所用传输媒介的不同，通信系统可以分为有线通信系统和无线通信系统。按照通信业务的不同，通信系统可以分为电话通信系统、数据通信系统、传真通信系统和图像通信系统等。按照信道中传输信号的不同，通信系统可以分为模拟通信系统和数字通信系统。

本书将以模拟通信系统中的发送设备和接收设备为重点来研究电路，通过分析构成无线电收发设备各单元电路的组成、工作原理、性能指标及分析方法等，形成对完整无线通信过程的认知，并将其推广应用到其他类型的通信系统中。

1.1.2 模拟通信系统

模拟信号指用连续变化的物理量所表示的信息。利用模拟信号来传输信息的通信系统称为模拟通信系统，其原理框图如图1.2所示。

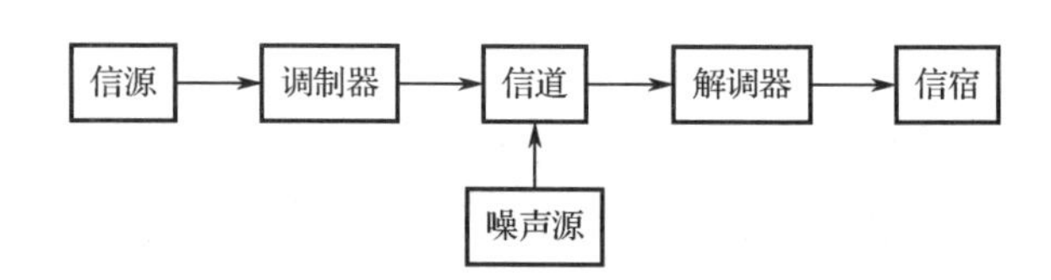

图1.2 模拟通信系统的原理框图

在模拟通信系统中，主要实现两种转换：在发送端，由调制器完成调制后，得到具有高频特性的已调信号；在接收端，将已调信号送入解调器解调后，恢复原来的基带信号。

1.1.3 数字通信系统

数字信号是用特定时刻的有限个状态来表示信息的。利用数字信号来传输信息的通信系统称为数字通信系统，其原理框图如图 1.3 所示。

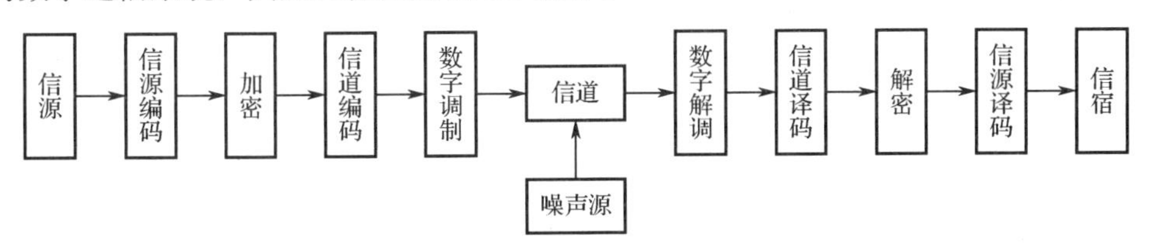

图 1.3 数字通信系统的原理框图

区别于模拟通信系统，数字通信系统中的发送端增加了编码器、加密器等模块，接收端增加了译码器、解密器等模块。其中，信源编码将信源处的模拟信号按照一定的规则数字化。信道编码又称差错控制编码，它是为了让误码产生的影响降至最低所进行的编码，以减小信道传输特性不理想及加性噪声的影响。相应地，接收端的信源译码将数字信号转换为模拟信号，信道译码发现和纠正传输信号的错误，去掉在信道编码时加入的码元，恢复其本来面貌。有时为实现保密通信，通信系统中会加入加密与解密环节，以提高所传信息的安全性。

数字通信具有以下优点：抗干扰能力强，传输差错可控，易于加密处理，且通信保密性高，易于集成，使通信设备微型化、质量轻。随着微电子技术和计算机技术的迅猛发展和广泛应用，数字通信在今后的通信方式中会占主导地位。

1.2 无线电设备

1.2.1 调制与解调

扫一扫看调制的作用及方式教学课件

扫一扫看调制的作用及方式教学视频

1. 调制的意义

在无线通信系统中，电信号主要以空间电磁波为载体经天线辐射出去。但一般来说，发射信号的频率比较低，如音频信号的频率范围为 20 Hz～20 kHz。根据电磁波理论，要想将音频信号有效辐射出去，天线尺寸应和信号的波长相比拟，即足够长。具体来说，20 Hz～20 kHz 的音频信号对应的波长为 15～1.5×10^4 km，波长很长，要制造出相应的巨大天线是不现实的。此外，即使能够直接将音频信号辐射到空中，若各发射台发射的均为同一频段的低频信号，则在信道中会互相重叠、干扰，不同接收设备也无法选择所要接收的信号。因此，采用调制可以有效解决以上问题。

调制将要传输的信号加载到运送信号的高频载波上，从而使天线的尺寸和载波的波长相比拟，这样只要增加载波的频率就可以使用较短的天线来传输调制信号，且不同的电台可采用不同的高频振荡频率，以使彼此互不干扰。

2. 调制

扫一扫看信号的调制教学课件

扫一扫看信号的调制教学视频

扫一扫下载看信号的调制动画

调制的种类很多，且其分类方式也不尽相同。按照调制信号的种类区分，调制可以分为模拟调制和数字调制；按照载波信号的种类区分，调制可以分为连续波调制和脉冲调制。

调制的分类如表 1.1 所示，调制信号为模拟信号的通信系统称为模拟调制，其调制方式分为振幅调制（简称调幅，AM）、频率调制（简称调频，FM）和相位调制（简称调相，PM）；调制信号为数字信号的通信系统称为数字调制，其调制方式分为幅移键控（ASK）、频移键控（FSK）和相移键控（PSK）。模拟调制和数字调制不同类型的信号波形分别如图 1.4 和图 1.5 所示。

表 1.1　调制的分类

类别	调制方式
模拟调制（调制信号为模拟信号）	振幅调制（AM）
	频率调制（FM）
	相位调制（PM）
数字调制（调制信号为数字信号）	幅移键控（ASK）
	频移键控（FSK）
	相移键控（PSK）

本书主要研究调制信号和载波信号都为连续波的模拟通信方式。

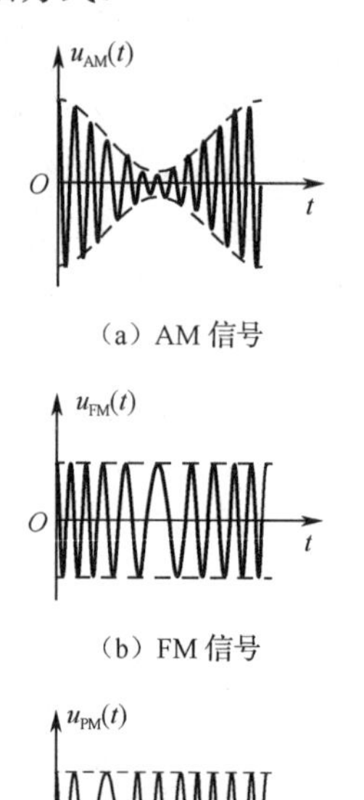

（a）AM 信号

（b）FM 信号

（c）PM 信号

图 1.4　模拟调制不同类型的信号波形

$u_{ASK}(t)$ 1 0 1 O t

（a）ASK 信号

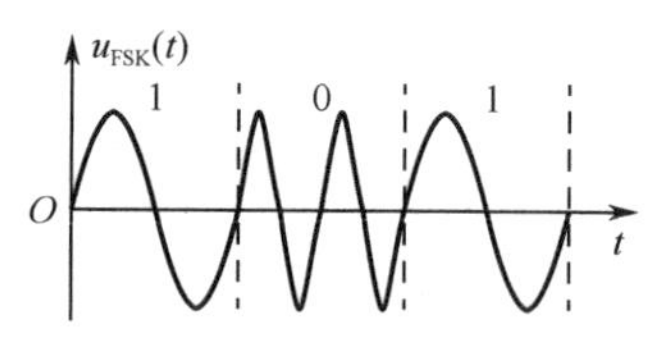

（b）FSK 信号

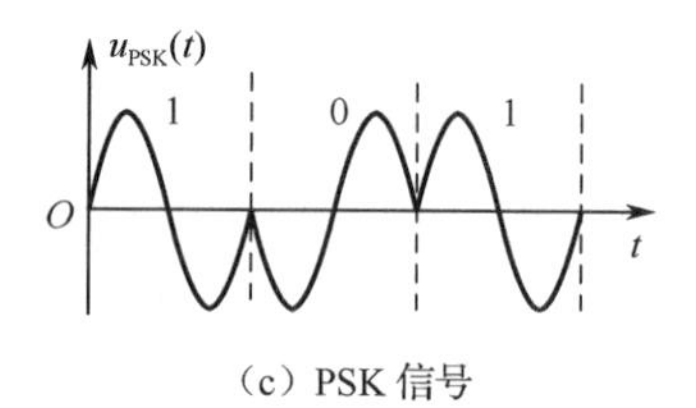

（c）PSK 信号

图 1.5　数字调制不同类型的信号波形

如果以单频正弦波作为载波，那么其一般数学表达式为

$$u(t) = U_m \cos\varphi(t) = U_m \cos(\omega t + \varphi_0) \tag{1.1}$$

式中，U_m 为正弦波的振幅，ω 为瞬时角频率，$\varphi(t)$ 为瞬时相位，φ_0 为初相位。振幅、角频率、相位为正弦波的三要素。

用需要传输的基带信号去控制高频振荡的某一参数（振幅、角频率或相位），使其随基带信号的变化而变化，这就是调制的过程。

调制的主要作用：便于无线发射，减小天线尺寸；实现信道复用（把多个信号分别安排在不同的频段上同时进行传输），提高通信容量；提升通信系统的抗干扰能力。

3. 解调

扫一扫看信号的解调教学课件

扫一扫看信号的解调教学视频

经过调制的信号到达接收端后是不能直接被接收的，必须从高频已调波信号中恢复为原来的调制信号，这个过程称为解调。模拟连续波的调制有调幅、调频和调相 3 种，解调的方式对应也有 3 种。其中，调幅波的解调称为振

幅检波，简称检波；调频波的解调称为频率检波，简称鉴频；调相波的解调称为相位检波，简称鉴相。

扫一扫看无线电收发设备的基本组成和功能教学课件

1.2.2　无线电发送设备与接收设备

扫一扫看无线电收发设备的基本组成和功能教学视频

扫一扫下载看无线电调幅广播发送设备框图动画

发送设备与接收设备是通信系统中的核心环节，在不同的通信系统中，发送设备与接收设备的组成也有所差异，但基本原理和结构类似。下面具体分析无线电发送设备与接收设备的组成。

1. 无线电发送设备

无线电调幅发送设备的组成框图如图 1.6 所示。

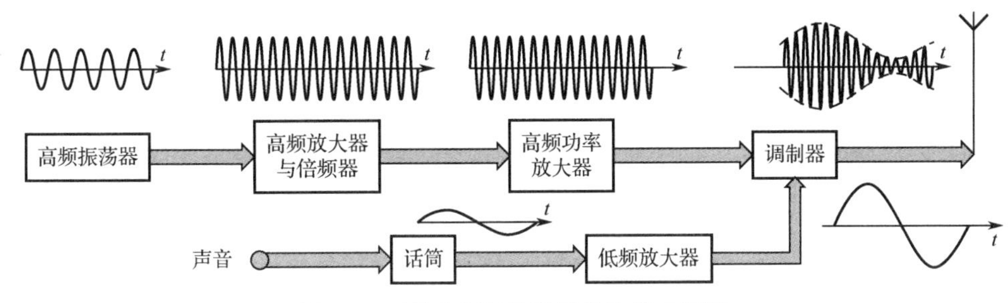

图 1.6　无线电调幅发送设备的组成框图

高频振荡器的作用是产生高频振荡信号，并作为载波信号运载调制信号。相当于要将货物运到很远的地方必须使用到的运载工具，如汽车、火车或飞机等，运载工具相当于载波信号，货物相当于调制信号。

倍频器的作用是提高载波信号的频率，高频振荡器产生的高频振荡信号的频率不一定能达到所要求的频率，需要用倍频器将其提高到所需值。

高频功率放大器的作用是将高频振荡信号的功率放大，获得足够的发射功率以推动末级调制器。

调制器的作用是将调制信号装载到载波信号上，产生高频已调波，并通过天线辐射到空间。

话筒的作用是将声音信号变成微弱的电信号。

调制信号放大器的作用是将微弱的电信号进行放大。其实质是低频放大器，用来放大调制信号。

扫一扫下载看无线电调幅广播接收设备框图动画

2. 无线电接收设备

无线电接收设备有简单接收设备、直接放大式接收设备、超外差式接收设备等。由于超外差式接收设备性能优越，因此其目前得到了较广泛的应用。超外差式接收设备的组成框图如图 1.7 所示。

高频放大器的作用是从天线接收到的信号中选出所需的信号并放大，同时抑制其他无用频率的信号，得到频率为 f_s 的高频调幅波。

本地振荡器的作用是产生高频等幅振荡信号 f_L，从而在混频器中产生差频。

混频器的作用是将载频为 f_s 的高频调幅波与本地振荡器提供的频率为 f_L 的高频等幅振荡信号混频，产生频率固定为 f_I=f_L-f_s 的中频信号，该中频信号仍然为一个调幅波。

中频放大器是中心频率 f_I 固定的选频放大器，其作用是进一步滤除无用信号，并将有用信号放大到足够大。

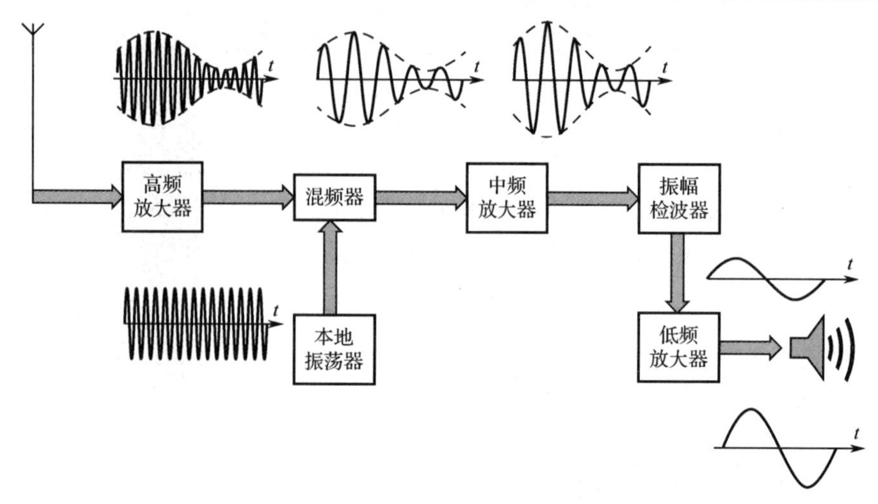

图 1.7　超外差式接收设备的组成框图

振幅检波器的作用是将得到的中频已调信号进行解调，恢复为原基带信号，相当于从运载工具上卸下货物。再经低频放大器放大后输出。

分析可知，超外差式接收设备的结构特点是在混频器这一核心环节，其主要作用是实现变频，且变频后的载波频率固定，这极大便利了中频放大器中谐振电路的设计，无须调整并易于选频。

由以上讨论可知，从信号处理的角度来看，发送设备与接收设备主要用于处理高频信号，除高频小信号放大器外，高频功率放大器、高频振荡器、调制器、解调器、混频器等都是非线性电路。相对于线性电路的分析方法，非线性电路的分析方法更加复杂，其输出信号和输入信号的频率不同，输出信号中有新的频率成分产生。这些都是本书的重点研究内容。

1.2.3　天线的分类与功能

无线电发送设备输出的射频信号功率通过馈线（电缆）输送到天线，由天线以电磁波的形式辐射出去。电磁波到达接收地点后，由天线接收（仅接收很少一部分功率），并通过馈线送到无线电接收设备。由此可见，天线是发射和接收电磁波的一个重要无线电设备。

天线品种繁多，可在不同频率、不同情况下使用。按工作频段分类，天线可分为短波天线、超短波天线及微波天线等；按工作性质分类，天线可分为发射天线和接收天线；按方向性分类，天线可分为全向天线和定向天线等；按外形分类，天线可分为线状天线和面状天线等。

发射天线的基本功能是将从馈线取得的能量向周围空间辐射出去，并且把大部分能量朝着所需的方向辐射，因此天线是有方向性的。由此可定义全向天线：在水平方向图上表现为360°的均匀辐射，也就是无方向性。全向天线在通信系统中一般应用于辐射距离近、覆盖范围大的场合。图 1.8 所示为全向天线方向图。

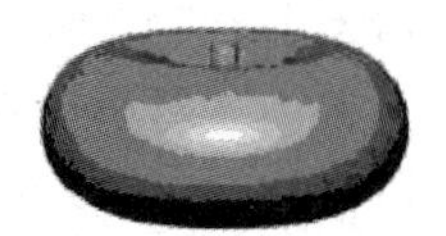

（a）立体方向图

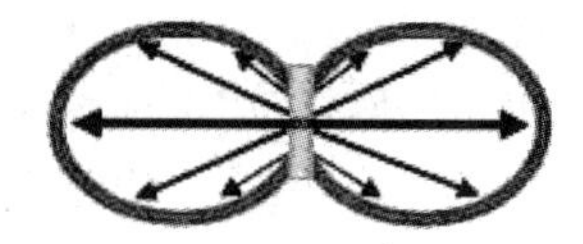

（b）垂直方向图

（c）水平方向图

图 1.8　全向天线方向图

定向天线在水平方向图上表现为在一定角度范围内的辐射，也就是有方向性。定向天线在通信系统中一般应用于通信距离远、覆盖范围小、目标密度大的场合。图 1.9 所示为带平面反射板的扇形区覆盖的定向天线图。

平面反射板

图 1.9　带平面反射板的扇形区覆盖的定向天线图

可以看出，全向天线会向四面八方发射信号，前后左右都可以接收到信号；定向天线就好像在天线后面罩了一个碗状的反射面，信号只能向前传输，射向后面的信号被反射面挡住并反射到前方，从而加强前面的信号强度。

单个半波对称振子可单独使用或用作抛物面天线的馈源，也可采用多个半波对称振子组成天线阵。两臂长度相等的振子称为对称振子。每臂长度为 1/4 波长、全长为 1/2 波长的振子称为半波对称振子。若将全波对称振子折合为一个窄而长的矩形框，且两端重叠，则可以构成长度为 1/2 波长的半波折合振子。半波对称振子和半波折合振子如图 1.10 所示。

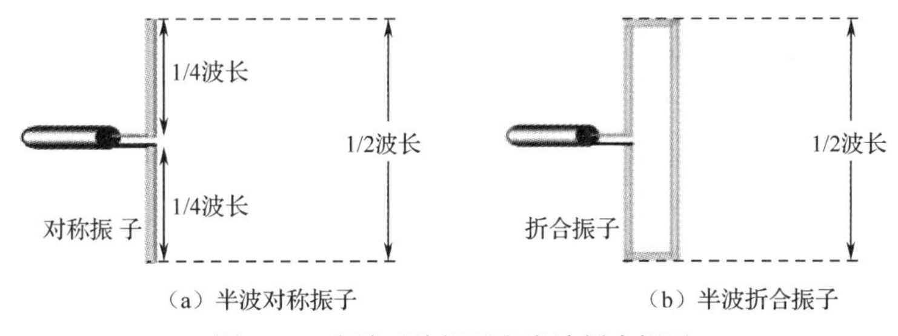

（a）半波对称振子　（b）半波折合振子

图 1.10　半波对称振子和半波折合振子

射频通信中的常用天线如图 1.11 所示。图 1.11（a）所示的板状天线是定向天线，常用在基站、直放站中。图 1.11（b）所示的抛物面天线集射能力强，特别适合用于点对点通信，常在通信直放站中用作施主天线。图 1.11（c）所示的八木天线同样适合用于点对点通信，它是室内通信系统的室外接收天线的首选天线。图 1.11（d）所示的室内壁挂天线属于定向天线，用于室内，一般体积较小，不具备较强的防水功能。图 1.11（e）所示的室内吸顶天线主要用于室内信号覆盖，有一定的传输距离，一般半径为 6～10 m。

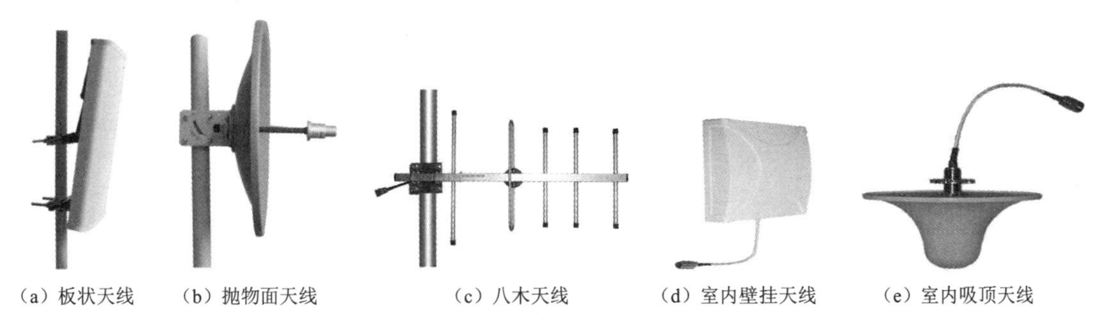

（a）板状天线　（b）抛物面天线　（c）八木天线　（d）室内壁挂天线　（e）室内吸顶天线

图 1.11　射频通信中的常用天线

扫一扫看认识信号教学课件

扫一扫看认识信号教学视频

1.3　信号的时/频域分析

无线电信号的特点是具有时域特性和频域特性。对于一个无线电信号，可以将它表示为电压或电流的时间函数，通常用时域波形图或数学表达式来描述。但对于复杂的实际信号，

可以将其分解为许多不同频率的正弦信号之和，因此，信号的各正弦分量在频率轴上的分布关系称为信号的频谱。此时对信号的分析转换到频域上，通常采用作图的方法来表示。以频率（或角频率）为横坐标，以信号各正弦分量的相对振幅或相位为纵坐标，绘制幅频图或相频图。

图 1.12 所示为常见信号的波形图与频谱图。

图 1.12（b）是与图 1.12（a）所示的周期性正弦波对应的频谱图。正弦波只有一个频率，其频谱图上只有一根谱线。

图 1.12（d）是与图 1.12（c）所示的周期性方波对应的频谱图。一个周期性方波的频谱由无数根谱线组成，第一条谱线为基波，它的频率与周期信号的重复频率相同；随后的谱线分别为基波分量的 n 倍，即 1、3、5、…奇次谐波，高次谐波的振幅呈衰减趋势。

图 1.12（f）是与图 1.12（e）所示的周期性锯齿波对应的频谱图。与周期性方波相比，周期性锯齿波的谱线也有无数根，但其谱线振幅衰减的速度更快。

扫一扫看信号的频谱教学视频

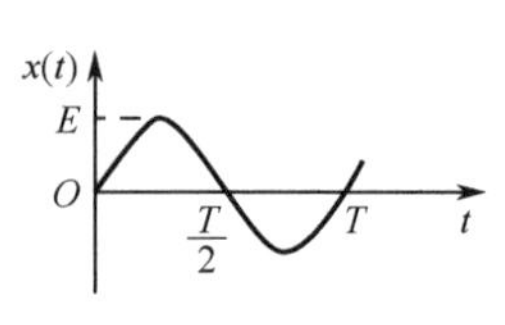

（a）周期性正弦波信号

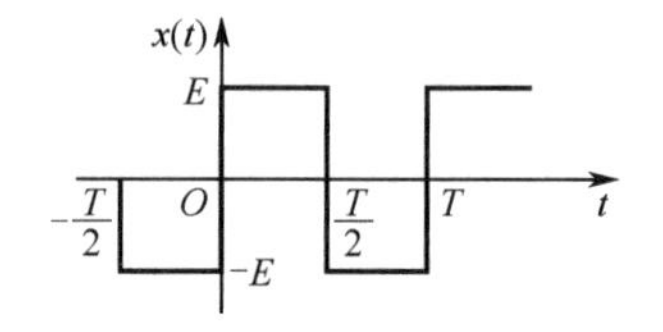

（c）周期性方波信号

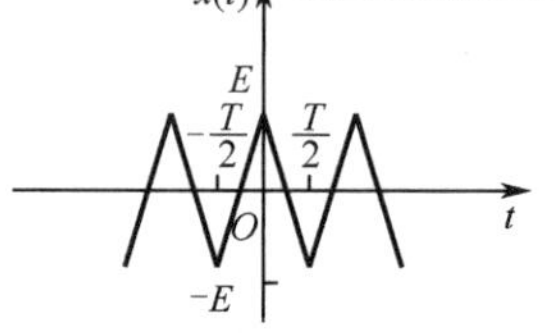

（e）周期性锯齿波信号

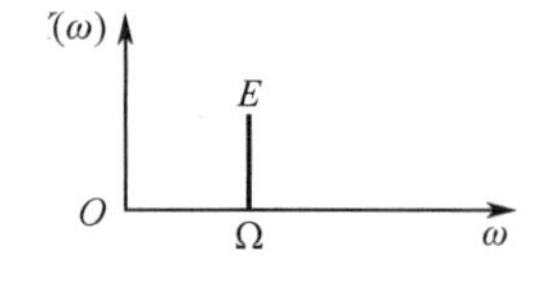

（b）周期性正弦波信号的频谱图

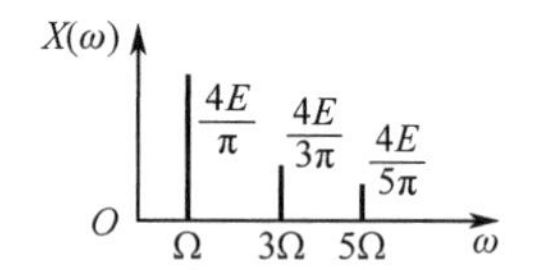

（d）周期性方波信号的频谱图

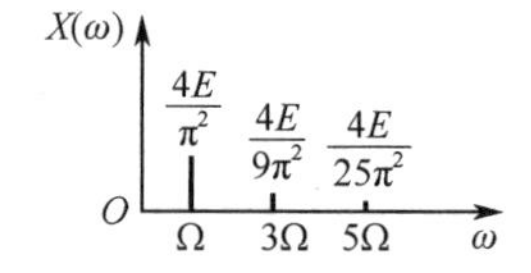

（f）周期性锯齿波信号的频谱图

图 1.12　常见信号的波形图与频谱图

借助数学中的傅里叶级数分解，任意一个满足狄利克雷条件[①]的周期信号 $f(t)$（在实际工程中所遇到的周期信号一般都满足）均可用三角函数信号的线性组合来表示，即一个周期信号可近似用一个直流分量和以其频率（周期的倒数）为基频的各次谐波（正弦波信号）的线性叠加来表示。

$$x(t)=a_0+\sum_{n=1}^{\infty}[a_n\cos(n\omega_1 t)+b_n\sin(n\omega_1 t)]\quad (n=1,2,\cdots,\infty) \tag{1.2}$$

以周期性矩形波为例，它可以分解为许多正弦分量之和。反之，叠加起来的谐波分量也可以近似合成矩形波信号。图 1.13 所示为矩形波信号各次谐波的分解图，可见，高次谐波分

---

① 狄利克雷条件：

（1）函数在任意有限区间内连续或只有有限个第一类间断点（当 t 从左或右趋于该间断点时，函数有有限的左极限和右极限）；

（2）在一个周期内，函数有有限个极大值或极小值；

（3）在一个周期内，信号是绝对可积的。

量叠加得越多，合成的信号就越接近矩形波。

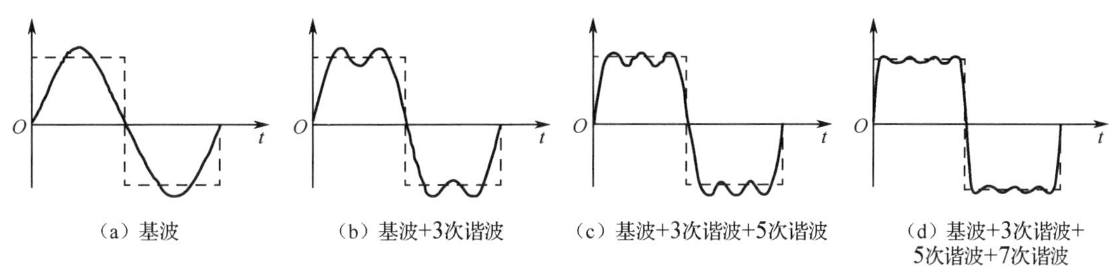

（a）基波　（b）基波+3次谐波　（c）基波+3次谐波+5次谐波　（d）基波+3次谐波+5次谐波+7次谐波

图 1.13　矩形波信号各次谐波的分解图

信号的频谱分析对射频通信电路的设计尤其重要，后面章节中也需要用到信号频谱的概念。下面通过例题练习绘制信号的频谱图。

例 1.3.1　试画出信号 $f(t)$的幅频图。

$$f(t)=1+\cos\left(\omega_1 t+\frac{\pi}{2}\right)+\frac{1}{2}\cos\left(\omega_2 t+\frac{\pi}{4}\right)+\frac{1}{3}\cos\left(\omega_3 t+\frac{\pi}{6}\right)$$

解：由题意可知，该信号为直流分量和 3 个不同余弦分量的组合，为方便表示，本题中的频谱图以角频率为横坐标，以各余弦分量的振幅为纵坐标。其中，直流分量的角频率在横轴的 0 点，振幅为 1；第一个余弦分量的角频率为 ω_1，振幅为 1；第二个余弦分量的角频率为 ω_2，振幅为 $\frac{1}{2}$；第三个余弦分量的角频率为 ω_3，振幅为 $\frac{1}{3}$。由此可以画出信号 $f(t)$的幅频图，如图 1.14 所示。

图 1.14　信号 $f(t)$ 的幅频图

1.4　无线电波的划分及传播方式

1.4.1　无线电波的划分

与有线通信相比，无线通信不需要架设传输线路，通信距离远，机动性好，建立迅速，可实现更加自由、快捷的信息交流和沟通，被广泛用于广播、电视、移动电话、无线导航、定位、数据传输等应用领域，极大地便利了人们的日常生活。

按照波长、频率及波源的不同，电磁波谱可大致分为无线电波、红外线、可见光、紫外线、x 射线和伽马射线。其中，无线电波指在自由空间传播的射频频段的电磁波，其占据的频率范围很广，为几十千赫兹到几万兆赫兹。

如此宽范围内的无线电虽然具有许多共同的特点，但不同频段信号的产生、放大和接收方法均不太一样，传播的能力和方式不同，因而它们的分析方法和应用范围也不同。对于频率范围很广的无线电波，为了方便分析和应用，通常把它划分为若干区域，即频段，也称为波段。表 1.2 所示为按照波长和频率划分的无线电波波段。各波段的划分并没有明显的分界线，由于波长与频率成反比，因此波长越短对应的频率越高。从使用的元器件、电路结构与工作原理等方面来看，中波、短波和米波波段基本相同，大都采用集中参数的元器件，如电

阻、电容、电感线圈等。而微波波段（包括波长小于 30 cm 的分米波、厘米波、毫米波等）则采用分布参数的元器件，如同轴线、波导、微带线等。

表 1.2　按照波长和频率划分的无线电波波段

波段名称	波长范围	频率范围	频段名称
超长波	10～100 km	3～30 kHz	甚低频 VLF
长波	1～10 km	30～300 kHz	低频 LF
中波	100～1000 m	300～3000 kHz	中频 MF
短波	10～100 m	3～30 MHz	高频 HF
米波	1～10 m	30～300 MHz	甚高频 VHF
分米波	10～100 cm	300～3000 MHz	特高频 UHF
厘米波	1～10 cm	3～30 GHz	超高频 SHF
毫米波	1～10 mm	30～300 GHz	极高频 EHF
亚毫米波	1 mm 以下	300 GHz 以上	超极高频

19 世纪末，意大利人伽利尔摩・马可尼和俄国人亚历山大・斯捷潘诺维奇・波波夫进行了无线电通信试验。在此后的 100 年间，无线电频谱被认识、开发和逐步利用。国际电信联盟（简称国际电联）为不同的无线电传输技术和应用分配了无线电频谱的不同部分；国际电联发布的《无线电规则》（RR）定义了约 40 项无线电通信业务。如中波和短波可用于无线电广播和通信，调幅广播中波波段的频率范围为 535～1605 kHz、调频广播为 88～108 MHz，微波用于雷达、卫星通信、波导通信等。

由于无线电总的频谱资源有限，加之近几十年来用户数量不断增加，因此无线频谱越来越拥挤，这需要更加有效地利用它，如采用扩频（超宽带）传输、频率复用、动态频谱管理、频率汇集、认知无线电等，以推动现代电信的创新。

1.4.2　无线电波的传播方式

无线电通信的最大魅力在于，其借助无线电波具有的波动传输信息，从而可以省去人们敷设导线的麻烦。从无线电波的特性来看，其如同光波一样，可以反射、折射、绕射和散射传播。由于电波特性不同，因此有些电波能够在地球表面传播；有些电波能够在空间直线传播；有些电波能够从大气层上空反射传播；有些电波甚至能穿透大气层，飞向遥远的宇宙空间。

无线电波从发射天线辐射出去后，经过自由空间到达接收天线的传播方式主要有地波、天波和空间波 3 种。其中，较低频段的无线电波（超长波、长波和中波）主要采用地波的传播方式，较高频段的无线电波（短波）主要采用天波（电离层反射）的传播方式，更高频段的无线电波则以空间波（直线）的传播方式为主。

图 1.15 所示为无线电波的传播方式。图 1.15（a）所示为地波传播，即沿着地球表面传播的电波。由于地球表面可看作有电阻的导体，因此当无线电波沿地球表面传播时，有一部分电磁能量被消耗，这种损耗与频率等因素有关，频率越高损耗越大，反之亦然。地波传播稳定可靠，适用于长波和中波。

随着工作频率的逐渐升高，地波的损耗逐渐增大，此时电离层对电波反射和折射的影响开始出现。那么，什么是电离层呢？众所周知，地表存在一层具有一定厚度的大气层，由于

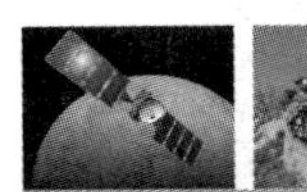

受到太阳辐射的作用强烈，因此空气产生电离从而产生自由电子和离子，且电离密度分层分布，就形成了电离层。无线电波到达电离层后，一部分能量被电离层吸收，另一部分能量被反射和折射回地面，形成图 1.15（b）所示的天波传播。电磁波频率越高，被电离层吸收的能量越小，电磁波穿入电离层越深。当频率超过一定值后，电磁波就会穿透电离层而不再返回地面。因此，频率过高的电磁波不宜采用天波传播，天波传播一般适用于短波波段。在接收短波广播和短波通信的过程中，不同年度、季节、昼夜的电离层的物理特性会随机变换，导致电离层反射到地面的无线电波时强时弱，这就造成接收端接收到的信号忽大忽小，有时甚至完全接收不到，传播信号不稳定是天波传播的一大缺点。

电磁波频率继续升高，在进入微波波段后，以地波方式传播损耗极大，以天波方式传播将穿透电离层不能返回地面，只能以空间波方式在视距范围内传播，如图 1.15（c）所示。空间波也称为直射波，发射和接收天线越高，能够进行通信的距离就越远，但其传播会受到高山、高大建筑物和地表曲率的阻挡，传播距离受限于视距范围。要实现更远距离的传播，可以在地面设置多个微波中继站，将信号一站一站地接力传输，直至终端站，这就是微波中继通信。

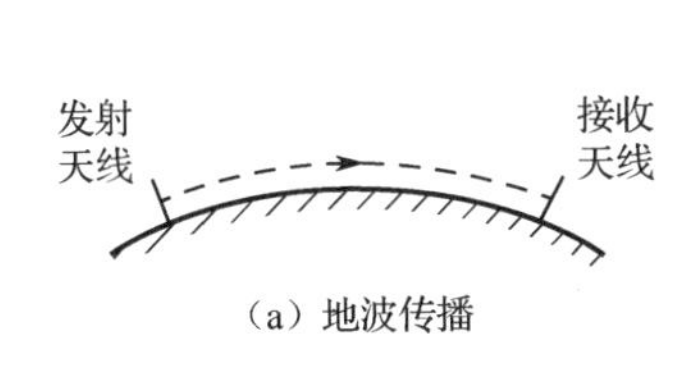

（a）地波传播

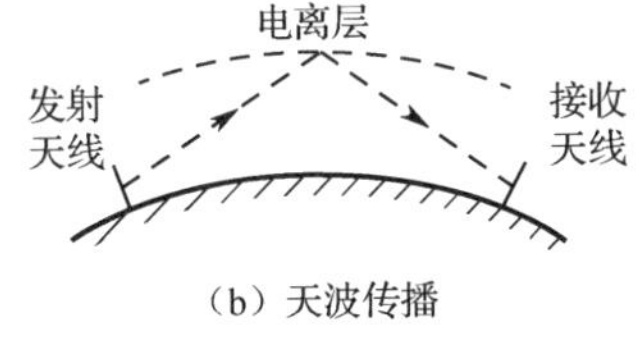

（b）天波传播

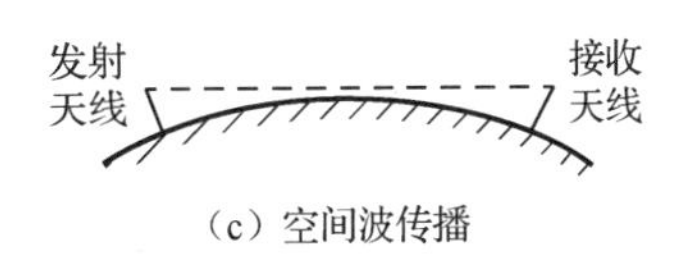

（c）空间波传播

图 1.15　无线电波的传播方式

1.5　非线性电路

扫一扫看非线性器件在频谱搬移中的作用教学课件

扫一扫看非线性器件在频谱搬移中的作用教学视频

在无线电发送与接收电路中广泛采用频率变换电路，如调制与解调、混频等。电路的输出信号和输入信号频率不同，即输出信号中有新的频率成分产生。实现频率变换的核心就是非线性器件。

本节主要分析非线性器件的特性、作用及非线性电路。

1.5.1　非线性器件的特性

线性电路是由线性或处于线性工作状态的器件组成的电路，其输入与输出的关系可用线性方程来表示。非线性电路指至少包含一个非线性或处于非线性工作状态的器件的电路，其输入与输出的关系是非线性函数关系。

非线性器件的参数与通过器件的电流或外加电压有关，其特点是工作特性的非线性。典型的非线性器件有二极管、晶体管、带磁芯的电感线圈等，而常见的电阻、电容和空心电感等都是线性器件。

线性器件的工作特性曲线为直线，如线性电阻的伏安特性曲线（见图 1.16），它的伏安特性是一条通过坐标原点的直线，即加在电阻两端的电压 u 与流过电阻的电流 i 成正比。区别于线性电阻，非线性电阻的伏安特性曲线（见图 1.17）呈非线性，即加在电阻两端的电压 u 与通过电阻的电流 i 不成正比，非线性电阻所呈现的电导值随外加电流或电压的变化而变化。

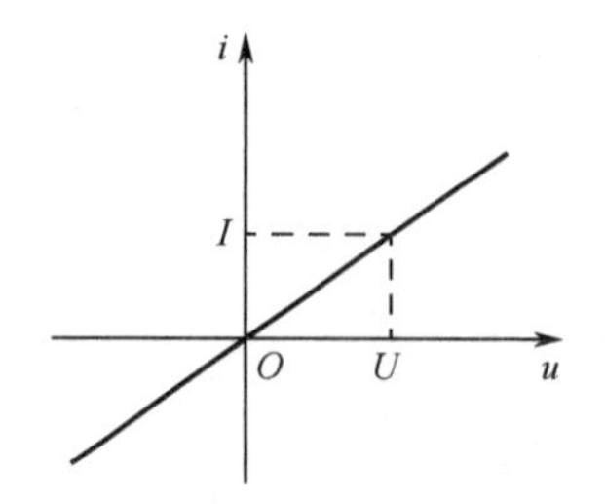

图 1.16　线性电阻的伏安特性曲线

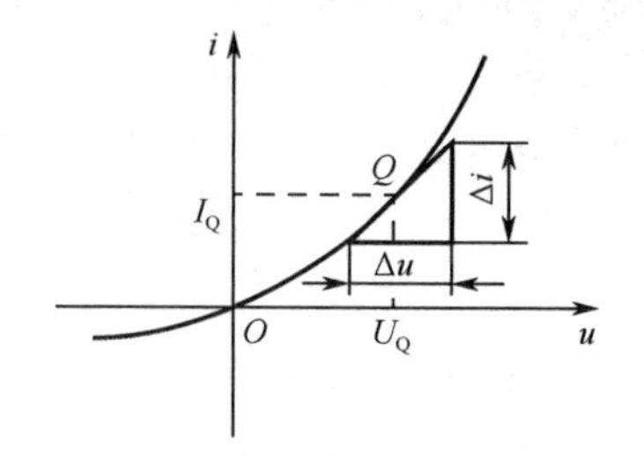

图 1.17　非线性电阻的伏安特性曲线

1.5.2　非线性器件的作用

非线性器件在不同正弦电压作用下的电流波形如图 1.18 所示。如果在非线性电阻两端加上直流工作点电压 U_Q 和振幅较小的正弦交流电压 u_1，那么由于静态工作点合适且输入为一个小信号，因此通过该电阻的输出电流 i_1 的波形接近正弦波。在另一种情况下，若外加振幅较大的正弦交流电压 u_2，则输出电流 i_2 不再是正弦波，而是与电压不同的波形，若将电流用傅里叶级数展开，则可将其分解为直流、基波和各次谐波分量，即输出信号中产生了输入信号中没有的频率分量。这说明非线性器件可以产生新的频率分量。利用非线性器件的这种频率变换作用，可以完成调制、解调等任务。

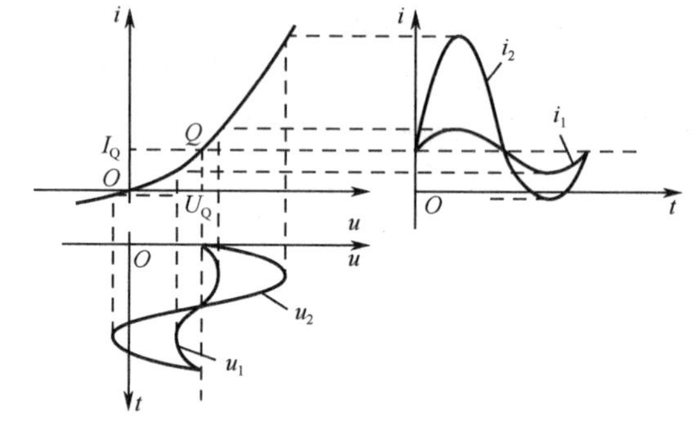

图 1.18　非线性器件在不同正弦电压作用下的电流波形

1.5.3　非线性电路的分析

叠加原理是在线性电路中行之有效的分析方法，极大简化了对电子电路的分析。与线性电路相比，非线性电路的种类和形式多样，电路的分析方法也很复杂。由于非线性电路不满足叠加原理，因此可以考虑用图解法和解析法来进行分析。其中，解析法在分析实际电路时尤为常见。工程近似解析法可以模拟非线性器件的数学模型，找出较为准确的数学表达式或近似函数，以此解析出电流与电压之间的关系。常见的解析法有幂级数展开分析法、折线分析法、线性时变参量电路分析法等。这里主要介绍幂级数展开分析法。

常见的二极管、三极管、场效应管、变容二极管等都是非线性器件，它们的伏安特性都是曲线。不同非线性器件的伏安特性是不同的，伏安特性一般可以表示为

$$i = f(u) \tag{1.3}$$

这种非线性函数关系用幂级数展开式表示为

$$i = f(u) = a_0 + a_1u + a_2u^2 + a_3u^3 + \cdots \tag{1.4}$$

若函数 $i = f(u)$ 在静态工作点附近的各阶导数都存在，假设非线性器件的静态工作点电压为 U_Q，静态工作点电流为 I_Q，则其伏安特性可在 $U=U_Q$ 附近展开为以下幂级数，即泰勒级数展开式

$$i = a_0 + a_1(u - U_Q) + a_2(u - U_Q)^2 + \cdots + a_n(u - U_Q)^n + \cdots \tag{1.5}$$

式中，

$$a_0 = f(U_Q) = I_Q$$

$$a_n = \frac{1}{n!}\frac{\mathrm{d}^n i}{\mathrm{d}u^n}\bigg|_{u=U_Q} = \frac{1}{n!}f^{(n)}(U_Q) \qquad (n=1,2,\cdots) \tag{1.6}$$

在实际分析和计算时，总是取上述幂级数的有限项来近似表示非线性器件的伏安特性。函数取项的数量取决于要求近似的准确度和特性曲线的运用范围。一般来说，要求近似的准确度越高或特性曲线的运用范围越宽，所取的项数就越多。当然，为了计算简单，在工程计算允许的准确度范围内，应尽量选取较少的项数来近似表示。

例如，若非线性器件工作在特性曲线的近似直线部分，或者当输入信号足够小，使器件工作在曲线很小的一段时，则可将非线性器件进行线性化处理，只需取幂级数前两项，即

$$i \approx a_0 + a_1(u - U_Q) \tag{1.7}$$

这是非线性器件运用幂级数展开分析法的最简单情况，实际上是将非线性器件近似作为线性器件来处理了。如果非线性器件工作在特性曲线的弯曲部分，如实现频谱搬移电路，那么至少要取幂级数的前三项，即用下述二次三项式来近似表示。

$$i \approx a_0 + a_1(u - U_Q) + a_2(u - U_Q)^2 \tag{1.8}$$

如果加到器件上的信号很大（此时特性曲线运用的范围很广），或者在某些特定的场合，如混频干扰，那么就需要取幂级数更多的项。

在后续的二极管平方律调幅电路中，我们会详细介绍幂级数展开分析法的具体应用。

1.5.4　非线性电路的应用

在电子电路中，非线性电路应用广泛，可实现线性频谱搬移和非线性频率变换。非线性电路的分类如图 1.19 所示。线性频谱搬移前后，信号的频谱结构不变。它只是将信号沿着频率轴进行不失真的搬移。典型的线性频谱搬移电路有调幅电路、检波电路和混频电路。

非线性频率变换即在频率变换前后，信号的频谱结构发生变化，变换后的频谱已不再保持原来的结构特点。调频、鉴频、调相和鉴相都属于非线性频率变换。

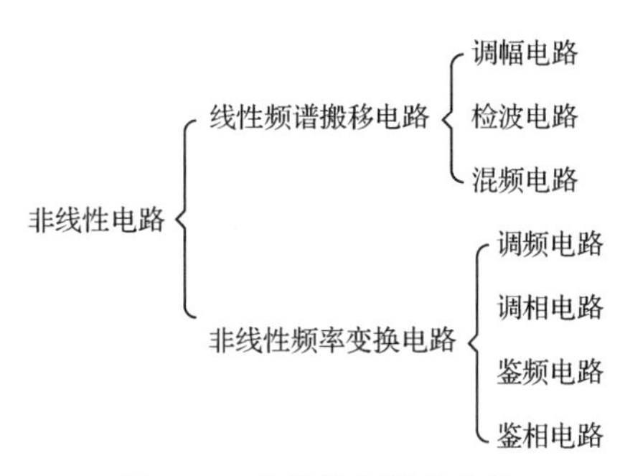

图 1.19　非线性电路的分类

专业名词解析

- **信源**：产生消息的来源，它可以把各种消息转换成原始电信号，又称基带信号。信源可分为模拟信源和数字信源两种。
- **发送设备**：将信源产生的消息信号转换成适合在信道中传输的信号以使信源和信道匹配。发送设备的转换方式是多种多样的，调制是常见的转换方式。对于数字通信系统，发送设备常常又包括编码器与调制器。
- **信道**：传输信号的物理媒介。在无线信道中，信道可以是大气（自由空间）。在有线信道中，信道可以是明线、电缆或光纤。

- **干扰源**：干扰源是通信系统中的各种设备及信道所固有的。干扰的来源是多样的，干扰可分为内部干扰和外部干扰，外部干扰往往是从信道引入的，因此，为了分析方便，可以把干扰源视为各处干扰的集中表现并抽象加入信道。
- **接收设备**：接收设备的功能是完成发送设备的反变换，即进行解调、译码等。它的任务是从带有干扰的接收信号中正确恢复出相应的原始基带信号。
- **信宿**：传输信息的归宿点，其作用是将接收设备恢复的原始基带信号转换成相应的消息。
- **调制**：用需要传输的基带信号去控制高频载波信号的某一参数（振幅、角频率或相位），使其随基带信号的变化而变化的过程。
- **解调**：从高频已调波信号中还原出原来的调制信号的过程。
- **时域**：将一个无线电信号表示为电压或电流的时间函数，通常用时域波形图或数学表达式来描述。
- **频域**：信号表示为不同频率分量的线性组合。对于较复杂的信号（如话音信号、图像信号等），用频域分析法表示较为方便。
- **频谱**：信号在各个频率上的振幅或相位分布情况，即振幅等某些特征量随频率变化的关系。
- **频谱图**：频谱的图形表示。
- **周期信号的频谱**：周期信号中各次谐波的幅值、相位随频率的变化关系。
- **无线电波**：在自由空间传播的射频频段的电磁波，其占据的频率范围很广，为几十千赫兹到几万兆赫兹。
- **无线电波的传播方式**：不同频段的无线电波的传播方式有所差异，可分为地波传播、天波传播及空间波传播。
- **线性电路**：由线性或处于线性工作状态的器件组成的电路，其输入与输出的关系可用线性方程来表示。
- **非线性电路**：至少包含一个非线性或处于非线性工作状态的器件的电路，其输入与输出的关系是非线性函数关系。
- **非线性电路的分析法**：幂级数展开分析法、折线分析法、线性时变参量电路分析法等。

本章小结

1．通信系统指实现信息传输的系统，一般包括信源、发送设备、信道、接收设备与信宿 5 个部分。通信系统有多种分类方式，按照所用传输媒介的不同，可以分为有线通信系统和无线通信系统；按照通信业务的不同，可以分为电话通信系统、数据通信系统、传真通信系统和图像通信系统等；按照信道中传输信号的不同，可以分为模拟通信系统和数字通信系统。

2．调制的种类很多，其分类方式也不尽相同，按照调制信号的种类区分，调制信号为模拟信号的通信系统为模拟调制，其调制方式分为调幅（AM）、调频（FM）和调相（PM）。而调制信号为数字信号的通信系统为数字调制，其调制方式分为幅移键控（ASK）、频移键控（FSK）和相移键控（PSK）。

3．用需要传输的基带信号去控制高频振荡的某一参数（振幅、角频率或相位），使其随基带信号的变化而变化，这就是调制的过程。

4．调制的主要作用：便于无线发射，减小天线尺寸；实现信道复用（把多个信号分别安

排在不同的频段上同时进行传输），提高通信容量；提升通信系统的抗干扰能力。

5. 无线电信号的特点是具有时域特性和频域特性。信号的频谱分析对射频通信电路的设计尤其重要，借助傅里叶级数分解可以对复杂信号进行频域分析。

6. 无线电波从发射天线辐射出去后，经过自由空间到达接收天线的传播方式主要有地波、天波和空间波 3 种。

7. 在无线电发送与接收电路中广泛采用频率变换电路，如调制与解调、混频等。电路的输出信号和输入信号频率不同，即输出信号中有新的频率成分产生。实现频率变换的核心是非线性器件。

思考题与习题 1

1.1　请画出超外差式接收设备的组成框图。

1.2　通信系统的组成包括几个部分？各部分的作用分别是什么？

1.3　简述超外差式接收设备中混频器的作用。

1.4　和模拟通信相比，数字通信有什么优点？

1.5　无线通信为什么要进行调制？调制分为哪几种类型？

1.6　无线电信号的频段或波段是如何划分的？各个频段的传播特性和应用情况是怎样的？

1.7　画出信号 $f(t)$ 的幅频图。

$$f(t)=2\cos\left(\omega_1 t+\frac{\pi}{3}\right)+\cos\left(\omega_2 t+\frac{\pi}{6}\right)+\frac{1}{4}\cos\left(\omega_3 t+\frac{\pi}{8}\right)+\frac{1}{6}\cos\left(\omega_4 t+\frac{\pi}{10}\right)$$

1.8　线性电路和非线性电路有什么区别？对非线性电路的分析方法有哪些？

仿真演示 1　方波信号的频谱

方波信号为奇函数，其傅里叶级数展开式中只有奇数次谐波分量。若方波信号的频率为 1 kHz，则频谱中包含 1 kHz、3 kHz、5 kHz 等频率分量。打开 NI Multisim 仿真软件，放置一个方波信号源。图 1.20 所示为方波信号的产生电路及波形。其中，图 1.20（a）所示为方波信号的产生电路，图 1.20（b）所示为示波器中方波的显示波形。

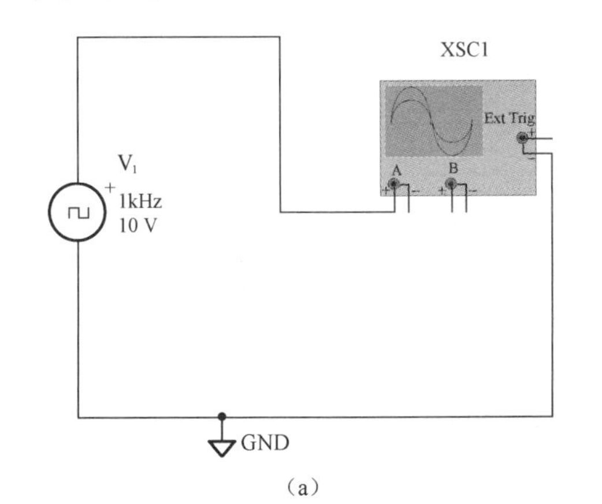

（a）

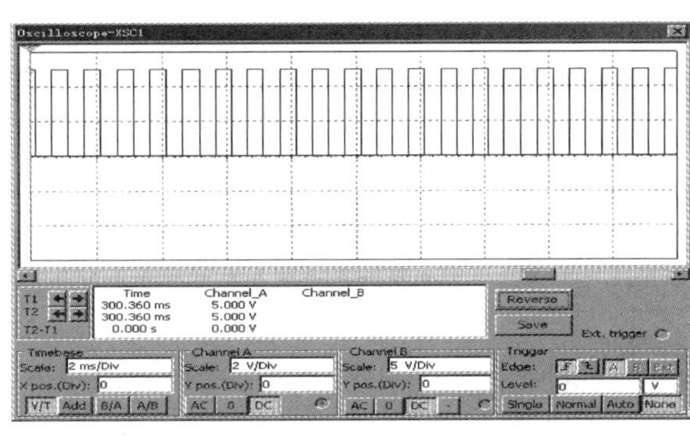

（b）

图 1.20　方波信号的产生电路及波形

利用傅里叶级数分解可以观测到方波信号的频谱，如图 1.21 所示。通过选择“仿真”→“分析”→“傅里叶分析”命令，利用显示光标进一步测量每根谱线的频率和振幅。

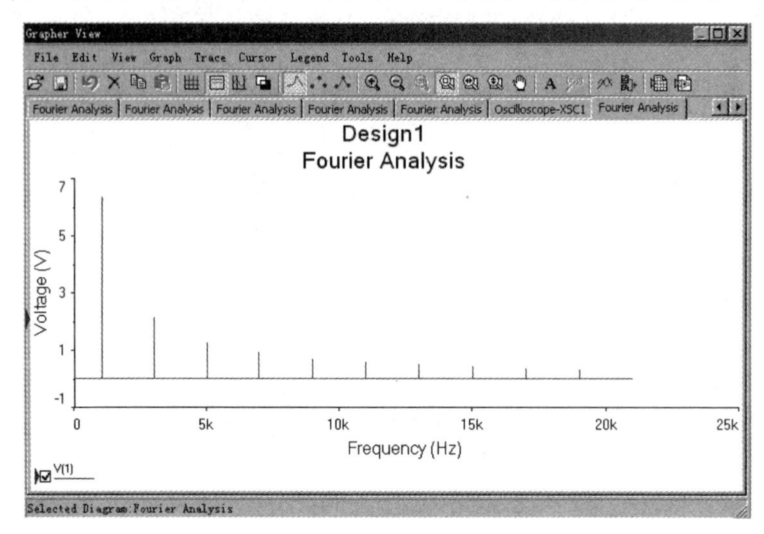

图 1.21　方波信号的频谱

实验 1　信号的时/频域特性测量

扫一扫看信号的时/频域特性测量教学课件

扫一扫看信号的时/频域特性测量教学视频

1. 实验目的

（1）了解常见波形如方波、正弦波的时域特性和频域特性。

（2）观察方波、正弦波信号的时域波形，学会测量信号的振幅、周期、频率。

（3）熟悉并绘制出方波、正弦波信号的频谱图，利用频谱分析仪或数字存储示波器的 FFT 功能测量方波、正弦波信号的频谱。

2. 预备知识

（1）理解方波、正弦波信号的时域波形特点。

（2）掌握周期信号的频谱特点。

3. 实验仪器

仪器名称	数量/台
DDS 函数信号发生器	1
频谱分析仪	1
数字存储示波器	1

4. 实验内容与步骤

（1）产生方波信号。

由 DDS 函数信号发生器输出一个方波信号 u_i，其面板显示峰峰值电压 $U_{i(p\text{-}p)}$=200 mV，频率 f_i=10 kHz。

（2）观察方波信号的时域特性。

用数字存储示波器直接测量 u_i 的波形，从波形图中读出其振幅、周期、频率和正向与负向的起始时刻（假定数字存储示波器中的轴为参考零点），将读出的数据与 DDS 函数信号发生器面板上显示的值进行比较并记录。$U_{o(p\text{-}p)}$=________V，T_i=________ms，f_i=________kHz，t_0=________ms，t_1=________ms。

（3）记录方波信号波形。

画出 u_i 的波形图，并写出其数学表达式（分段）。

（4）测量方波信号的频谱（数字存储示波器）。

先用数字存储示波器的 FFT 功能测量 u_i 的频谱，通过操作 MATH 键选择 FFT，移动光标，从频谱图中读出每一条谱线的频率和振幅，并记录。

第 1 条谱线所对应的 f_1=__________kHz，U_{1m}=________dB，称为________分量；

第 2 条谱线所对应的 f_2=__________kHz，U_{2m}=________dB，称为________次谐波；

第 3 条谱线所对应的 f_3=__________kHz，U_{3m}=________dB，称为________次谐波；

第 4 条谱线所对应的 f_4=__________kHz，U_{4m}=________dB，称为________次谐波；

第 5 条谱线所对应的 f_5=__________kHz，U_{5m}=________dB，称为________次谐波。

……

（5）测量方波信号的频谱（频谱分析仪）。

改用频谱分析仪观察方波信号的频谱，设置中心频率为 10 kHz，带宽选为 200 kHz，用 Peak Search 键分别找出各谱线对应的频率和功率，并记录。

第 1 条谱线所对应的 f_1=__________kHz，P_{1m}=________dBm，称为________分量；

第 2 条谱线所对应的 f_2=__________kHz，P_{2m}=________dBm，称为________次谐波；

第 3 条谱线所对应的 f_3=__________kHz，P_{3m}=________dBm，称为________次谐波；

第 4 条谱线所对应的 f_4=__________kHz，P_{4m}=________dBm，称为________次谐波；

第 5 条谱线所对应的 f_5=__________kHz，P_{5m}=________dBm，称为________次谐波。

……

（6）记录频谱图。

根据步骤（4）或步骤（5）的结果画出由前 5 条谱线组成的频谱图（以频率为横坐标，以振幅或功率为纵坐标），并写出傅里叶级数展开式。

（7）输出正弦波信号。

由 DDS 函数信号发生器输出一个正弦波信号，其面板显示峰峰值电压 $U_{i(p\text{-}p)}$=200 mV、频率 f_i=10 kHz。

（8）正弦波信号的基本特性测量。

重复步骤（2）～步骤（6），并将其频谱图与方波信号的频谱图进行比较。

5. 实验报告要求

（1）写明实验目的。

（2）整理实验数据，将方波信号和正弦波信号的实测参数与理论分析值进行比较。

（3）分别画出正弦波信号和方波信号的时域波形图和频谱图，得出结论。

6. 实验反思

（1）单频正弦波信号的谱线________（只有 1 条/有 2 条/有 3 条/有无数条）。

（2）方波信号的谱线________（只有1条/有2条/有5条/有无数条），其频带宽度（当取5条谱线时）BW=________kHz。

扫一扫看操作 EE1420 型高频函数信号发生器教学课件

扫一扫看操作 EE1420 型高频函数信号发生器教学视频

扫一扫看操作数字存储示波器教学课件

扫一扫看操作数字存储示波器教学视频

扫一扫看操作频谱分析仪教学课件

扫一扫看操作频谱分析仪教学视频

扫一扫看操作 16480 型高频函数信号发生器教学课件

扫一扫看操作 16480 型高频函数信号发生器教学视频

扫一扫下载看操作高频函数信号发生器动画

扫一扫下载看操作数字存储示波器动画

扫一扫下载看操作频谱分析仪动画

扫一扫看高频函数信号发生器图片

扫一扫看数字存储示波器图片

扫一扫看频谱分析仪图片

第2章 高频电路基础

射频电路中使用的元器件与低频电路中使用的元器件的频率特性是不同的。射频电路中的无源线性器件——电阻（器）、电容（器）和电感（器）的特性较为复杂，需要利用射频电路理论来理解该电路的工作原理。常将选频和滤波电路作为射频电路中的基本电路，利用阻抗变换电路实现滤波和匹配任务对提高整个电路的性能具有重要作用。

本章主要介绍射频电路中元器件的频率特性、选频和滤波电路的分类及特点、阻抗变换电路和匹配电路的设计等，为后续分析射频通信的典型电路奠定基础。

知识点目标：

- 了解高频电路中无源器件的频率特性。
- 了解选频网络的作用及分类。
- 理解串/并联谐振电路的频率特性。
- 了解滤波器的类型及特性。
- 了解常用集中选频滤波器的工作原理及特点。
- 理解阻抗变换电路的作用。

技能点目标：

- 常见选频滤波电路的认识与识别。
- 掌握低通滤波器、高通滤波器、带通滤波器和带阻滤波器的倒L型、T型和π型电路的画法。
- 掌握石英晶体的符号，并会分析基频等效电路。
- 掌握LC匹配网络的设计。

2.1 射频电路中的元器件

各种高频电路基本上均由有源器件、无源器件和高频基本网络组成。高频电路中使用的元器件与低频电路中使用的元器件基本相同，但要注意它们在高频电路中表现出的高频特性。高频电路中的无源器件主要包括电阻、电容和电感。在理想情况下，电阻是耗能元件，电容是储存电能的元件，而电感是储存磁能的元件。但在实际情况下，这些元器件在射频电路中的特性较为复杂，需要利用射频电路理论来理解射频电路的工作原理。在射频条件下，分布电容和分布电感对电路的影响很大。

2.1.1 电阻

在低频段，电阻一般只呈现自身的电阻特性，其在高频段还具备电抗特性。图 2.1 所示为射频电阻的等效模型和阻抗特性。图 2.1（a）中的 R 为电阻，L_R为引线电感，C_R为分布电容。在不同频率段，电阻可表现出不同的阻抗特性。

- 当频率小于电阻的自谐振频率f_0时，电阻阻抗的绝对值等于电阻的标称值，随着频率的升高，电阻阻抗的绝对值越来越小，表现出电容特性；
- 当频率等于电阻的自谐振频率f_0时，电阻阻抗的绝对值达到最小；
- 当频率大于电阻的自谐振频率f_0时，随着频率的升高，电阻阻抗的绝对值越来越大，表现出电感特性。

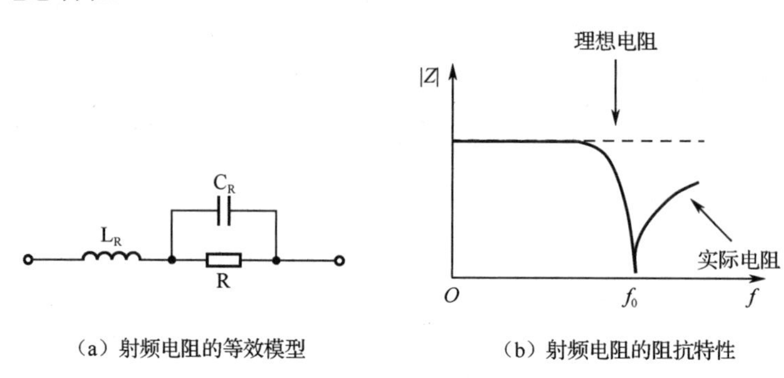

（a）射频电阻的等效模型　（b）射频电阻的阻抗特性

图 2.1　射频电阻的等效模型和阻抗特性

由此可见，在低频段，电感、电容值都很小，影响比较微弱，但随着频率的升高，影响会越来越明显，当到达其所在的谐振点时，影响最大，之后影响会有所减弱。电阻的高频特性会受到制作材料、封装形式、尺寸大小的影响。在实际使用中，常在电路设计时选择贴片电阻，电阻的体积越小，其高频特性越好，产生的分布参数值越小，可使用的频率范围也就越广。

2.1.2 电容

由介质隔开的两个导体可构成电容。一般情况下，电容只考虑其容值，但在射频段时需要考虑分布参数的影响。图 2.2 所示为射频电容的等效模型和阻抗特性。图 2.2（a）中的 R_c 为损耗电阻，L_c为引线电感，C 为电容。在不同频率段，电容可表现出不同的阻抗特性。

- 当频率小于电容的自谐振频率f_0时，阻抗的绝对值接近理想电容值，随着频率的增加，

阻抗的绝对值越来越小；

- 当频率等于电容的自谐振频率 f_0 时，阻抗的绝对值达到最小；
- 当频率大于电容的自谐振频率 f_0 时，随着频率的增加，阻抗的绝对值越来越大，表现出电感特性。

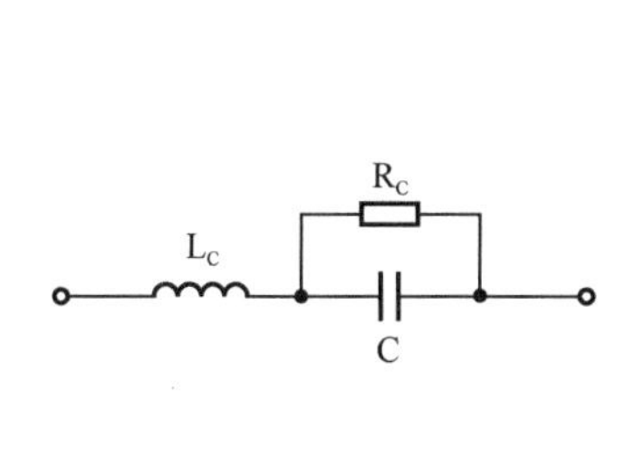

（a）射频电容的等效模型

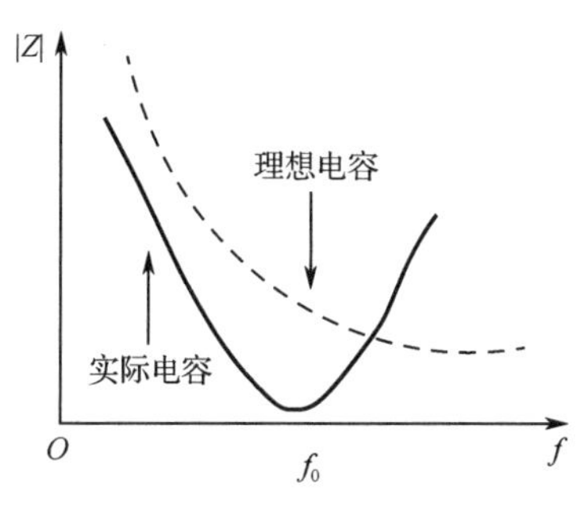

（b）射频电容的阻抗特性

图 2.2　射频电容的等效模型和阻抗特性

由此可见，应选择高频性能好的电容，高性能的贴片电容在很多电路中被广泛使用。但电容的容值也不宜太大，因为电容值的增加将会使其内部的电感也随之增加，反而降低其可使用的频率范围。

2.1.3　电感

电感常用在谐振电路、滤波器、射频扼流圈、阻抗匹配网络、移相网络等射频电路中。电感线圈除表现出电感的特性外，还具有一定的损耗电阻和分布电容；随着工作频率的升高，电感线圈的有效电阻会明显增加。图 2.3 所示为射频电感的等效模型和阻抗特性。在不同频率段，电感可表现出不同的阻抗特性。

- 当频率小于电感的自谐振频率 f_0 时，阻抗的绝对值接近理想电感值，随着频率的增加，阻抗的绝对值越来越大；
- 当频率等于电感的自谐振频率 f_0 时，阻抗的绝对值达到最大；
- 当频率大于电感的自谐振频率 f_0 时，随着频率的增加，阻抗的绝对值越来越小，表现出电容特性。

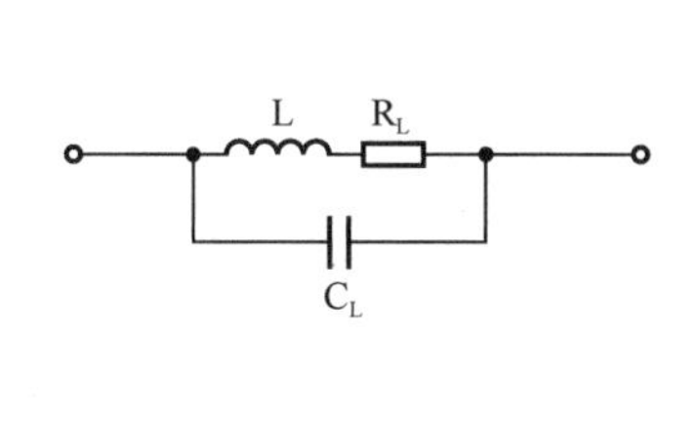

（a）射频电感的等效模型

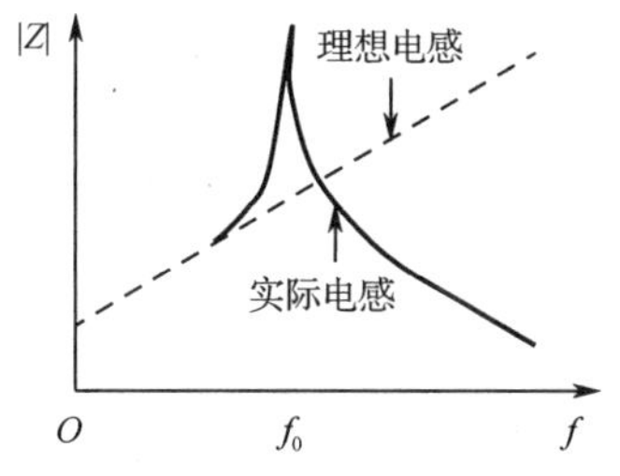

（b）射频电感的阻抗特性

图 2.3　射频电感的等效模型和阻抗特性

射频电感的等效模型可看作一个并联谐振电路。在理想情况下，并联谐振电路在自谐振频率 f_0 处阻抗最大。当工作频率低于自谐振频率 f_0 时，呈电感特性；当工作频率高于自谐振频率 f_0 时，呈电容特性。若让电感工作在其谐振频率点 f_0 附近，则会对电路整体性能产生很

大的影响。在实际中可利用这一特性制作高频扼流圈，以抑制谐振点信号。除了特殊需要，在选用电感时一般选择高频性能好的电感，如贴片电感等。

综上分析了电阻、电容和电感3种元器件在射频电路中的等效模型及阻抗特性。需要注意的是，随着频率的升高，射频电路中分布电容和分布电感的影响会越来越大，在设计电路时只有很好地解决掉这方面的问题，才能设计出性能优良的电路。

2.2 谐振电路

扫一扫看串/并联谐振电路教学课件

扫一扫看串/并联谐振电路教学视频

选频网络广泛应用于无线电收发设备中的高频小信号放大器、高频功率放大器、高频振荡器等电路中。其作用是选出所需要的频率成分，滤除不需要的频率分量。因此，掌握各种选频网络的特性及分析方法尤其重要。

选频网络通常分为谐振电路和滤波器两大类。谐振电路通常为由电容和电感组成的振荡电路，包含单振荡电路和耦合振荡电路。滤波器包含LC集中选频滤波器、石英晶体滤波器、陶瓷滤波器、声表面波滤波器等。

LC 单振荡电路是射频电路中最基本的、应用最广泛的选频网络，它是构成高频谐振放大器、正弦波振荡电路及各种选频电路的基础，有利于提高整个电路输出信号的质量和抗干扰能力。LC单振荡电路包括串联谐振电路和并联谐振电路。

2.2.1 串联谐振电路

扫一扫看仿真串联谐振电路教学课件

扫一扫看仿真串联谐振电路教学视频

图2.4所示为串联谐振电路，电容、电感和信号源三者串联，R为L和C的总损耗电阻，由于电容的损耗很小，因此R可看成电感线圈的损耗电阻。在分析串联谐振电路的特性之前，先来了解一下什么是谐振。在具有电阻R、电感L和电容C的交流电路中，电路两端的电压与其中的电流相位一般是不同的。如果调节电路元器件（L或C）的参数或电源频率，可以使它们的相位相同，整个电路呈现纯阻性，那么此时电路的状态称为谐振。在谐振状态下，当电路的总阻抗达到极值或近似达到极值时，电路对应的特定工作频率为谐振频率。

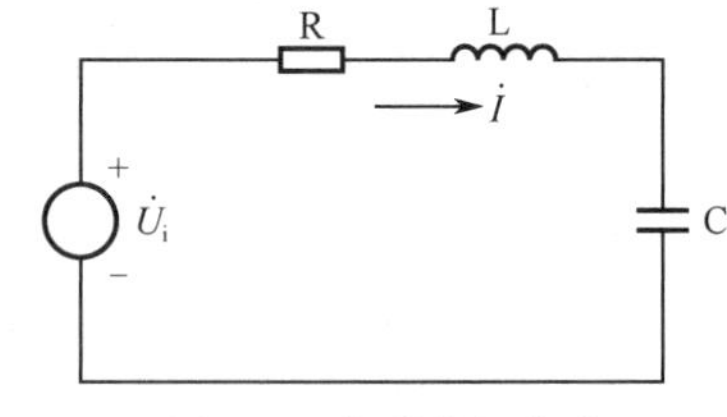

图2.4　串联谐振电路

1. 电路阻抗与谐振频率

在图2.4中，$\dot{U}_i$为信号源电压，$\dot{I}$为电路电流，若频率为ω，则电路的等效阻抗Z_s为

$$Z_s = R + j\omega L + \frac{1}{j\omega C} = R + j\left(\omega L - \frac{1}{\omega C}\right) = R + jX \tag{2.1}$$

式中，X表示电抗。由上式可知，当满足X=0，即$\omega L = 1/\omega C$的条件时，串联谐振电路呈纯阻性。此时电路产生谐振，谐振频率为$\omega_0 = \frac{1}{\sqrt{LC}}$。可以看出，串联谐振电路的阻抗最小，为纯电阻$R$。

串联谐振电路的阻抗特性如图2.5所示。

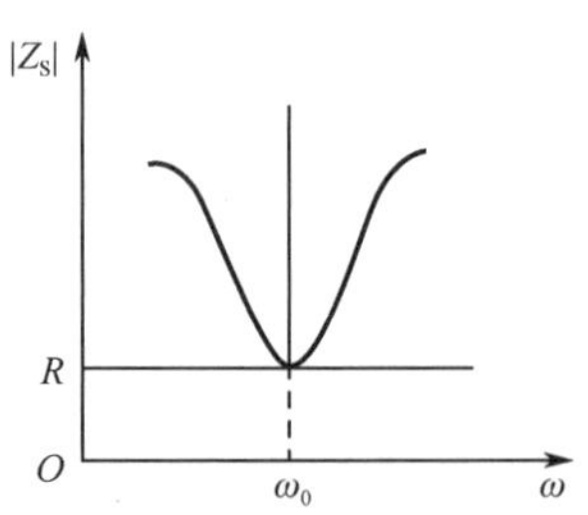

图2.5　串联谐振电路的阻抗特性

当电路谐振时的感抗或容抗称为特性阻抗，用ρ来表示，即

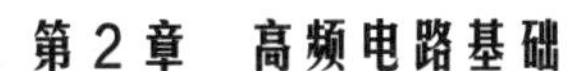

$$\rho = \omega_0 L = \frac{1}{\omega_0 C} = \frac{L}{\sqrt{LC}} = \sqrt{\frac{L}{C}} \tag{2.2}$$

品质因数 Q 用来评价谐振电路损耗的大小，其值为谐振时特性阻抗与电路电阻的比值，即

$$Q = \frac{\rho}{R} = \frac{\omega_0 L}{R} = \frac{1}{\omega_0 CR} = \frac{1}{R}\sqrt{\frac{L}{C}} \tag{2.3}$$

2. 串联谐振特性

分析式（2.1）可知，串联谐振电路的谐振特性如下。

（1）当 $\omega=\omega_0$，即电路产生谐振时，电抗 $X=0$，阻抗 $Z_s=R$ 为最小值且电路呈纯阻性；

（2）当 $\omega<\omega_0$ 时，容抗大于感抗，电路呈容性；

（3）当 $\omega>\omega_0$ 时，感抗大于容抗，电路呈感性。

串联谐振电路的电流幅值与频率之间的关系曲线称为谐振曲线，如图 2.6 所示。图中横坐标为角频率，纵坐标为串联电路电流的幅值与谐振时最大电流的幅值之比。

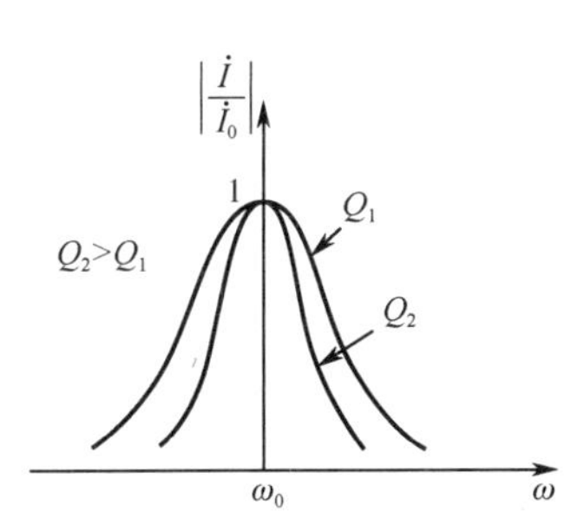

图 2.6　串联谐振电路的谐振曲线

由图 2.6 可知，串联谐振电路具有谐振特性，在谐振频率处信号电流最大，且对远离谐振频率的信号加以抑制（电流小）。串联谐振电路对不同的输入信号具有一定的选择能力，即选择性。Q 值不同对曲线有很大的影响，Q 值小，曲线钝，通带宽；Q 值大，曲线尖锐，选择性好。

3. 通频带

为了衡量谐振电路的选择性，这里引入通频带的概念。当电路外加电压的幅值保持不变，改变频率，电路电流下降为谐振值的 $\frac{1}{\sqrt{2}}$ 时所对应的频率范围称为串联谐振电路的通频带，如图 2.7 所示。由图可知，Q 值越高，串联谐振曲线越尖锐，对无用信号的抑制作用越强，电路的选择性越好，但通频带越窄。

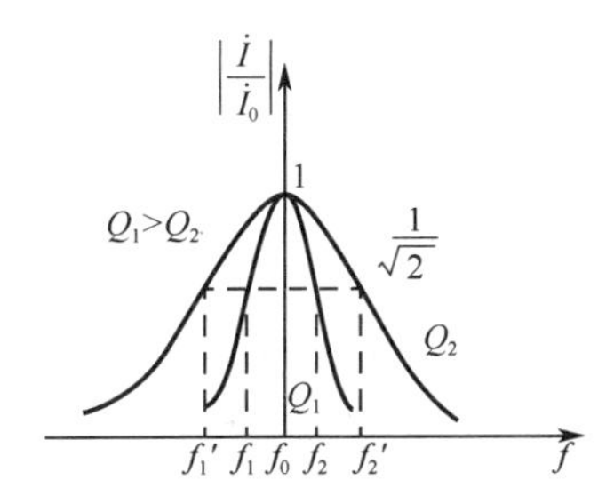

图 2.7　串联谐振电路的通频带

扫一扫看仿真并联谐振电路教学课件

扫一扫看仿真并联谐振电路教学视频

2.2.2　并联谐振电路

前面讨论的串联谐振电路适用于低内阻电源，即理想电压源。若电源内阻大，则应采用并联谐振电路。并联谐振电路指由电容、电感、信号源三者并联组成的电路，如图 2.8 所示。并联谐振电路采用理想电流源 $\dot{I}_s$，频率为 ω，$\dot{U}$ 为电路的输出电压，在分析时暂不考虑信号源内阻的影响。由于电容的损耗很小，这里将损耗电阻 R 集中在电感支路中。

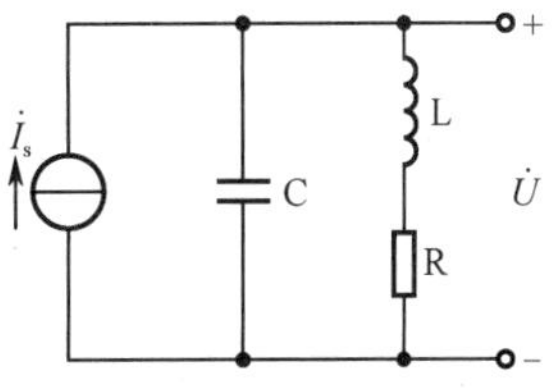

图 2.8　并联谐振电路

1. 电路阻抗与谐振频率

由图 2.8 可知，并联谐振电路的阻抗 Z_p 为

$$Z_{\mathrm{p}}=(R+\mathrm{j}\omega L)//\frac{1}{\mathrm{j}\omega C}=\frac{(R+\mathrm{j}\omega L)\dfrac{1}{\mathrm{j}\omega C}}{R+\mathrm{j}\omega L+\dfrac{1}{\mathrm{j}\omega C}}=\frac{(R+\mathrm{j}\omega L)\dfrac{1}{\mathrm{j}\omega C}}{R+\mathrm{j}\left(\omega L-\dfrac{1}{\omega C}\right)} \tag{2.4}$$

在实际应用中，一般满足 $\omega L \gg R$，因此 $Z_{\mathrm{p}} \approx \dfrac{1}{\dfrac{CR}{L}+\mathrm{j}\left(\omega C-\dfrac{1}{\omega L}\right)}$。

并联谐振电路采用导纳分析法较为方便，其导纳 Y 为

$$Y=\frac{1}{Z_{\mathrm{p}}}=\frac{CR}{L}+\mathrm{j}\left(\omega C-\frac{1}{\omega L}\right)=G+\mathrm{j}B \tag{2.5}$$

式中，G 为电导，$G=\dfrac{CR}{L}$；B 为电纳，$B=\omega C-\dfrac{1}{\omega L}$。

当电纳 B 为 0 时，电路电压与电流同相，电压达到最大值，此时并联电路与外加信号频率发生并联谐振，谐振条件为 $\omega_{\mathrm{p}} C=\dfrac{1}{\omega_{\mathrm{p}} L}$，谐振频率为 $\omega_{\mathrm{p}}=\dfrac{1}{\sqrt{LC}}$，与串联谐振频率 ω_0 相同。此时图 2.8 所示的并联谐振电路可以等效为图 2.9。

图 2.9　并联谐振电路的等效电路

分析可知，当并联谐振电路谐振时电路的导纳最低，即 $Y=G$，阻抗最大为 $Z_{\mathrm{p}}=\dfrac{L}{CR}$，这一特性与串联谐振电路是对偶的。串联谐振电路在谐振时电路阻抗最小；并联谐振电路在谐振时输出电压最大，为 $\dot{U}=\dot{I}_{\mathrm{s}}/Y=\dfrac{L}{CR}\dot{I}_{\mathrm{s}}$。

并联谐振电路的阻抗特性如图 2.10 所示。

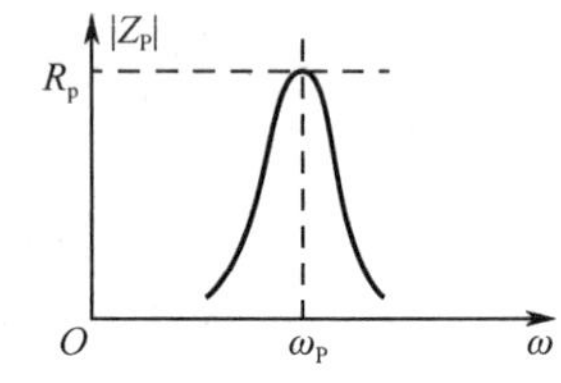

图 2.10　并联谐振电路的阻抗特性

2. 并联谐振特性

并联谐振电路的频率特性与串联谐振电路相对应，并联谐振电路的谐振特性如下。

- 当 $\omega=\omega_{\mathrm{p}}$，即电路产生谐振时，电抗 $X=0$，阻抗 $Z_{\mathrm{p}}=\dfrac{L}{CR}$ 为最大值且电路呈纯阻性；
- 当 $\omega>\omega_{\mathrm{p}}$ 时，容抗大于感抗，电路呈容性；
- 当 $\omega<\omega_{\mathrm{p}}$ 时，感抗大于容抗，电路呈感性。

与串联谐振电路一样，并联谐振电路的品质因数可以表示为

$$Q_{\mathrm{p}}=\frac{\rho}{R}=\frac{\omega_{\mathrm{p}} L}{R}=\frac{1}{\omega_{\mathrm{p}} CR}=\frac{1}{R}\sqrt{\frac{L}{C}} \tag{2.6}$$

当信号源电流不变时，并联谐振电路的电压幅值与频率之间的关系曲线称为谐振曲线，如图 2.11 所示，其形状与串联谐振电路谐振曲线的形状相同。串联谐振电路谐振曲线的纵坐标为电流，而并联谐振电路谐振曲线的纵坐标为电压，二者在谐振时分别达到电流和电压的最大值，在失谐时各自减小，这

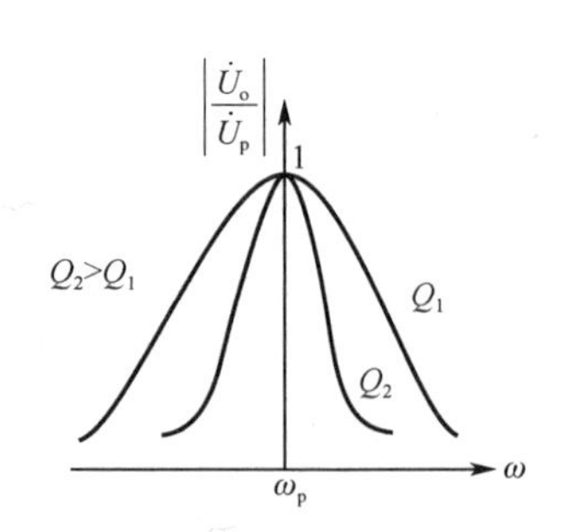

图 2.11　并联谐振电路的谐振曲线

说明并联谐振电路也具有一定的选频特性，且在实际电路中的用途更广泛。

3. 通频带

改变频率，当电路电压下降为谐振值的 $\dfrac{1}{\sqrt{2}}$ 时所对应的频率范围称为并联谐振电路的通频带，如图 2.12 所示。由图可知，Q 值越高，并联谐振曲线越尖锐，对无用信号的抑制作用越强，电路的选择性越好，但通频带越窄。

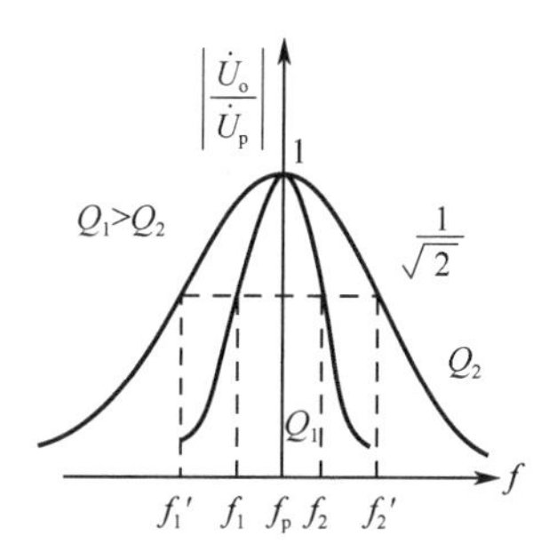

图 2.12　并联谐振电路的通频带

下面总结串联谐振电路和并联谐振电路的频率特性。当工作频率低于谐振频率时，串联谐振电路呈容性，而并联谐振电路呈感性。当工作频率高于谐振频率时，串联谐振电路呈感性，而并联谐振电路呈容性。当工作频率等于谐振频率时，串联谐振电路和并联谐振电路均呈纯阻性，但串联谐振电路的阻抗最小，电流最大；并联谐振电路的阻抗最大，电压最大。

综上，串、并联谐振电路都具有选频作用，在实际使用中并联谐振电路应用更广泛。串、并联谐振电路的比较如表 2.1 所示，表中从电路结构、信号源、谐振频率、谐振阻抗、电路谐振特性、品质因数和通频带方面，分别对串、并联谐振电路的特性进行了比较。

表 2.1　串、并联谐振电路的比较

	串联谐振电路	并联谐振电路
电路结构	L、C 串联	L、C 并联
信号源	电压源	电流源
谐振频率	$\omega_0=\dfrac{1}{\sqrt{LC}}$	$\omega_p=\dfrac{1}{\sqrt{LC}}$
谐振阻抗	R	$R_p=\dfrac{L}{CR}$
电路谐振特性	电流最大，为 $\dot{I}=\dot{U}_i/R$	电压最大，为 $\dot{U}=\dot{I}_s/Y=\dfrac{L}{CR}\dot{I}_s$
品质因数	$Q=\dfrac{\omega_0 L}{R}$	$Q=\dfrac{\omega_p L}{R}$
通频带	$BW_{0.7}=\dfrac{f_0}{Q}$	$BW_{0.7}=\dfrac{f_p}{Q}$

2.3　电路的阻抗变换作用

2.3.1　阻抗变换电路

上一节在分析串、并联谐振电路时并没有考虑信号源内阻和负载电阻对谐振电路的影响。在实际工作中，若考虑这些因素，则会导致谐振电路的品质因数 Q_e 下降、通频带 BW 加宽、选择性变差、谐振频率偏移等。我们常常采用阻抗变换电路来提高电路的品质因数，以此减小接入信号源和负载对电路的不利影响，发挥电路的最佳性能。那么，什么是阻抗变换电路呢？阻抗变换电路是一种将实际负载阻抗变换为前级网络所要求的最佳负载阻抗的电路，阻

抗变换电路对提高整个电路的性能具有重要作用。

下面介绍常采用的串、并联阻抗等效转换（见图2.13）。为了方便分析电路，常将电阻和电抗元件组成的阻抗电路的串联形式与并联形式进行相互转换，并保持其等效阻抗和 Q_e 值不变。所谓“等效”，是指当电路的谐振频率等于工作频率时，图2.13（a）中AB两端和图2.13（b）中 A_1B_1 两端的阻抗相等。在图2.13（a）中，X_s 为电抗元件（电容或电感），R_s 为外接电阻与电抗的损耗电阻和，Z_s 为AB端的等效阻抗。在图2.13（b）中，X_p 为电抗元件（电容或电感），R_p 为外接电阻与电抗的损耗电阻和，Z_p 为 A_1B_1 端的等效阻抗。

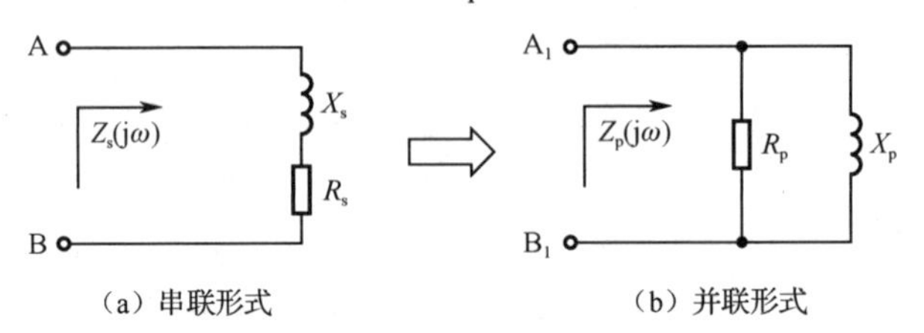

图2.13　串、并联阻抗等效转换

分析图2.13可知

$$\begin{cases} Z_s = R_s + jX_s \\ Z_p = R_p // jX_p = \dfrac{R_p(jX_p)}{R_p + jX_p} = \dfrac{X_p^2}{R_p^2 + X_p^2} R_p + j\dfrac{R_p^2}{R_p^2 + X_p^2} X_p \end{cases} \tag{2.7}$$

由于 $Z_s = Z_p$，因此可推导出

$$\begin{cases} R_s = \dfrac{X_p^2}{R_p^2 + X_p^2} R_p \\ X_s = \dfrac{R_p^2}{R_p^2 + X_p^2} X_p \end{cases} \tag{2.8}$$

由于等效转换前后电路的品质因数 Q_e 相等，即

$$\begin{cases} Q_e = \dfrac{X_s}{R_s} \quad \text{（对串联电路而言）} \\ Q_e = \dfrac{R_p}{X_p} \quad \text{（对并联电路而言）} \end{cases} \tag{2.9}$$

因此将式（2.9）分别代入式（2.8），可以得到

$$\begin{cases} R_p = (1 + Q_e^2) R_s \\ X_p = \left(1 + \dfrac{1}{Q_e^2}\right) X_s \end{cases} \tag{2.10}$$

一般来说，Q_e 比较大，当 $Q_e \gg 10$ 时，上式可简化为

$$\begin{cases} R_p \approx Q_e^2 R_s \\ X_p \approx X_s \end{cases} \tag{2.11}$$

结果表明，串联电路转换成等效并联电路后，电抗 X_p 和 X_s 的性质相同，当 Q_e 较高时，其电抗 X 基本不变，而转换后并联电路的电阻 R_p 是转换前串联电路电阻 R_s 的 Q_e^2 倍。

串联电路中的串联电阻越大，损耗越大；并联电路中的并联电阻越小，损耗越大。反之亦然。这两种电路完全等效。

2.3.2　LC 选频匹配网络

LC 选频匹配网络不仅具有选频特性，而且可以组成各种形式灵活的阻抗变换电路。若要在较窄的频率范围内实现较为理想的阻抗变换，则可以采用 LC 选频匹配网络。

LC 选频匹配网络有倒 L 型、T 型、π 型等不同的组成形式，其中，倒 L 型是最基本的形式。现以倒 L 型匹配网络（见图 2.14）为例，说明其选频匹配原理。倒 L 型匹配网络由两个异性电抗元件 X_1、X_2 组成，常用的两种电路分别如图 2.14（a）和图 2.14（b）所示。其中，R_2 是负载电阻，R_1 是二端网络在工作频率处的等效输入电阻。

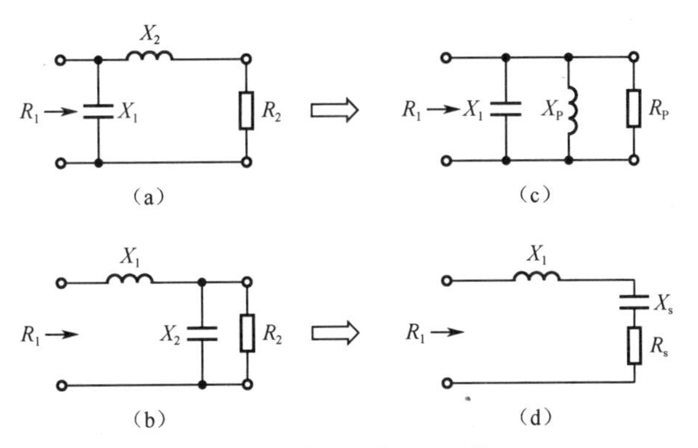

图 2.14　倒 L 型匹配网络

对于图 2.14（a）所示的电路，将 X_2 与 R_2 的串联形式等效变换为 X_p 与 R_p 的并联形式，如图 2.14（c）所示。当 X_1 与 X_p 并联谐振时，有

$$X_1+X_p=0 \tag{2.12}$$

此时 $R_1=R_p$。

由上一节在串、并联阻抗等效转换电路中分析的结论可知，当阻抗匹配时，$R_1=R_p=(1+Q_e^2)R_2$。

由此可以推导出

$$Q_e=\sqrt{\frac{R_1}{R_2}-1} \tag{2.13}$$

又由于 $Q_e=\frac{|X_2|}{R_2}=\frac{R_1}{|X_p|}$，因此可求得 LC 选频匹配网络的电抗值，即

$$\begin{cases}|X_2|=Q_eR_2=\sqrt{R_2(R_1-R_2)}\\ |X_1|=|X_p|=\dfrac{R_1}{Q_e}=R_1\sqrt{\dfrac{R_2}{R_1-R_2}}\end{cases} \tag{2.14}$$

分析可知，采用这种电路可以在谐振频率处增大负载电阻的等效值。

对于图 2.14（b）所示的电路，将 X_2 与 R_2 的并联形式等效变换为 X_s 与 R_s 的串联形式，如图 2.14（d）所示。当 X_1 与 X_s 串联谐振时，有

$$R_1=R_s=\frac{1}{(1+Q_e^2)}R_2 \tag{2.15}$$

$$Q_e=\sqrt{\frac{R_2}{R_1}-1} \tag{2.16}$$

由于$Q_e=\dfrac{R_2}{|X_2|}=\dfrac{|X_s|}{R_1}$，因此可以得到

$$|X_2|=\frac{R_2}{Q_e}=R_2\sqrt{\frac{R_1}{R_2-R_1}} \tag{2.17}$$

$$|X_1|=|X_s|=Q_eR_1=\sqrt{R_1(R_2-R_1)} \tag{2.18}$$

分析可知，采用这种电路可以在谐振频率处减小负载电阻的等效值。

同理，在分析 T 型电路和 π 型电路时，可以将它们分解为两个倒 L 型电路的组合。图 2.15 所示为 T 型和 π 型匹配网络，电路中包含两个相同性质和一个相反性质的电抗元件，可以用类似的方法自行推导出与其有关的公式。

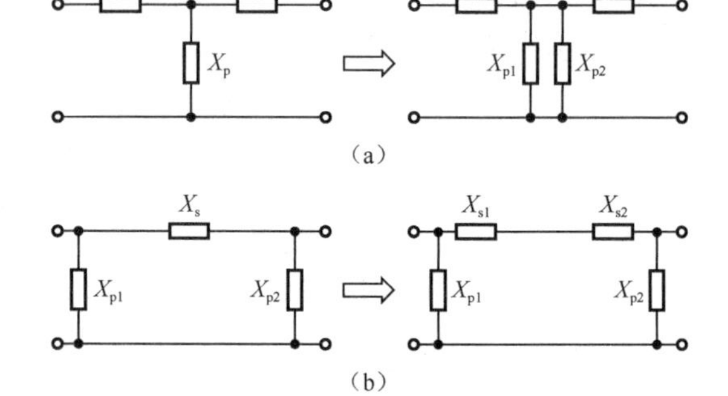

图 2.15　T 型和 π 型匹配网络

下面举例说明匹配网络的设计。

例 2.3.1　已知某电阻性负载为 10 Ω，现用一个倒 L 型匹配网络进行匹配，如图 2.16 所示。使该负载在 10 MHz 时转换为 100 Ω，试计算匹配网络的参数。

解：由题意可知，匹配网络应使负载值增大，故采用倒 L 型匹配网络。可求得所需电抗值：

$$|X_2|=\sqrt{10\times(100-10)}=30(\Omega)$$

$$|X_1|=100\times\sqrt{\frac{10}{100-10}}\approx 33.3(\Omega)$$

所以

$$L_2=\frac{|X_2|}{\omega}=\frac{30}{2\pi\times10\times10^6}\approx 0.48(\mu\text{H})$$

$$C_1=\frac{1}{\omega|X_1|}=\frac{1}{2\pi\times10\times10^6\times33.3}\approx 478(\text{pF})$$

由 0.48 μH 的电感和 478 pF 的电容组成的倒 L 型匹配网络即为所求，如图 2.17（b）虚线框内所示。

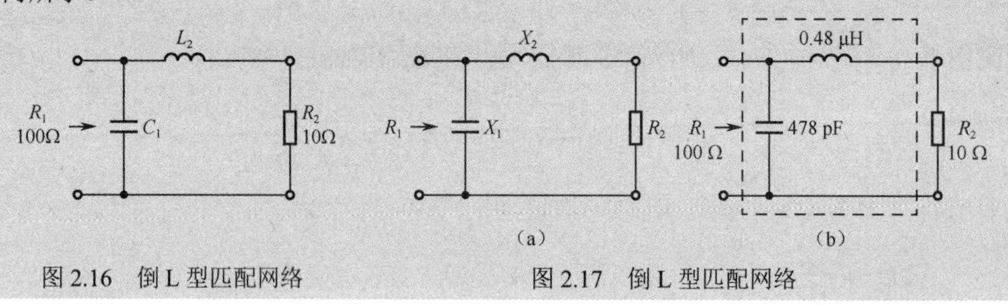

图 2.16　倒 L 型匹配网络　　　　图 2.17　倒 L 型匹配网络

2.4　选择性滤波器

扫一扫看滤波器教学课件

扫一扫看滤波器教学视频

随着电子技术的发展，人们对收发设备放大电路的选择性提出了更高要求。因此，产生了由集中选频滤波器与集成宽带放大器组成的集中选频放大器。其中，集中选频滤波器完成选频任务，它具有近乎理想矩形的幅频特性，广泛应用在增益高、频带宽、选频性能好的广

播、电视等无线通信设备中。常用的集中选频滤波器有 LC 集中选频滤波器、石英晶体滤波器、陶瓷滤波器、声表面波滤波器等。下面分别介绍这些滤波器的工作原理和特点。

2.4.1　LC 集中选频滤波器

除了前面介绍的 LC 单振荡电路，射频电路中还经常采用滤波器来实现选频功能。滤波器主要用来选择或抑制某一频段的信号。

1. 滤波器的分类

滤波器的种类繁多，可根据不同的分类方式将其划分为不同的类型。

根据滤波器幅频特性的通带与阻带的范围，可将其划分为低通滤波器、高通滤波器、带通滤波器和带阻滤波器。

根据构成滤波器元器件的性质，可将其划分为无源滤波器和有源滤波器。前者仅由无源器件组成，如电阻、电容和电感等；后者则含有有源器件，如运算放大器等。

根据滤波器所处理的信号类型，可将其划分为模拟滤波器和数字滤波器。模拟滤波器用于处理模拟信号（连续时间信号），数字滤波器用于处理离散时间信号。

2. 滤波器的幅频特性

根据滤波器幅频特性的通带和阻带的位置所划分的低通滤波器、高通滤波器、带通滤波器这 3 种滤波器使在其频段内的信号能够顺利通过，此时该频段称为通带。当在其频段外的信号衰减很大，从而阻止信号通过时，该频段称为阻带。带阻滤波器和前面 3 种滤波器相反，它主要对频段内的信号进行阻碍，从而使频段外的信号顺利通过。

图 2.18 所示为 4 种理想滤波器的幅频特性曲线。

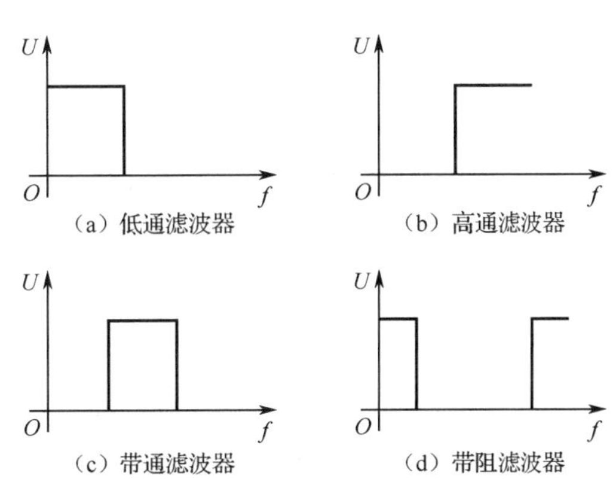

图 2.18　4 种理想滤波器的幅频特性曲线

3. 单节 LC 滤波器

下面介绍单节 LC 滤波器的分类及电路构成。LC 低通滤波器如图 2.19 所示。以图 2.19（a）为例，当输入的信号频率较低时，电感相当于导线，电容相当于与地断开，信号很容易通过。但当信号频率达到一定数值后，电感相当于一个阻碍信号通过的大电阻，而电容相当于导线，这样信号在经过电感后直接进入地线，因此高频信号很难通过。

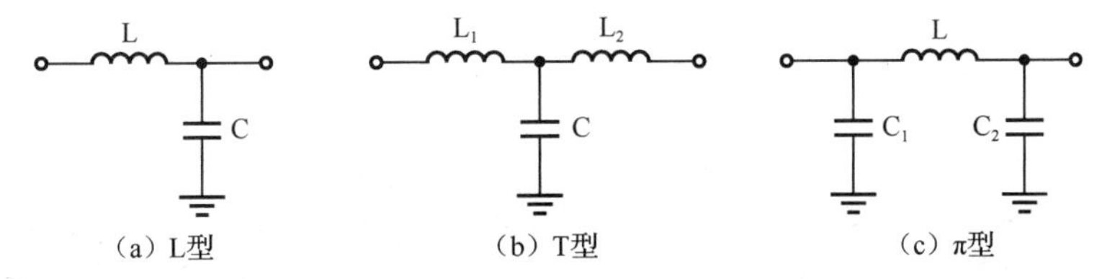

图 2.19　LC 低通滤波器

LC 高通滤波器与 LC 低通滤波器的功能正好相反。将 LC 低通滤波器各电路中串联臂的电感 L 改为电容 C，并联臂的电容 C 改为电感 L，即可得到 LC 高通滤波器，如图 2.20 所示。

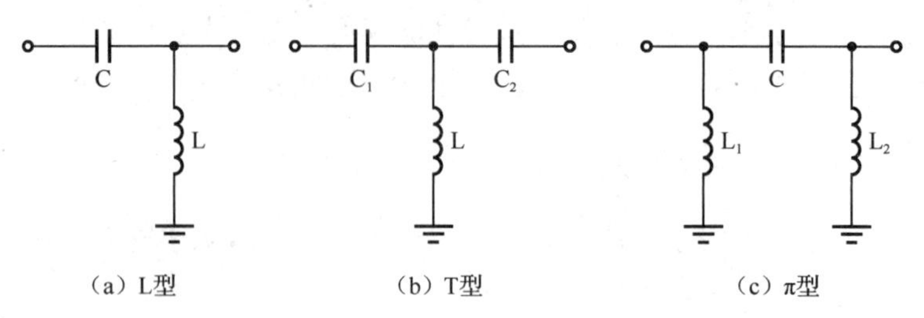

图 2.20　LC 高通滤波器

将 LC 低通滤波器各电路中串联臂的电感 L 改为 LC 串联支路，并联臂的电容 C 改为 LC 并联支路，即可得到 LC 带通滤波器，如图 2.21 所示。在图 2.21（a）中，L_1 和 C_1 组成串联谐振电路，当输入信号频率在其谐振频率附近时，串联谐振电路的阻抗最小，对信号的损耗也最小，信号很容易通过。而 L_2 和 C_2 组成并联谐振电路，当输入信号的频率在其谐振频率附近时，并联谐振电路的阻抗最大，因此信号不容易通过并联谐振电路流入地线，而是继续进入下级电路。由此，单元电路可以选择让其谐振频率附近的信号通过，而对其他频率信号进行阻碍，从而实现带通滤波的功能。

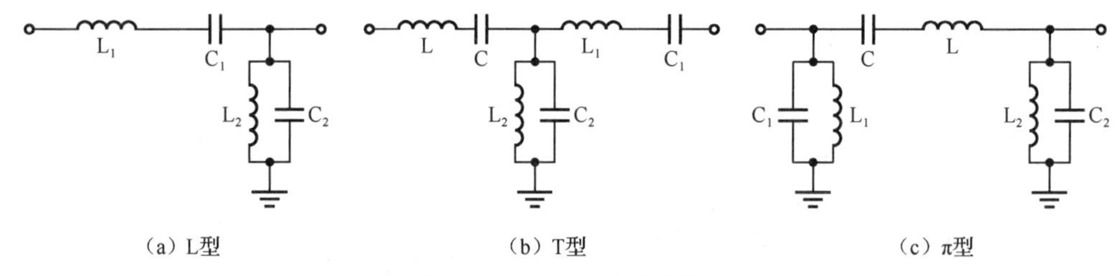

图 2.21　LC 带通滤波器

LC 带阻滤波器与 LC 带通滤波器的概念相对，其功能是使在某一指定频带内的频率分量衰减到极低水平，而使此频带以外的频率分量顺利通过。将 LC 低通滤波器各电路中串联臂的电感 L 改为 LC 并联支路，并联臂的电容 C 改为 LC 串联支路，即可得到 LC 带阻滤波器，如图 2.22 所示。

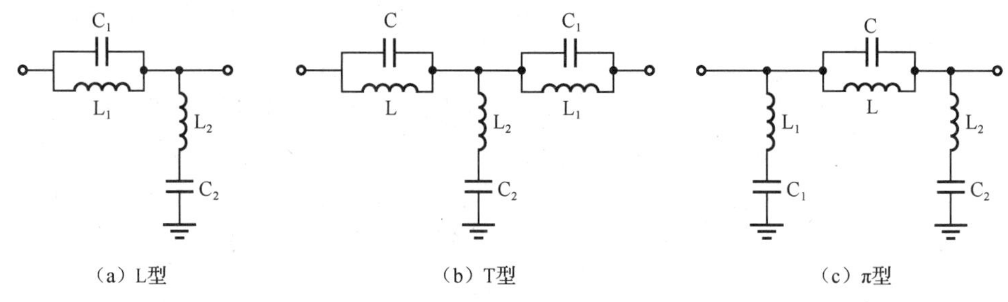

图 2.22　LC 带阻滤波器

4. LC 集中选频滤波器

在实际的射频应用电路中，常常采用一节或多节 LC 滤波器构成 LC 集中选频滤波器，如图 2.23 所示，单节 LC 滤波器之间可以通过电容耦合相连。LC 集中选频滤波器与集成宽带放大器可以组成集中选频放大器，对进入集成宽带放大器的外干扰和噪声进行必要的衰减，以改善传输信号的质量。

集中选频放大器的基本组成框图如图 2.24 所示。

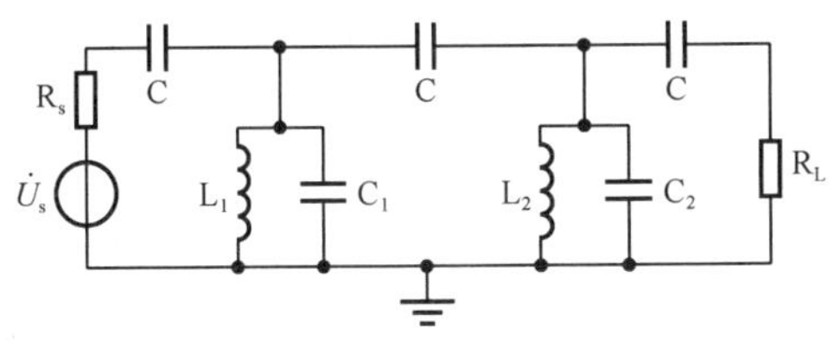

图 2.23　LC 集中选频滤波器

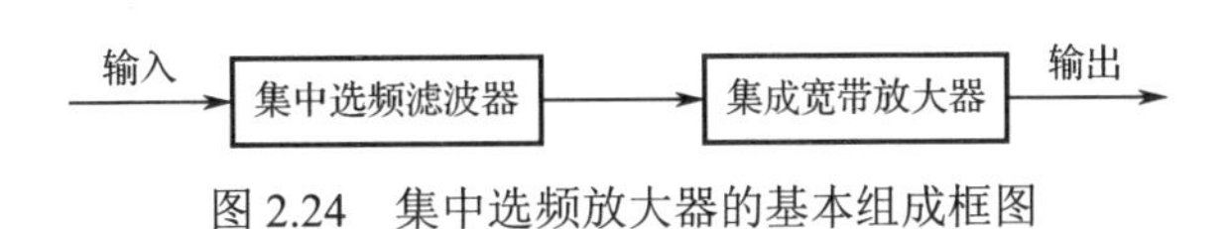

图 2.24　集中选频放大器的基本组成框图

2.4.2　石英晶体滤波器

在无线电接收设备的中频放大器（频带放大器）中，因中频是固定不变的，所以为提高中频滤波器的选择性及简化调试工艺，常采用频率稳定度高的滤波器。石英晶体滤波器就是一种频率稳定度很高的滤波器。

LC 型滤波器的品质因数 Q 在 100 到 200 范围内，石英谐振器 Q 的范围可达几万至几百万，可构成工作频率稳定度极高、阻带衰减特性十分陡峭、通带衰减很小的滤波器，被广泛用于振荡器中以提高频率稳定度。

石英晶体俗称水晶，如图 2.25 所示。它是一种化学成分为 SiO_2，两端呈角锥的六棱柱结晶体，具有稳定的物理和化学性能。按一定的方位角将石英晶体切成薄片，得到石英晶片（如正方形、长方形、圆形），不同方位的切片表现出不同程度的频率特性，即石英晶片的尺寸、厚度等决定其频率的大小。

（a）自然晶体

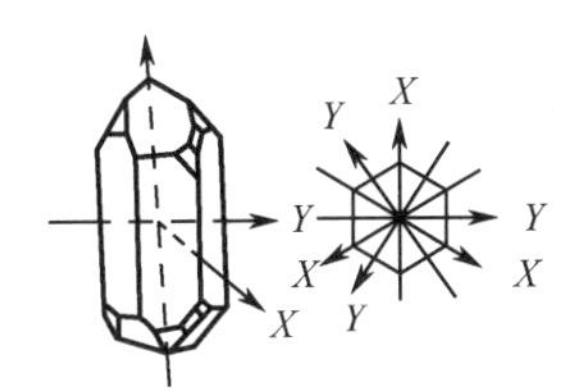

（b）横截面

（c）石英晶体滤波器

图 2.25　石英晶体

石英晶体具有特殊的物理特性，即呈现出正、反压电效应，可实现机械能和电能之间的相互转换。什么是压电效应呢？

当晶体受到拉伸或压缩的机械力作用时，其表面会产生正负电荷，称为正压电效应。反之，如果在晶体表面两端施加一定的交变电压，那么晶体就会产生周期性的机械振动，从而晶体上会流过交流电流。振动的大小一般与外加电压的振幅成正比，这种效应称为反压电效应。

与其他弹性体相同，石英晶体也存在惯性和弹性，某种振动方式对应产生一定的固有谐振频率。当外加电信号的频率与晶体的固有谐振频率相等时，晶体本身就会发生谐振现象。此时机械振动的振幅最大，晶体表面产生的电荷量也最大，从而外电路中流过晶体的电流达到最大，此时石英晶体表现出谐振电路的基本特性。

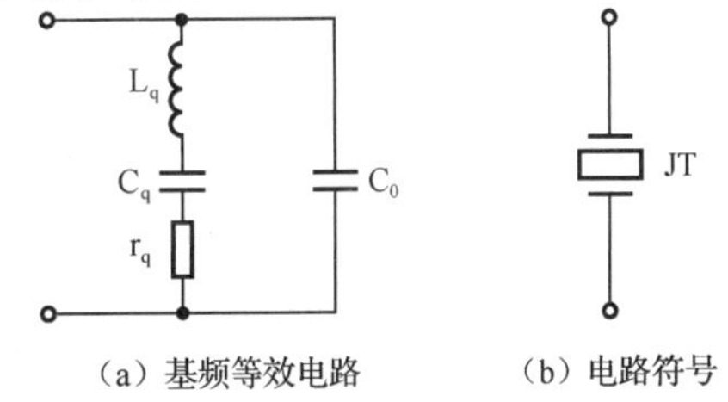

（a）基频等效电路　（b）电路符号

图 2.26　石英谐振器的基频等效电路和电路符号

石英晶体可在某一基频和更高频率的泛音频率上谐振，以此构成基频谐振器和泛音谐振器。图 2.26 所示为石英谐振器的基频等效电路和电路符号。晶体的 LCR 参量很特殊，L_q、C_q、r_q 代表晶体本身的特性：L_q 很大，相当于晶体的质量（惯性），

一般为几十毫亨；C_q很小，表示晶体的等效弹性模数，一般为百分之几皮法；r_q一般为几欧至几百欧，为机械振动中的摩擦损耗。因此，石英晶体的Q极高，等效阻抗极大。C_0为石英晶体支架静态电容，一般为几皮法至几十皮法，因此$C_0 \gg C_q$。

由图2.26可知，石英谐振器的基频等效电路必然有两个谐振频率。一个为左支路的串联谐振频率f_q，即石英晶体本身的自然谐振频率；另一个为石英谐振器的并联谐振频率f_p。两个谐振频率的大小分别为

$$f_q = \frac{1}{2\pi\sqrt{L_q C_q}} \tag{2.19}$$

$$f_P = \frac{1}{2\pi\sqrt{L_q \dfrac{C_q C_0}{C_q + C_0}}} = \frac{1}{2\pi\sqrt{L_q C}} \tag{2.20}$$

式中，C为C_0和C_q串联后的等效电容。显然，$f_p > f_q$。但由于$C_0 \gg C_q$，所以$C \approx C_q$，$f_p \approx f_q$，这说明串、并联谐振频率相差很小。

图2.27所示为石英谐振器的等效阻抗曲线（这里忽略r_q）。由图可知，当$f > f_p$或$f < f_q$时，石英晶体的等效阻抗呈容性；当$f_q < f < f_p$时，石英晶体的等效阻抗呈感性。因此在感性区（$f_q \sim f_p$很窄的频率范围内），石英晶体的电抗特性极为陡峭，对频率变化具有极灵敏的补偿能力。石英谐振器经常工作在感性区，可作为电感元件使用。此外，当$f = f_q$时，石英晶体电抗$X=0$，此时石英谐振器可作为阻抗很小的纯电阻使用。在实际工作时，石英晶体的串、并联谐振频率之间的间隔决定了滤波器的通带宽度。

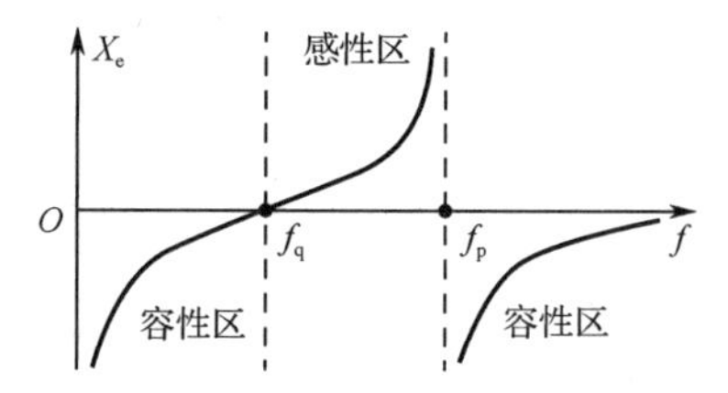

图2.27　石英谐振器的等效阻抗曲线

石英晶体具有十分稳定的物理和化学特性，品质因数Q很高，常用于晶体振荡器电路，以提高工作频率稳定度。其具体的应用电路将在课程后续章节“正弦波振荡器”中详细介绍。

2.4.3　陶瓷滤波器

陶瓷滤波器是利用压电陶瓷的压电效应制成的滤波器。常见的陶瓷滤波器是将锆钛酸铅陶瓷材料制成片状，在两面涂银形成电极，经特殊处理（直流高压极化）而成的。陶瓷片具有与石英晶体类似的压电效应，因此也可以用作滤波器。

陶瓷滤波器的优点：陶瓷易于焙烧，加工方便，可按需制成各种形状；体积小、质量轻，且耐热性、耐湿性较好，很少受外界条件的影响。它的等效品质因数Q_L为几百以上，比石英晶体滤波器的品质因数低，但比LC滤波器的品质因数高。因此，当其用作滤波器时，串、并联谐振频率间隔较大，通带没有石英晶体那么窄，选择性也比石英晶体滤波器差些。

图2.28所示为单片陶瓷滤波器的等效电路和电路符号。与石英晶体滤波器类似，陶瓷滤波器也存在两个谐振频率：串联谐振频率f_q和并联谐振频率f_p。其大小分别为

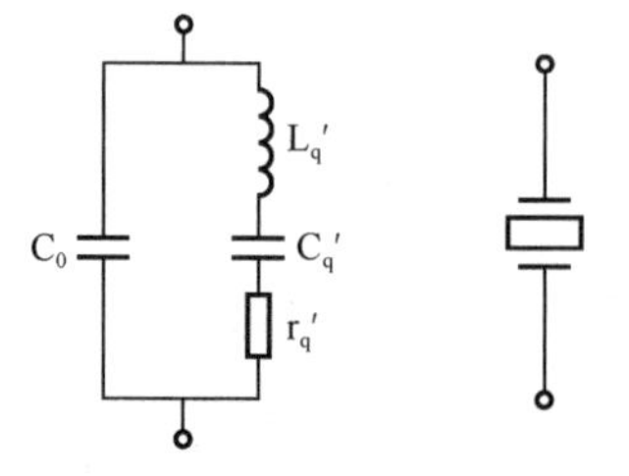

（a）等效电路　（b）电路符号

图2.28　单片陶瓷滤波器的等效电路和电路符号

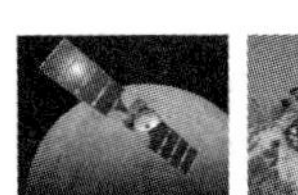

$$f_q = \frac{1}{2\pi\sqrt{L'_q C'_q}} \tag{2.21}$$

$$f_P = \frac{1}{2\pi\sqrt{L'_q \dfrac{C'_q C_0}{C'_q + C_0}}} = \frac{1}{2\pi\sqrt{L'_q C'}} \tag{2.22}$$

式中，C_0 等效为压电陶瓷谐振子的固定电容值；电感 L'_q、电容 C'_q 和电阻 r'_q 分别为陶瓷片在机械振动时的等效质量、等效弹性模数和等效阻尼；C' 为 C'_q 和 C_0 串联后的等效电容。陶瓷片在串联谐振时等效阻抗最小，在并联谐振时等效阻抗最大，具有谐振电路的特性。

在实际使用中，可将 2 个、5 个或 9 个单片陶瓷片采用串、并联的方法适当组合，连接成四端陶瓷滤波器。图 2.29 所示为多个谐振子连接成的四端陶瓷滤波器电路，陶瓷片的数量越多，滤波器的性能越好。在使用四端陶瓷滤波器时，要注意将各陶瓷片的串、并联谐振频率配置得当，同时其输入、输出阻抗也必须与信号源和负载的阻抗相匹配，才能获得性能较好的幅频特性。陶瓷滤波器可应用在接收设备电路中，作为中频放大器的集中选频滤波器，以提高其选择性。

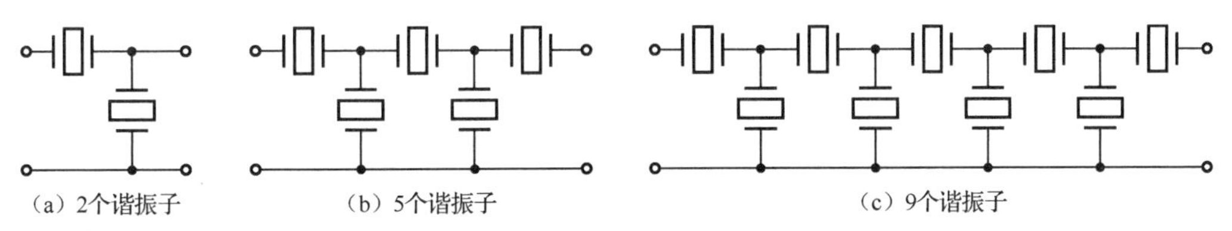

图 2.29　多个谐振子连接成的四端陶瓷滤波器电路

2.4.4　声表面波滤波器

声表面波滤波器具有体积小、中心频率高、相对带宽较宽、矩形系数接近 1、性能稳定可靠等优点，其在电视接收设备、通信、卫星和导航系统中得到越来越广泛的应用。声表面波滤波器基于沿着弹性固体表面传播机械振动波的原理制作而成。能量密度高和传播速度慢是声表面波的两个显著特点。

声表面波滤波器以铌酸锂、压电石英等压电材料为基片，通过真空蒸镀技术和光刻工艺，在基片表面形成叉指形电极，根据声表面波传播的方向，输入端为发送叉指换能器，输出端为接收叉指换能器。

图 2.30 所示为声表面波滤波器的基本结构。当在输入端加交变信号时，发送叉指间产生交变电场，由于基片的反压电效应，基片表面产生机械弹性形变，从而产生与输入信号同频率的声表面波，随后向发送端和接收端两个方向传播，向发送端传播的声表面波被吸收材料吸收，而向接收端传播的声表面波传至输出端的接收叉指换能器，在基片正压电效应的作用下，叉指对间产生电信号，并传输给负载。

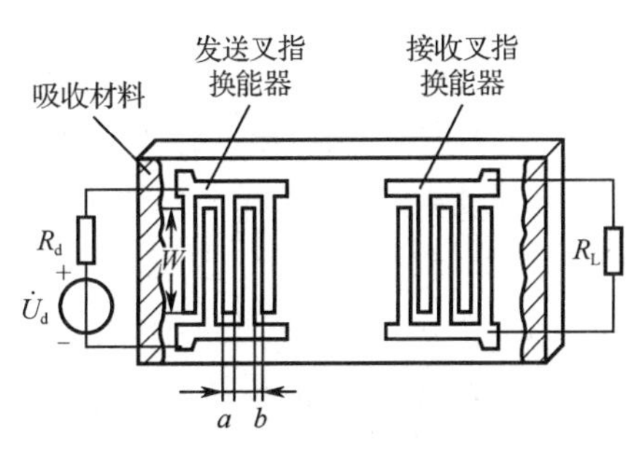

图 2.30　声表面波滤波器的基本结构

声表面波滤波器的性能指标，如中心频率、通频带、矩形系数等，不仅取决于压电材料

的差异，还与叉指电极的几何尺寸和形状、指条数量、指条宽度、指条间隔、指条有效长度、周期长度等因素有关。因此，合理设计和制作叉指换能器，可以制成符合预期指标要求的声表面波滤波器。

声表面波滤波器的符号及等效电路如图 2.31 所示。在图 2.31（b）中，C 为输入端和输出端的静态总电容量，G_T 和 G_R 分别为叉指换能器的输入端及输出端的负载电导，G_T 实现输入端的电声能量转换，G_R 实现输出端的声电能量转换。

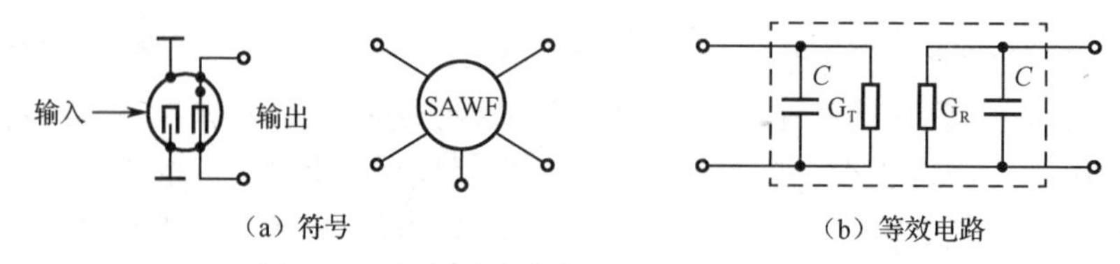

图 2.31　声表面波滤波器的符号及等效电路

与常用的石英晶体滤波器、陶瓷滤波器相比，声表面波滤波器具有以下特点。

（1）工作频率范围宽，可达 10～1000 MHz。

（2）相对频带较宽，一般可达 1%～50%。

（3）便于微型化和片式化。

（4）矩形系数可做到 1～1.2。

综上，声表面波滤波器有优良的频率特性、设计灵活、制作简单且重复性好，在实际应用中可以大批量生产。但该滤波器带内插入损耗大，一般不低于 15 dB，这是其主要缺点，且在使用时一定要注意前后级间的阻抗匹配问题。

专业名词解析

- **选频**：从各种输入频率分量中选择有用信号而抑制无用信号和噪声。这对提高整个电路输出信号的质量和抗干扰能力是极其重要的。
- **串联谐振电路**：外加信号源与电容和电感串联的谐振电路。
- **并联谐振电路**：外加信号源与电容和电感并联的谐振电路。
- **特性阻抗**：当电路谐振时的容抗或感抗值，一般用 ρ 表示。
- **品质因数**：当谐振时电路容抗或感抗值与电路电阻之比。其反映电路损耗的大小，一般用 Q 表示。
- **谐振曲线**：谐振电路中电压或电流幅值与信号工作频率之间的关系曲线。
- **阻抗变换电路**：一种将实际负载阻抗变换为前级网络所要求的最佳负载阻抗的电路。阻抗变换电路对提高整个电路的性能具有重要作用。
- **滤波器**：主要用来选择或抑制某一频段的信号。滤波器按照其幅频特性的通带与阻带的范围可以分为低通滤波器、高通滤波器、带通滤波器和带阻滤波器。
- **单节 LC 滤波器**：根据滤波器幅频特性的通带与阻带的范围，可将其划分为 LC 低通滤波器、LC 高通滤波器、LC 带通滤波器和 LC 带阻滤波器。4 种滤波器均可分为 L 型、T 型和 π 型。
- **LC 集中选频滤波器**：采用一节或多节 LC 滤波器构成 LC 集中选频滤波器，单节 LC 滤波器之间可以通过电容耦合相连。

- **石英晶体滤波器**：石英谐振器 Q 的范围可达几万至几百万，可构成工作频率稳定度极高、阻带衰减特性十分陡峭、通带衰减很小的滤波器。
- **陶瓷滤波器**：利用压电陶瓷的压电效应制成的滤波器。其等效品质因数为几百以上，比石英晶体滤波器的品质因数低，但比 LC 滤波器的品质因数高。
- **声表面波滤波器**：以铌酸锂、压电石英等压电材料为基片，通过真空蒸镀技术和光刻工艺，在基片表面形成叉指形电极的电声换能器件。

本章小结

1. 各种高频电路基本上均由有源器件、无源器件和高频基本网络组成。高频电路中的元器件在使用时要注意它们的高频特性。高频电路中的无源器件主要包括电阻、电容和电感。

2. 在射频电路中，随着频率的升高，分布电容和分布电感的影响会越来越大，在设计电路时只有很好地解决掉这方面的问题，才能设计出性能优良的电路。

3. 选频网络广泛应用于无线电收发设备中的高频小信号放大器、高频功率放大器、高频振荡器等电路中。其作用是选出所需要的频率成分，滤除不需要的频率分量。

4. 选频网络通常分为谐振电路和滤波器两大类。谐振电路通常为由电容和电感组成的振荡电路，包含单振荡电路和耦合振荡电路。

5. LC 单振荡电路包括串联谐振电路和并联谐振电路。当电路产生谐振时，串联谐振电路的阻抗最小且呈纯阻性，输出电流最大，当失谐时电流下降；并联谐振电路的阻抗最大且呈纯阻性，输出电压最大，当失谐时电压下降。

6. 阻抗变换电路是一种将实际负载阻抗变换为前级网络所要求的最佳负载阻抗的电路。阻抗变换电路对提高整个电路的性能具有重要作用。

7. 集中选频滤波器具有近乎理想矩形的幅频特性，广泛应用在增益高、频带宽、选频性能好的广播、电视等无线通信设备中。常用的集中选频滤波器有 LC 集中选频滤波器、石英晶体滤波器、陶瓷滤波器、声表面波滤波器等。

思考题与习题 2

2.1　简述选频网络的作用和分类。

2.2　简述串、并联谐振电路在谐振和失谐时的特性。

2.3　电路的品质因数对通频带有何影响？

2.4　什么是压电效应？

2.5　比较 LC 集中选频滤波器、石英晶体滤波器和陶瓷滤波器的选择性。

实验 2　测试 LC 滤波电路

扫一扫看测试 LC 滤波电路教学课件

扫一扫看测试 LC 滤波电路教学视频

扫一扫看射频电子线路实验箱图片

扫一扫看矢量网络分析仪图片

1. 实验目的

（1）了解带通滤波器的组成及作用。

（2）掌握带通滤波器的性能指标测量方法。

2. 预备知识

（1）认真阅读仪器使用说明，明确注意事项。

（2）复习滤波器的概念及分类。

（3）了解带通滤波器的性能指标。

3. 实验仪器

仪器名称	数量
射频电子线路实验箱	1套
网络分析仪	1台

4. 实验电路

滤波器主要用来选择或抑制某一频段的信号。滤波器按照所选频率可以分为低通滤波器、高通滤波器、带通滤波器和带阻滤波器。本实验测试带通滤波器的频率特性。LC 带通滤波器如图 2.32 所示。图中电路由多级 LC 单振荡电路组成，前级为低通滤波器，后级为高通滤波器，级联组成带通滤波器。

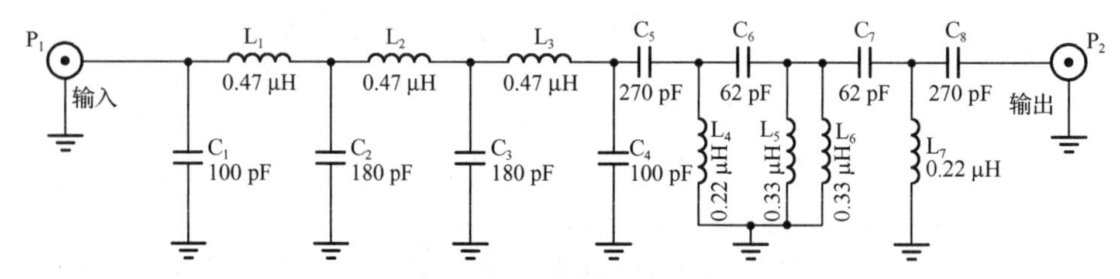

图 2.32　LC 带通滤波器

5. 实验内容与步骤

（1）校准网络分析仪通道。

打开网络分析仪，设置信号的起始频率为 10 MHz，终止频率为 100 MHz，设定源输出功率为 0 dBm，把端口 1 和端口 2 的电缆对接，按下“测量”键选中 S21，按下“校准”键选择校准类型为“非向导校准”，选择“直通响应”，此时为直通校准状态，校准完成后应在显示屏的中间位置观察到一条水平直线，若为 0 dB，则说明校准成功。

（2）利用网络分析仪测量带通滤波器的性能指标。

① 将端口 1 接入带通滤波器电路的 P_1 输入端，端口 2 接入 P_2 输出端，仪器将自动测试，观察结果。此时屏幕上显示出带通滤波器电路的增益幅频特性曲线，为了更好地观察结果，按下“比例”键，将曲线的“参考位置”调整至合适的观察区间。带通滤波器电路具有滤波功能，在通带范围内的振幅较大，在高频段和低频段有所衰减。由于它是由一个 LC 组成的窄带滤波器，所以其通带频率范围________（较大/较小）。

② 按下“光标”键，利用“光标搜索”功能找到曲线的最高点，此时屏幕上显示出该点的参数值。再通过“光标”功能设置多个不同的标记，测量通频带、矩形系数、插损、带外抑制等性能指标。

- 通频带：理想的带通滤波器应该对通频带内的频谱分量有同样的放大能力，而对通频带以外的频谱分量要完全抑制。通频带是滤波器允许通过信号的频率范围，一般用 3 dB 带宽（功率衰减不大于 50%的频带宽度）来表示，记录 $BW_{3\ dB}$=________Hz。

- 矩形系数：表征滤波器选择性好坏的参量，描述了滤波器在截止频率附近响应曲线变化的陡峭程度。将光标移动到 10 dB 带宽处记录 $BW_{10\ dB}$=________Hz，用其与 3 dB 带宽的比值来表示矩形系数，计算 $K_{r0.1}$=________。
- 插损：当将某些器件（滤波器、阻抗匹配器等）或分支电路插入某一电路系统时，由能量损耗造成的功率衰减的比率，一般用零插损（假设未插入任何器件或电路）与带内最小插损（最高增益）的分贝值之差表示，计算 K_1=________dB。
- 带外抑制：滤波器对通带以外信号的抑制程度，一般用带内最大增益与带外某指定频率点增益的分贝值之差表示。这里测试频率为 60 MHz 处的增益，计算 S_1=________dB。

6. 实验报告要求

（1）写明实验目的。

（2）整理实验数据，并画出带通滤波器的幅频特性曲线。

7. 实验反思

带通滤波器的幅频特性应该呈现怎样的变化规律？其意义是什么？

在通信系统中，高频小信号放大器用来从众多的无线电信号中选出需要的频率信号并加以放大，同时对其他无用信号、干扰与噪声进行抑制。高频小信号放大器具有多种电路类型，由三极管和 LC 单振荡电路组成的调谐放大器是高频小信号放大器最基本的形式。

本章主要介绍高频小信号放大器的分类及主要技术指标，高频小信号放大器电路的组成与工作原理，放大器中的噪声及抑制噪声的措施等，重点介绍对高频小信号放大器电路的分析。

知识点目标：

- 了解高频小信号放大器的分类与组成。
- 理解高频小信号单调谐放大器电路的组成与工作原理。
- 了解高频小信号单级及多级单调谐放大器的主要技术指标。
- 了解噪声的来源与分类。
- 了解在电路中衡量噪声性能的指标。
- 了解抑制噪声的措施。

技能点目标：

- 掌握高频小信号单调谐放大器电路的交/直流电路画法。
- 学会分析并测试高频小信号单调谐放大器的主要技术指标。
- 掌握低频小信号放大器与高频小信号放大器的联系与区别。
- 掌握在放大器中抑制噪声的措施。

3.1　高频小信号放大器的分类与组成及主要技术指标

在接收设备中，从天线上感应到的高频信号非常微弱，一般为微伏数量级，因此需要将信号进行放大，以便恢复传输的信号。高频小信号放大器广泛应用于广播、电视、雷达等接收设备中，用来从众多的无线电信号中选出有用的频率信号并加以放大，同时对其他无用的频率信号、干扰与噪声予以抑制，以提高信号的振幅与质量。

3.1.1　高频小信号放大器的分类与组成

高频小信号放大器若按器件分，可分为三极管放大器、场效应管放大器和集成电路放大器；若按通带分，可分为窄带放大器和宽带放大器；若按负载分，可分为谐振放大器和非谐振放大器。

高频小信号放大器应具有尽可能高的增益和较好的选频能力。前者由有源放大器件如三极管、场效应管、集成电路等提供，后者由无源选频网络如 LC 单振荡电路、陶瓷滤波器、晶体滤波器、声表面波滤波器等实现。高频小信号放大器的一般模型如图 3.1 所示。

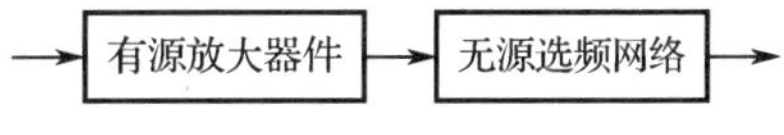

图 3.1　高频小信号放大器的一般模型

高频小信号放大器的典型应用是在超外差式接收设备中，混频器之前的高频小信号放大器对接收到的不同高频信号的频率进行调谐放大，混频器之后的高频小信号放大器对固定的中频信号进行调谐放大，通常称为中频放大器。集中选频放大器由集中选频滤波器和集成宽带放大器组成，由于其具有性能可靠、选择性好、调整方便等优点，被越来越广泛地应用于目前的通信设备中。

扫一扫看调谐低噪声放大器的主要技术指标教学课件

扫一扫看调谐低噪声放大器的主要技术指标教学视频

3.1.2　高频小信号放大器的主要技术指标

在分析高频小信号放大器电路前，有必要了解一下高频小信号放大器的主要技术指标。

1. 谐振增益

谐振增益指放大器在谐振频率上的电压或功率增益，也称为放大倍数，记为 A_{u0} 或 A_{p0}。

定义谐振电压增益

$$A_{u0}=\frac{U_o}{U_i} \tag{3.1}$$

谐振功率增益

$$A_{p0}=\frac{P_o}{P_i} \tag{3.2}$$

谐振增益也可用分贝（dB）来表示

$$A_{u0}=20\lg\frac{U_o}{U_i}\text{(dB)} \tag{3.3}$$

$$A_{p0}=10\lg\frac{P_o}{P_i}\text{(dB)} \tag{3.4}$$

在实际应用时，考虑到放大器的稳定性问题，单级放大器在谐振频率及通频带处的谐振增益应尽可能大；若谐振增益不够，可采用多级单调谐放大器级联实现。

2. 通频带

通频带指当放大器的电压增益下降到谐振电压增益的0.7或$\frac{1}{\sqrt{2}}$时所对应的频率范围，一般用$BW_{0.7}$（或f_{bw}或$2\Delta f_{0.7}$）表示，$2\Delta f_{0.7}$又称3 dB带宽。高频小信号放大器的通频带如图3.2所示。

由于高频小信号放大器放大的信号一般都是已调信号，包含一定的频谱宽度，所以放大器必须有一定的通频带，以便让必要信号中的频谱分量通过放大器。

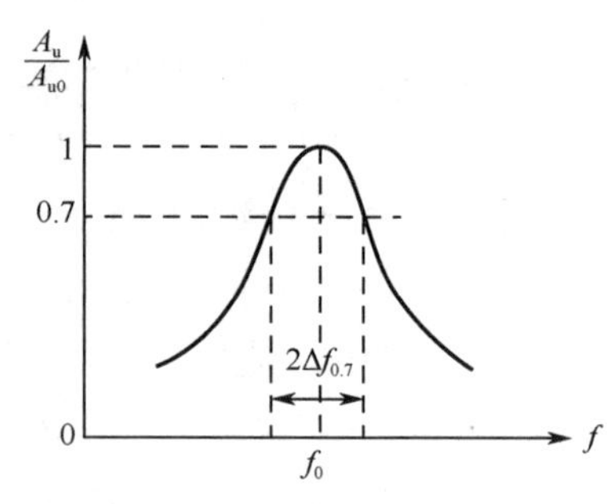

图3.2　高频小信号放大器的通频带

3. 选择性

选择性指放大器从各种不同频率的信号中选出有用信号，并抑制无用或干扰信号的能力。通常用矩形系数和抑制比来表示。

（1）矩形系数。高频小信号放大器的理想谐振曲线应是矩形，即对通频带内的频谱分量有同样的放大能力，而对通频带以外的频谱分量完全抑制。但实际的谐振曲线与矩形有较大的差异。图3.3所示为高频小信号放大器理想与实际的频率特性。矩形系数用于评定实际谐振曲线偏离（或接近）理想谐振曲线的程度，矩形系数的定义为

$$K_{r0.1}=\frac{2\Delta f_{0.1}}{2\Delta f_{0.7}}=\frac{2\Delta f_{0.1}}{f_{bw}} \tag{3.5}$$

$$K_{r0.01}=\frac{2\Delta f_{0.01}}{2\Delta f_{0.7}}=\frac{2\Delta f_{0.01}}{f_{bw}} \tag{3.6}$$

式中，$2\Delta f_{0.1}$、$2\Delta f_{0.01}$分别表示增益下降至0.1和0.01处的带宽，K_r的值越接近1，说明放大器的谐振曲线就越接近理想谐振曲线，放大器的选择性越好。

（2）抑制比。图3.4所示为调谐信号在频率f_0处的谐振曲线，反映放大器的抑制能力。谐振点f_0的放大倍数为A_{u0}。假设干扰信号的频率为f_k，放大器对此干扰信号的放大倍数为A_{uk}。用抑制比d_k表示放大器对某个干扰信号f_k的抑制能力，定义为

$$d_k=\frac{A_{u0}}{A_{uk}} \tag{3.7}$$

或用分贝表示

$$d_k=20\lg\frac{A_{u0}}{A_{uk}}\ \text{(dB)} \tag{3.8}$$

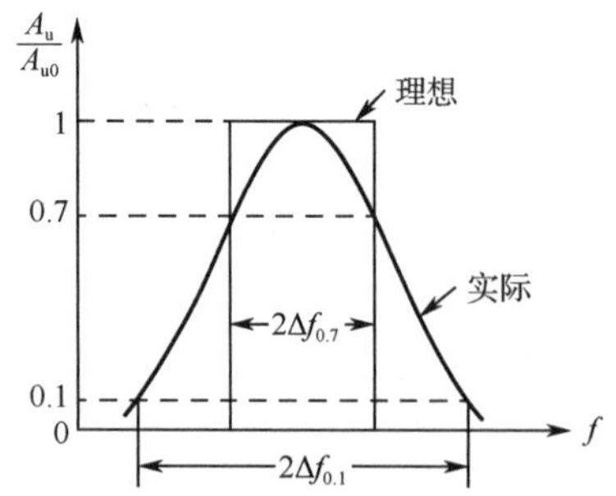

图3.3　高频小信号放大器理想与实际的频率特性

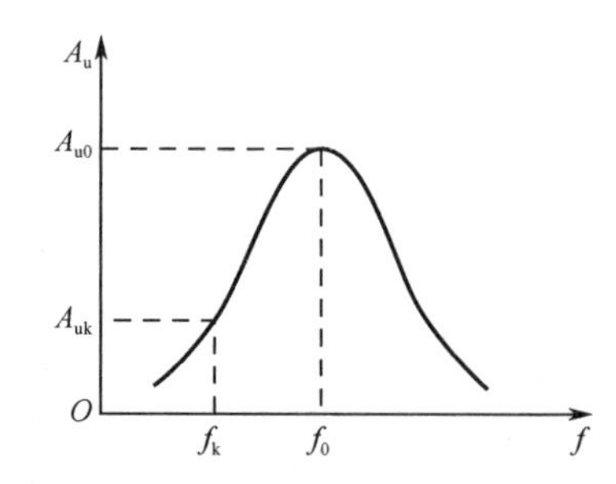

图3.4　调谐信号在频率f_0处的谐振曲线

4. 噪声系数

放大器的噪声系数F_n为输入信号的信噪比与输出信号的信噪比的比值，可以表示为

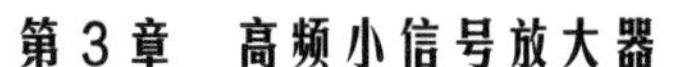

$$F_n=\frac{\text{SNR}_i}{\text{SNR}_o}=\frac{P_{si}/P_{ni}}{P_{so}/P_{no}} \tag{3.9}$$

噪声系数越接近 1，说明放大器的抗噪能力越强，输出信号的质量越好。

在多级放大器中，最前面一、二级的噪声对整个放大器的噪声起决定性作用，因此要求它们的噪声系数尽量接近 1。为减小放大器的内部噪声，可采用低噪声管、正确选择工作点电流、选用合适的线路等方法。

3.2　高频小信号单调谐放大器

扫一扫看高频小信号放大器教学课件

扫一扫看高频小信号放大器教学视频

由三极管和 LC 单振荡电路组成的调谐放大器是高频小信号放大器最基本的形式。从电路形式来看，调谐放大器分为单调谐放大器、双调谐放大器和参差调谐放大器。本节主要讨论单级负载为谐振电路的高频小信号单调谐放大器。

3.2.1　单级单调谐放大器

1. 电路组成及工作原理

图 3.5 所示为共发射极单级单调谐放大器，其由三极管共发射极电路和并联谐振电路组合而成。图中 R_{b1}、R_{b2} 和 R_e 均为直流偏置电阻，C_b、C_e 为旁路电容，Z_L 为负载阻抗，L、C 组成并联谐振电路，电路采用抽头接入方式，以减小三极管对并联谐振电路的影响。电路的输入/输出端采用变压器耦合方式，以隔开前后级直流电路，同时可实现信号源、放大器及负载之间的阻抗匹配。在实际应用中，可选用低噪声场效应管来替代三极管，以获得良好的噪声特性。

根据电路中直流电源 U_{CC} 保留，交流输入信号 $\dot{U}_i$ 短路，所有电容断开，电感短路的规则，画出图 3.6（a）所示的单级单调谐放大器的直流通路，构成工作点稳定的分压式偏置电路。图 3.6（b）所示为单级单调谐放大器的交流通路。三极管工作在甲类工作状态下，高频小信号放大选频的过程如下：输入的高频小信号经 T_{r1} 耦合变压器在三极管的基极产生电压，形成基极电流 i_B，i_B 经三极管放大形成集电极电流 $i_C=\beta i_B$，若 LC 单振荡电路调谐在高频小信号载波频率上，则 LC 单振荡电路对信号呈纯阻性；纯电阻负载可以将电流 i_C 转换成输出电压且输出最大，放大器具有最高增益。因此，输入的高频小信号得以被线性放大。

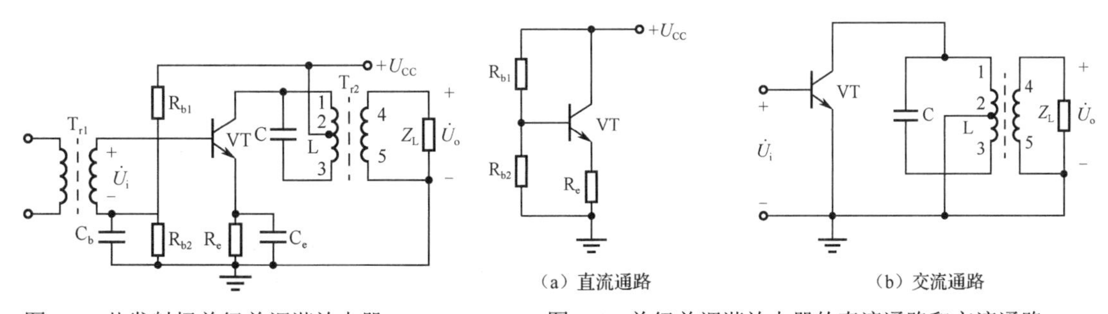

（a）直流通路　　（b）交流通路

图 3.5　共发射极单级单调谐放大器

图 3.6　单级单调谐放大器的直流通路和交流通路

单级单调谐放大器的主要特点在于负载为具有选频作用的 LC 单振荡电路，因此单级单调谐放大器具有选频放大功能。图 3.7 所示为单级单调谐放大器的幅频特性曲线，当放大器的输入信号频率等于 LC 谐振频率，即 $f=f_0$ 时，其增益最高；当输入信号频率高于或低于 f_0

时，放大器失谐，其增益将迅速下降。

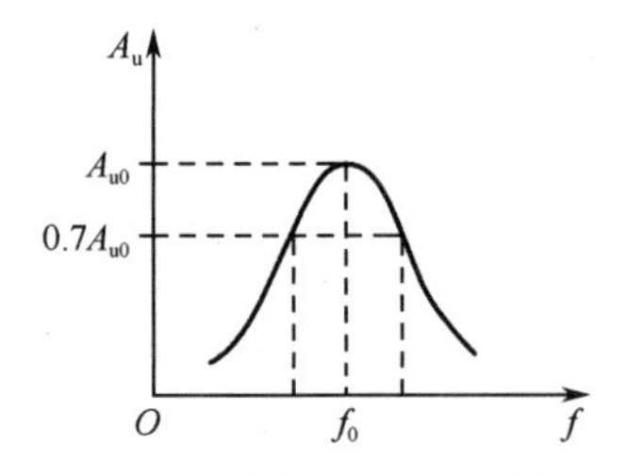

图 3.7 单级单调谐放大器的幅频特性曲线

2. 主要技术指标

1）谐振频率

$$f_0 = \frac{1}{2\pi\sqrt{LC_\Sigma}} \tag{3.10}$$

式中，C_Σ 是电路总电容，为三极管输出电容和负载电容折合到 LC 单振荡电路两端的等效电容与电路电容 C 之和。改变 L 和 C_Σ 都可以改变谐振频率，即进行调谐。

2）通频带

$$2\Delta f_{0.7} = \frac{f_0}{Q_L} \tag{3.11}$$

式中，Q_L 为 LC 单振荡电路的有载品质因数，其值不仅与电路自身有关，而且与电路特性有关，可表示为

$$Q_L = \frac{1}{g_\Sigma \omega_0 L} = \frac{\omega_0 C_\Sigma}{g_\Sigma} \tag{3.12}$$

式中，g_Σ 为 LC 单振荡电路的总电导。

由式（3.11）和式（3.12）可知，改变 g_Σ 的值，Q_L 就会发生变化。通频带与 Q_L 成反比，曲线越尖锐，通频带越窄，选择性越好。

3）选择性

单级单调谐放大器的增益频率特性取决于并联谐振电路的频率特性，可以表示为

$$\frac{A_u}{A_{u0}} = \frac{1}{\sqrt{1+\left(Q_L \frac{2\Delta f}{f_0}\right)^2}} \tag{3.13}$$

式中，$\Delta f = f - f_0$ 为并联谐振电路的绝对失调量。

单级单调谐放大器的选择性用矩形系数表示为

$$K_{r0.1} = \frac{2\Delta f_{0.1}}{2\Delta f_{0.7}} = \frac{2\Delta f_{0.1}}{f_{bw}} \tag{3.14}$$

当 $\frac{A_u}{A_{u0}} = \frac{1}{\sqrt{1+\left(Q_L \frac{2\Delta f_{0.1}}{f_0}\right)^2}} = 0.1$ 时，$2\Delta f_{0.1} = \sqrt{10^2-1}\frac{f_0}{Q_L}$，因此

$$K_{r0.1} = \frac{2\Delta f_{0.1}}{2\Delta f_{0.7}} = \sqrt{10^2-1} \approx 9.95 \tag{3.15}$$

由上式可知，实际单级单调谐并联谐振电路的矩形系数近似为 10，远大于理想矩形系数 1，这说明单调谐放大器的选择性较差，因此实际电路常采用双调谐放大电路以提高其选择性。

3.2.2 多级单调谐放大器

若单级单调谐放大器的增益不满足要求，则常采用多级单调谐放大器级联。级联后，放大器的增益、通频带、选择性都会发生变化。图 3.8 所示为多级单调谐放大器的组成框图。

多级单调谐放大器可工作于同一频率或不同频率。若每级单调谐放大器均调谐于同一频率，则为同步调谐，否则为参差调谐。下面讨论多级单调谐放大器的主要技术指标。

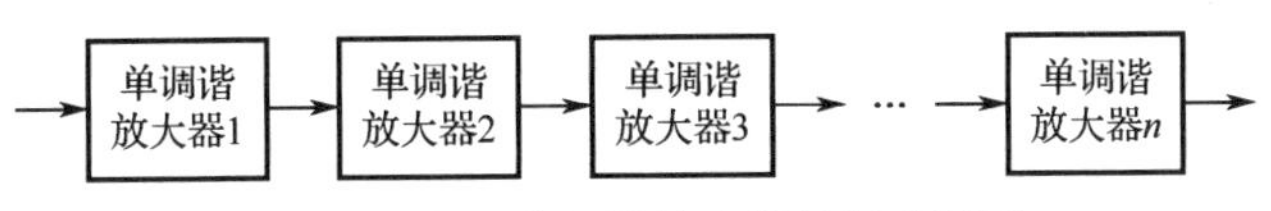

图 3.8　多级单调谐放大器的组成框图

1. 多级单调谐放大器的增益

假设多级单调谐放大器由 n 级级联而成，各级电压增益分别表示为 $A_{u1}, A_{u2}, \cdots, A_{un}$，则总增益 A_n 为各级增益的乘积，即

$$A_n = A_{u1} \cdot A_{u2} \cdot \cdots \cdot A_{un} \tag{3.16}$$

若以分贝表示 n 级放大器的增益，则

$$A_n = A_{u1} + A_{u2} + \cdots + A_{un}\ (\text{dB}) \tag{3.17}$$

级数越多，谐振增益越大，谐振曲线越尖锐，选择性越好，但通频带越窄。

2. 多级单调谐放大器的通频带

当 n 级相同的放大器级联时，总的通频带可由下式计算

$$\frac{A_n}{A_{n0}} = \frac{1}{\left[1+\left(Q_L \frac{2\Delta f_{0.7}}{f_0}\right)^2\right]^{\frac{n}{2}}} = \frac{1}{\sqrt{2}} \tag{3.18}$$

可得

$$(2\Delta f_{0.7})_n = \sqrt{2^{\frac{1}{n}} - 1} \cdot \frac{f_0}{Q_L} \tag{3.19}$$

由上式可知，总的通频带比单级通频带要窄。$\sqrt{2^{\frac{1}{n}} - 1}$ 为带宽缩减因子，用来衡量放大器级数增加后总通频带变窄的程度。

3. 多级单调谐放大器的选择性

当 n 级相同的放大器级联时，$2\Delta f_{0.1}$ 可由下式计算

$$(2\Delta f_{0.1})_n = \sqrt{100^{\frac{1}{n}} - 1} \cdot \frac{f_0}{Q_L} \tag{3.20}$$

总的矩形系数为

$$(K_{r0.1})_n = \frac{(2\Delta f_{0.1})_n}{(2\Delta f_{0.7})_n} = \frac{\sqrt{100^{\frac{1}{n}} - 1}}{\sqrt{2^{\frac{1}{n}} - 1}} \tag{3.21}$$

由上式可知，级数越多，矩形系数越小，选择性越好。

3.2.3　集中选频放大器

在小信号选频放大器中，越来越多地采用集中选频放大器。集中选频放大器主要由集成宽带放大器和集中选频滤波器组成，它适用于固频选频放大器。其中，集成宽带放大器由多级差分电路组成，集中选频滤波器具有接近理想矩形的幅频特性，包括前面介绍的石英晶体

滤波器、陶瓷滤波器和声表面波滤波器等。

3.3 放大器中的噪声

电子设备的性能指标在很大程度上与干扰和噪声有关，这可能会直接限制接收设备的灵敏度。在通信系统中，由于干扰和噪声的存在大大影响了接收设备的工作，因此了解噪声的特性及抑制噪声的方法有助于提高接收设备的性能。

3.3.1 噪声的来源与分类

干扰一般指外部干扰，可分为自然干扰和人为干扰。自然干扰包括天电干扰、宇宙干扰和大地干扰。人为干扰主要包括工业干扰和无线电台的干扰。

噪声一般指内部噪声，可分为自然噪声和人为噪声。自然噪声有热噪声、散粒噪声和闪烁噪声等。人为噪声有交流噪声、感应噪声、接触不良噪声等。这里主要讨论自然噪声。

1. 电阻的热噪声

电阻中含有大量的自由电子，由于温度的影响，这些自由电子在受到热激发后做不规则的运动，因此会发生碰撞、复合并产生二次电子等现象。温度越高，自由电子的运动越剧烈。就一个电子而言，一次运动会在电阻内部产生一个持续时间很短的脉冲电流。许多随机脉冲电流的组合就在电阻内部形成了无规律的电流。噪声电流在电阻内流通，电阻两端就会产生噪声电压。噪声电压波形如图3.9所示，在一段时间内，噪声电压出现正负值的概率相同，因而电阻两端的平均电压为零。由于这种噪声是由电子的热运动引起的，因此又称热噪声。

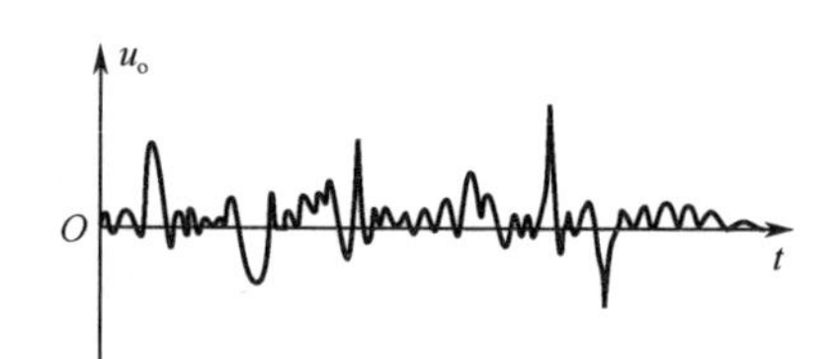

图3.9　噪声电压波形

大量的实践和理论分析表明，电阻热噪声的特性可以用频率特性来描述。其具有很宽的频谱，频率从0一直延伸至10^{13}～10^{14}Hz以上，且各频率分量的强度相等。对无线电频率范围来说，这种具有均匀连续频谱的噪声可看作白噪声。

2. 三极管的噪声

三极管的噪声是设备内部固有噪声的另一个重要来源，放大电路中的三极管噪声往往强于电阻热噪声。三极管的噪声主要包括热噪声、散粒噪声、分配噪声和闪烁噪声。

1）热噪声

与电阻相同，三极管中电子的不规则运动也会产生热噪声。三极管的发射极、集电极、基极电阻及相应的引线电阻都会产生热噪声，但主要以基极电阻的热噪声为主，其他极电阻和引线电阻产生的影响可以忽略。

2）散粒噪声

散粒噪声是三极管噪声的主要来源。单位时间内通过PN结的载流子数目随机起伏，使得流过PN结的电流在平均值上下做不规则的起伏变化而形成噪声，这种噪声称为散粒噪声。在本质上它与电阻的热噪声类似，属于均匀连续频谱的白噪声。

3）分配噪声

三极管中通过发射结的少数载流子大部分到达集电极形成集电极电流，少部分在基区内复合形成基极电流。集电极电流随基区载流子复合数量的变化而变化所引起的噪声称为分配噪声。

分配噪声本质上也属于白噪声，由于渡越时间的影响，因此当三极管的工作频率高到一定值时，该噪声的功率谱密度会随着频率的增加而迅速增大。

4）闪烁噪声

闪烁噪声与半导体材料及制造工艺水平有关，其特点是频率集中在低频段（一般为几千赫兹以下）时噪声强度显著增加，且随频率降低而增强。三极管在高频工作时，可以忽略这种噪声的影响。

3. 场效应管的热噪声

场效应管的热噪声包括栅极散粒噪声、沟道热噪声、栅极感应噪声和闪烁噪声 4 种。

栅极散粒噪声是由栅极内电荷的不规则起伏引起的，影响较小。沟道热噪声是沟道电阻中载流子的热运动产生的热噪声。栅极感应噪声是沟道中的起伏噪声通过沟道和栅极之间电容的耦合，在栅极上感应产生的噪声，频率越高，该噪声的影响越大。闪烁噪声与三极管的闪烁噪声一样，噪声功率在低频段与频率成反比。

3.3.2　电路中衡量噪声性能的指标

1. 信噪比

噪声的存在会对有用信号产生影响，一般用信号功率与噪声功率的相对值来衡量噪声对信号的影响程度。在指定频带内，同一端口信号功率和噪声功率的比值，即 P_s/P_n，称为信噪比 SNR。信噪比用来表示噪声对信号的干扰程度及二者间的相对强弱。功率信噪比也可以用分贝表示，写为 $10\lg(P_s/P_n)$。功率信噪比越大，说明信号质量越好，噪声的影响越小。

2. 噪声系数

功率信噪比可反映信号质量的好坏，但无法反映放大器对信号质量的影响，也不能表示放大器本身噪声性能的好坏。在实际电路中信号通过放大器会叠加上噪声，导致输出端的噪声功率与输入端的噪声功率不同。

噪声系数是用来反映电路本身噪声大小的技术指标，其值与信噪比有关。与低频放大器一样，选频放大器的输出噪声也来源于输入端和放大电路本身。

噪声系数 F_n 定义为电路输入端信噪比与输出端信噪比的比值，即

$$F_n = \frac{\mathrm{SNR_i}}{\mathrm{SNR_o}} = \frac{P_{si}/P_{ni}}{P_{so}/P_{no}} \tag{3.22}$$

用分贝表示为

$$F_n(\mathrm{dB}) = 10\lg\frac{P_{si}/P_{ni}}{P_{so}/P_{no}}(\mathrm{dB}) \tag{3.23}$$

噪声系数取决于系统的内部噪声，其值越接近 1 越好。理想无噪声放大器的输出端信噪比等于输入端信噪比，即 $F_n=1$。

若放大器本身有噪声，则输出噪声功率等于放大后的输入噪声功率和放大器本身的噪声功率之和。显然，经放大器放大后，输出端的信噪比比输入端的信噪比低，即 $F_n>1$。因此，F_n 表示信号通过放大器后，信噪比变差的程度。

3.3.3 抑制噪声的措施

1. 选用低噪声电子器件

在放大电路中，电子器件内部噪声的影响很大，选用低噪声电子器件可大大降低电路的噪声系数。对三极管而言，可选用噪声系数 F_n 小的三极管，也可采用场效应管代替三极管。

2. 选择合适的三极管静态工作点

三极管的噪声系数与直流工作点有关，一般存在一个使噪声系数最小的最佳电流。合理设计三极管的静态工作点，有助于降低三极管的噪声。

3. 选择合适的信号源内阻

信号源内阻对噪声系数有一定的影响，当信号源内阻为某一最佳值时，噪声系数可达最小。同时兼顾阻抗匹配可尽量取得最大功率增益。如采用共射-共基组合放大电路可同时获得低噪声系数和高功率增益。

4. 选择合适的工作带宽

噪声电压与工作带宽有关，放大器的内部噪声随带宽的增大而增大。合理选择放大器的工作带宽可满足当信号通过时对失真的要求。

5. 降低放大器的工作温度

热噪声是放大器内部噪声的主要来源之一。对于灵敏度要求特别高的接收设备，降低放大器、接收设备前端器件的工作温度，有利于减小噪声系数。

案例分析 1　高频小信号放大器

高频小信号放大器是接收设备的第一级放大器电路，由于接收到的信号很微弱，如果第一级放大器的噪声相对输入信号较大，那么信号经逐级放大后，就会被淹没在噪声中，所以质量高的接收设备的前端高频小信号放大器应采用低噪声放大器，这样可以改善接收设备的总噪声系数。

在通信接收设备中，调谐低噪声放大器的实际电路如图 3.10 所示。

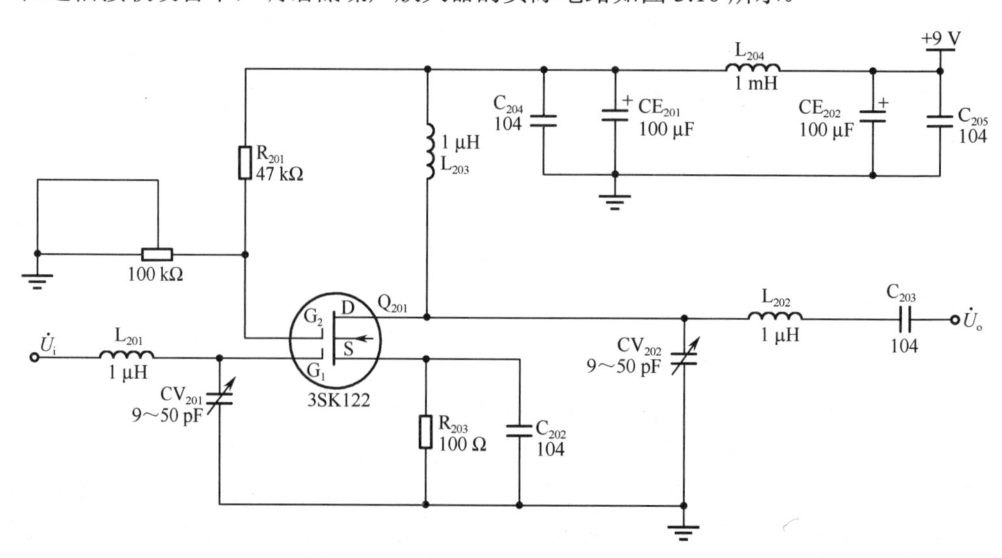

图 3.10　调谐低噪声放大器的实际电路

图 3.10 中电路的放大元件采用双栅场效应管 FET（3SK122），其引脚图如图 3.11 所示。其特点是输入阻抗高，噪声系数小。信号从场效应管的栅极 G_1 加入，场效应管的偏置电压采用分压式偏置电路，并从栅极 G_2 加入，交、直流隔开可以减小场效应管的噪声系数。调节分压偏置的电位器可改变 G_2 的电位，调节工作电流和增益（也可用于自动增益控制 AGC）。

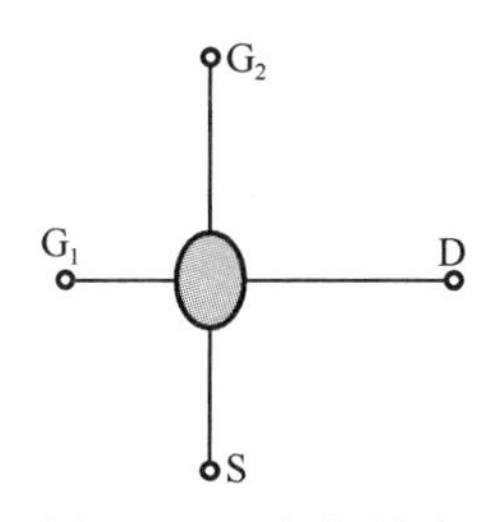

图 3.11　双栅场效应管的引脚图

电路的工作频率为 30 MHz，输入电路有信号源内阻。L_{201}、CV_{201} 可等效为 RLC 串联谐振电路，调节 CV_{201} 使电路谐振于 30 MHz。电路的输出端接入负载电阻，与 CV_{202}、L_{202} 等效为并联谐振电路，调节 CV_{202} 使电路谐振于 30 MHz。电路的有载 Q_L 与信号源内阻、负载电阻有关，为了放大波段信号，对通频带有一定的要求，电路的有载 Q_L 不能太高。C_{204}、CE_{201}、C_{205}、CE_{202} 和 L_{204} 共同构成 π 型滤波电路，作为电源的退耦电路。

输入、输出谐振电路的作用是选择有用信号、滤除噪声和干扰，并要求有一个合适的通频带范围。调谐低噪声放大器作为高频小信号放大器可以获得良好的噪声特性（低噪声系数）。

专业名词解析

- **高频小信号放大器**：广泛应用于广播、电视、雷达等接收设备中，用来对微弱的高频信号进行放大。
- **谐振电压增益**：放大器在谐振频率上的电压增益。
- **通频带**：当放大器的电压增益下降到谐振电压增益的 $\frac{1}{\sqrt{2}}$ 或 0.7 时所对应的频率范围，一般用 $BW_{0.7}$（或 f_{bw} 或 $2\Delta f_{0.7}$）表示。
- **选择性**：放大器从各种不同频率的信号中选出有用信号，并抑制无用或干扰信号的能力。通常用矩形系数和抑制比两个技术指标来表示。
- **矩形系数**：表征放大器选择性好坏的一个参量。矩形系数用于评定实际谐振曲线偏离（或接近）理想谐振曲线的程度。
- **抑制比**：谐振电压增益 A_{uo} 与通频带外指定偏离谐振频率 Δf 处的电压增益 A_u 的比值，可用 d（dB）表示。
- **信噪比**：电路中某处信号功率与噪声功率之比，表示噪声对信号的影响程度。信噪比越大，信号质量越好。
- **噪声系数**：放大器输入信号的信噪比与输出信号的信噪比的比值，是用来反映电路本身噪声大小的技术指标。噪声系数越接近 1，说明放大器的抗噪能力越强，输出信号的质量越好。
- **单级单调谐放大器**：负载为具有选频作用的 LC 单振荡电路。单级单调谐放大器具有选频放大功能。
- **多级单调谐放大器**：由 n 级单调谐放大器级联而成。级联后，放大器的增益、通频带、选择性都会发生变化。

本章小结

1. 高频小信号放大器要求有尽可能高的增益和较好的选频能力。前者由有源放大器件如三极管、场效应管、集成电路等提供，后者由无源选频网络如 LC 单振荡电路、陶瓷滤波器、晶体滤波器、声表面波滤波器等实现。

2. 高频小信号放大器的主要技术指标包括谐振增益、通频带、选择性、噪声系数等。

3. 单级单调谐放大器具有选频放大功能，工作在甲类状态下，其负载为具有选频作用的 LC 单振荡电路。当放大器的输入信号频率等于 LC 谐振频率时，其谐振增益最高；当放大器失谐时，谐振增益将迅速下降。

4. 单调谐放大器的选择性较差，实际电路常采用双调谐放大电路以提高其选择性。

5. 若单级单调谐放大器的谐振增益不满足要求，则常采用多级单调谐放大器级联。级联后，放大器的谐振增益、通频带、选择性都会发生变化。

6. 集中选频放大器主要由集成宽带放大器和集中选频滤波器组成，它适用于固频选频放大器，并获得广泛应用。

7. 电子设备的性能指标在很大程度上与干扰和噪声有关，了解噪声的特性及抑制噪声的方法有助于提高接收设备的性能。

8. 在设计电路时，选用低噪声电子器件、选择合适的三极管静态工作点、信号源内阻、工作带宽、降低放大器的工作温度等，有助于抑制电路中的噪声。

思考题与习题 3

3.1　高频小信号放大器有哪些主要技术指标？

3.2　什么是矩形系数？理想的矩形系数是多少？

3.3　什么是噪声系数？

3.4　请比较低频小信号放大器与高频小信号放大器的差异。

3.5　请画出单级单调谐放大器的幅频特性曲线，并标出其通频带。

3.6　放大器的噪声有哪些来源？如何抑制噪声？

仿真演示2　高频小信号放大器电路

扫一扫看仿真高频小信号放大器教学课件

扫一扫看仿真高频小信号放大器教学视频

单调谐高频小信号放大器是采用单调谐电路作为交流负载的放大器，它是接收设备中的一种典型的高频小信号放大器，其电路如图 3.12 所示。

打开 NI Multisim 仿真软件，按图 3.12 所示的电路放置元器件和示波器，按下仿真开关可出现结果，如图 3.13 所示。

由图 3.13 可知，上面的波形为高频小信号放大器的输入信号，下面的波形为不失真放大的输出信号，输出与输入的频率相同，相位反相。

图 3.14 所示为波特仪显示的高频小信号放大器电路的幅频特性曲线。该电路为一个带通滤波器，谐振频率为 465 kHz。

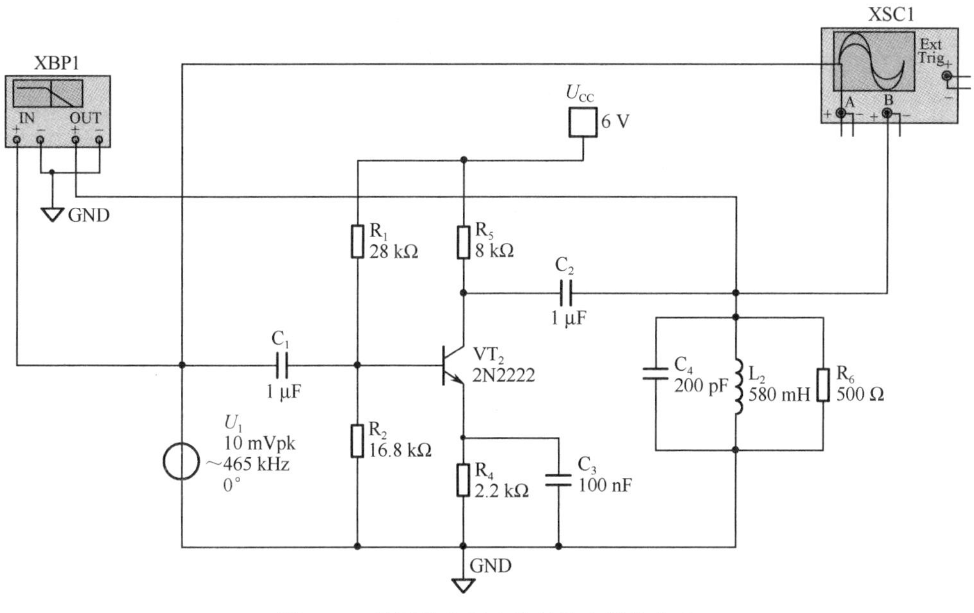

图 3.12　单调谐高频小信号放大器的电路

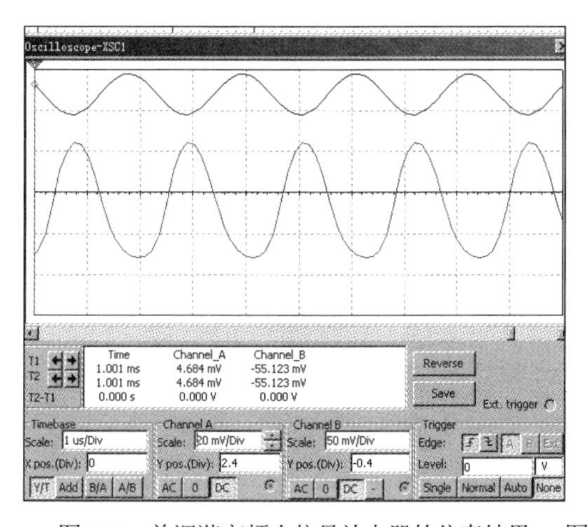

图3.13　单调谐高频小信号放大器的仿真结果

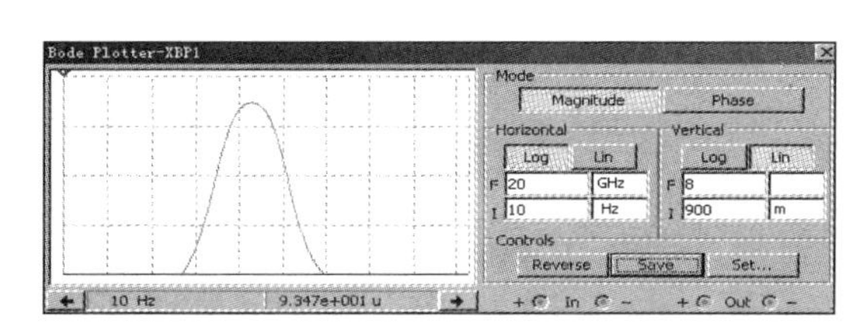

图3.14　波特仪显示的高频小信号放大器电路的幅频特性曲线

实验 3　测试高频小信号放大器的性能指标

扫一扫看测试高频小信号放大器性能指标教学课件

扫一扫看测试高频小信号放大器性能指标教学视频

1. 实验目的

（1）了解高频小信号放大器电路的组成及各电子元器件的作用。

（2）了解高频小信号放大器的工作原理。

（3）研究通频带与电路谐振频率的关系及幅频特性。

（4）熟悉高频小信号放大器的性能指标和测量方法。

2. 预备知识

（1）认真阅读仪器使用说明，明确注意事项。

（2）复习谐振电路的工作原理。

（3）了解谐振放大器的电压增益、通频带、选择性的含义及相互之间的关系。

3. 实验仪器

仪器名称	数量
射频电子线路实验箱	1套
网络分析仪	1台
数字万用表	1台

4. 实验电路

高频小信号放大器是通信接收设备的前端电路，主要用于高频小信号或微弱信号的线性放大，其实验单元电路如图3.15所示。该电路由双栅场效应管FET（3SK122）、选频电路、电源滤波电路组成。它不仅可以对高频小信号进行放大，而且还有一定的选频作用。栅极偏置电阻 R_1、RV_1 和源极电阻 R_2 决定场效应管的静态工作点。

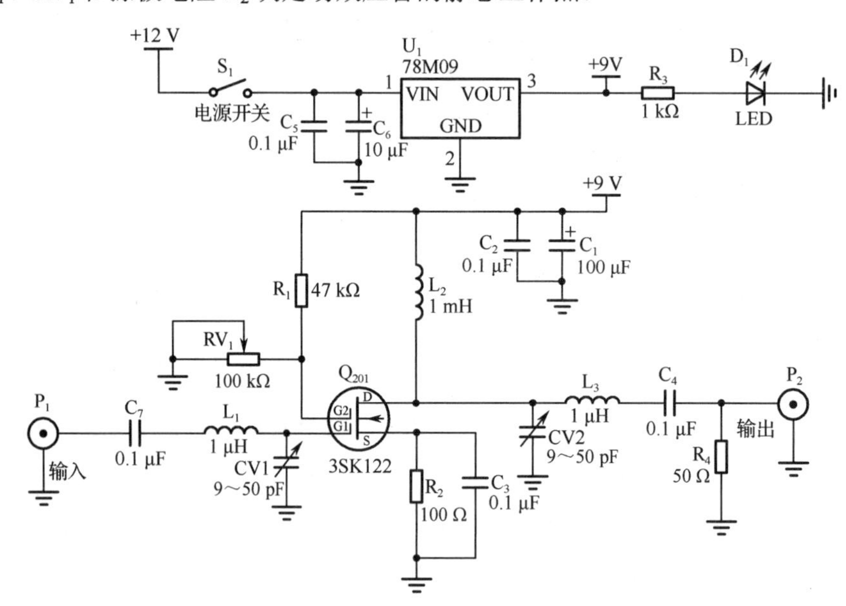

图3.15　高频小信号放大器的实验单元电路

5. 实验内容与步骤

（1）电路供电。

将射频电子线路实验箱通电，该实验箱可通过交直流开关切换。将220 V的交流电压直接转换为+12 V直流电压，在分模块实验电路中利用三端稳压器78M09将直流电压+12 V转换为+9 V。此时，我们只需用数字万用表测量高频小信号放大器电路的供电电压是否为+9 V即可。

（2）测量各静态工作点。

测量放大器各静态工作点的电压，即 U_G、U_{DS}（U_G 是双栅场效应管的栅极对地电压，U_{DS} 是漏极和源极之间的电压），判断双栅场效应管是否工作在放大区，并计算完成静态工作点测量表（见表3.1）。根据3SK122的特性，只有 U_G 为5 V、U_{DS} 为10 V左右才能保证其处于放大状态，否则调节电位器 RV_1。

表 3.1　静态工作点测量表

实测		实测计算	是否工作在放大区	原因
U_G	U_{DS}	I_D		

（3）校准网络分析仪通道。

打开网络分析仪，设置信号的起始频率为 10 MHz，终止频率为 100 MHz，设定源输出功率为-20 dBm，把端口 1 和端口 2 的电缆对接，按下“测量”键选中 S21，按下“校准”键选择校准类型为“非向导校准”，选择“直通响应”，此时为直通校准状态，校准完成后应在显示屏的中间位置观察到一条水平直线，若为 0 dB，则说明校准成功。

（4）通过网络分析仪测量高频小信号放大器的性能指标。

① 将端口 1 接入高频小信号放大器电路的 P_1 输入端，端口 2 接入 P_2 输出端，仪器将自动测试，观察结果。此时屏幕上显示出高频小信号放大器的增益幅频特性曲线，由于单调谐放大器具有选频放大功能，因此其谐振频率处的增益________（最高/最低），偏离谐振频率处失谐，放大器的增益将迅速________（下降/升高）。

② 按下“光标”键，利用“光标搜索”功能找到曲线的最高点，此时屏幕上显示出该点的频率和增益大小。一边调节可变电容 CV1 和 CV2，一边观察显示屏上幅频特性曲线的变化情况，当曲线增益调至最高时，其对应的谐振频率在 30 MHz 左右，此时停止调节。

③ 通过“光标”功能设置多个不同的标记，测量通频带、矩形系数等性能指标。

- 通频带：通频带用于衡量放大电路对不同频率信号的放大能力。由于放大电路中电容、电感及半导体器件结电容等电抗元件的存在，因此在输入信号频率较低或较高时，放大倍数的数值会下降并产生相移。通常情况下，放大电路只适用于放大某一个特定频率范围内的信号。这里在幅频特性曲线上，测量 3 dB 带宽，并记录 $2\Delta f_{0.7}$ = ________MHz。
- 矩形系数：理想情况下，放大器应对通频带内的各信号频谱分量予以同样的放大，同时对通频带以外邻近波道的干扰频率分量完全抑制，不予以放大。因此，理想的放大器频率响应曲线应为矩形，但实际曲线的形状则与矩形有较大的差异。为了评定实际曲线与理想矩形的接近程度，通常用矩形系数来表示，这里测量 10 dB 带宽，$BW_{10\,dB}$ = ________MHz，用其与 3 dB 带宽的比值来表示矩形系数，并计算 $K_{r0.1}$ = ________。

6. 实验报告要求

（1）写明实验目的。

（2）画出实验电路的直流和交流等效电路。

（3）计算直流工作点，并与实验实测结果比较。

（4）整理实验数据，并画出高频小信号放大器的幅频特性曲线。

7. 实验反思

高频小信号放大器谐振频率处的信号增益________（大于/小于）偏离谐振频率点的增益。

第4章 高频功率放大器

高频功率放大器用于发送设备的末级，其作用是对高频已调波信号进行功率放大，以满足发送功率的要求，经过天线将其辐射到空间，保证在一定区域内的接收设备可以接收到满意的信号电平，并且不干扰相邻信道的通信。

本章主要介绍功率放大器的工作状态、丙类谐振功率放大器、谐振功率放大器的特性、谐振功率放大器电路，重点讨论丙类谐振功率放大器的工作原理、功率与效率的关系分析与计算。

知识点目标：

- 了解功率放大器的工作状态分类与特点。
- 理解丙类谐振功率放大器的电路组成与工作原理。
- 理解丙类谐振功率放大器的主要技术指标。
- 了解谐振功率放大器的工作状态及负载特性。
- 了解各级电压对谐振功率放大器工作状态的影响。
- 了解直流馈电电路的分类及特点。

技能点目标：

- 掌握丙类谐振功率放大器的电路分析。
- 学会分析并计算丙类谐振功率放大器的功率与效率指标。
- 学会比较低频功率放大器与高频功率放大器的联系与区别。
- 掌握谐振功率放大器的工作状态和负载特性，并将其用于实际电路的设计与调整。

4.1　功率放大器

高频功率放大器是一种能量转换器件，它将电源供给的直流能量转换成大功率的高频交流输出。在通信系统中，高频功率放大器电路作为发送设备的重要组成部分，用于对高频已调波信号进行功率放大，并通过天线将其辐射出去。高频功率放大器的特点是放大信号频率高，其主要技术指标需满足输出功率高、效率高和非线性失真小等特点。

根据放大信号相对频带的宽窄，高频功率放大器可以分为窄带高频功率放大器和宽带高频功率放大器。窄带高频功率放大器以具有选频滤波作用的谐振电路为负载，又称调谐功率放大器或谐振功率放大器；宽带高频功率放大器以工作频带很宽的传输线变压器为负载，又称非谐振功率放大器。

4.1.1　功率放大器的工作状态分类

功率放大器按通角的不同，可分为甲类、乙类和丙类三种工作状态。其中，通角θ指在信号的整个周期中，电流导通角度的一半。

甲类功率放大：当输入信号较小时，在整个信号周期中，三极管都工作在它的放大区，整个周期集电极都有电流，电流的通角θ为 180°，适用于小信号低频功率放大，且静态工作点在负载线的中点。

乙类功率放大：三极管集电极电流只在半个周期内导通，通角θ为 90°。

丙类功率放大：三极管集电极电流的导通时间小于半个周期，通角θ小于 90°。

甲类工作状态功耗大、效率低（η<50%）；乙类工作状态功耗小、效率高（η≤78.5%）；丙类工作状态的输出功率和效率是 3 种工作状态中最高的，效率可达 80%以上。低频功率放大器的负载为阻性，常在乙类或甲乙类工作状态推挽工作；谐振功率放大器常工作在丙类工作状态，以得到更高的效率。

3 种不同工作状态下三极管的集电极电流波形如图 4.1 所示，其中，横坐标为电压 u_{BE}，纵坐标为电流 i_C。功率放大器分别在全导通（θ=180°）、半导通（θ=90°）和小于半导通（θ<90°）的 3 种情况下工作，依次称为甲类工作状态、乙类工作状态和丙类工作状态。

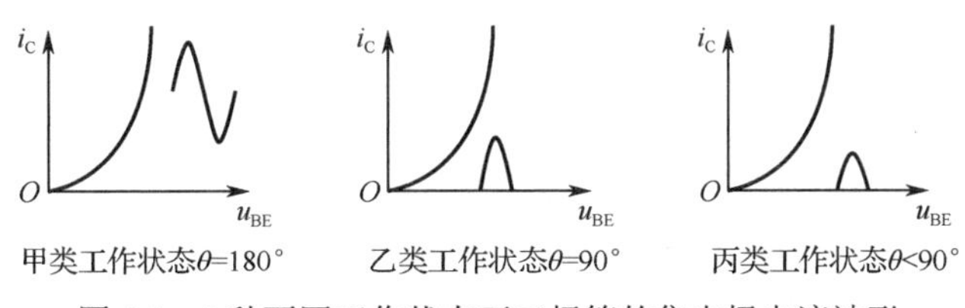

图 4.1　3 种不同工作状态下三极管的集电极电流波形

4.1.2　功率放大器的工作状态特点

甲类功率放大器具有一定的静态偏置信号，动态范围大，可以实现不失真输出；乙类功率放大器的静态损耗近似为零，只能在信号输入时的半个周期内导通，因此采用两个互补对称管子交替导通输出，合成完整的不失真输出波形；丙类谐振功率放大器工作在丙类工作状态下，集电极电流的导通时间小于半个周期，集电极电流与输入信号之间存在严重的非线性失真。同时，为了滤除在丙类工作状态下产生的众多高次谐波分量，采用 LC 单振荡电路作为选频网络。谐振负载的作用是从失真的集电极电流脉冲中选出基波，滤除谐波，从而得到不失真的输出电压。高频功率放大器常采用效率较高的丙类工作状态，故又称丙类谐振功率放大器。

4.2 丙类谐振功率放大器

扫一扫看高频功率放大器教学课件

扫一扫看高频功率放大器教学视频

4.2.1 电路组成

丙类谐振功率放大器的原理电路图如图 4.2 所示。图中的放大管是高频大功率三极管，能承受高电压和大电流。U_{BB}为基极偏置电压，为了使放大器工作在丙类工作状态，应使U_{BB}小于管子的导通电压U_{on}，可取$U_{BB}\leqslant 0$，以保证在静态时三极管处于截止状态。U_{CC}为集电极直流电源电压，可提供集电极电流。输出端负载电路为 LC 谐振电路，既能完成调谐选频功能，又能实现对放大器输出端负载的匹配。

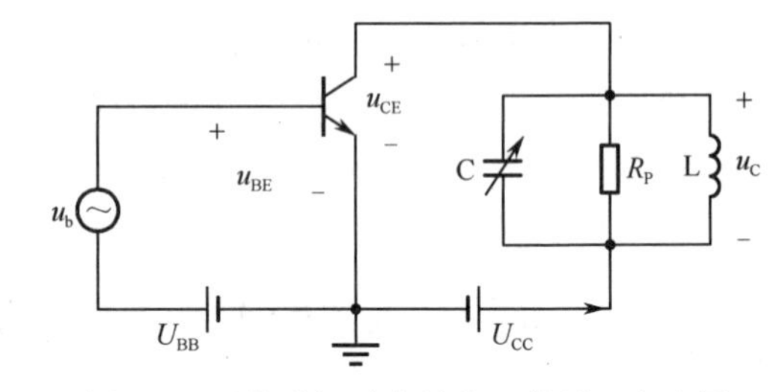

图 4.2　丙类谐振功率放大器的原理电路图

4.2.2 工作原理

扫一扫看高频功率放大器的工作原理教学课件

扫一扫看高频功率放大器的工作原理教学视频

当输入信号 $u_b(t)=U_{bm}\cos\omega_c t$ 时

$$u_{BE}=U_{BB}+u_b=U_{BB}+U_{bm}\cos\omega_c t \tag{4.1}$$

在丙类工作状态下，U_{BB}为三极管的基极偏置电压（$U_{BB}\leqslant 0$），设u_{BE}的门槛电压为U_{on}，当$u_{BE}>U_{on}$时，产生基极电流i_B和集电极电流i_C，因此三极管的集电极电流i_C为余弦脉冲，其最大值为i_{Cmax}。图 4.3 所示为丙类谐振功率放大器的输入电压与集电极电流波形。一个周期内集电极电流流通的通角为2θ（$+\theta$至$-\theta$）。

图 4.3　丙类谐振功率放大器的输入电压与集电极电流波形

将集电极电流脉冲用傅里叶级数展开，可以分解为直流、基波和各次谐波分量的叠加，因此可以将集电极电流i_C写为

$$i_C(t)=I_{C0}+I_{cm1}\cos\omega_c t+I_{cm2}\cos 2\omega_c t+\cdots+I_{cmn}\cos n\omega_c t+\cdots \tag{4.2}$$

式中，I_{C0}为直流分量；$I_{cm1}, I_{cm2}, \cdots, I_{cmn}$分别为基波分量和各次谐波分量振幅。LC 选频匹配网络对基波谐振，谐振阻抗为R_p，集电极输出的交流电压为

$$u_C=-R_p\cdot I_{cm1}\cos\omega_c t=-U_{cm}\cos\omega_c t \tag{4.3}$$

从而有

$$u_{CE}=U_{CC}+u_C=U_{CC}-U_{cm}\cos\omega_c t \tag{4.4}$$

谐振功率放大器各极电压与电流的波形如图 4.4 所示。

由此可见，虽然集电极电流为失真的脉冲波形，但由于 LC 单振荡电路的选频作用，可从集电极电流众多频率分量中选出基波分量。并联谐振电路对基波分量呈现出很高的纯电阻性阻抗，得到不失真的高频信号电压；而对其他谐波的阻抗很小，可视为短路，电路两端产生的电压近似为 0。因此，谐振功率放大器通过输出选频网络谐振在信号基波频率上，从而实现不失真的正弦波形的放大输出，且相位与原输入信号的相位相反。

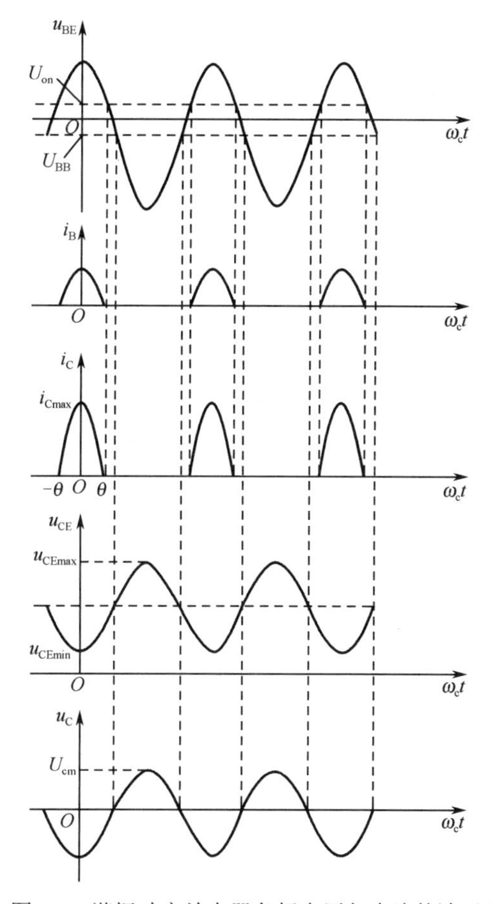

图 4.4　谐振功率放大器各极电压与电流的波形

利用傅里叶级数求系数法可以求出集电极电流各个分量的振幅，化简后得到

$$\begin{cases} I_{C0} = i_{Cmax}\alpha_0(\theta) \\ I_{cm1} = i_{Cmax}\alpha_1(\theta) \\ \quad\vdots \\ I_{cmn} = i_{Cmax}\alpha_n(\theta) \end{cases} \tag{4.5}$$

式中，分解系数 $\alpha_0(\theta), \alpha_1(\theta), \cdots, \alpha_n(\theta)$ 是 θ 的函数，称为尖顶余弦脉冲的分解系数，可以推导出

$$\begin{cases} \alpha_0(\theta) = \dfrac{\sin\theta - \theta\cos\theta}{\pi(1-\cos\theta)} \\ \alpha_1(\theta) = \dfrac{\theta - \cos\theta\sin\theta}{\pi(1-\cos\theta)} \\ \quad\vdots \\ \alpha_n(\theta) = \dfrac{2}{\pi}\cdot\dfrac{\sin n\theta\cos\theta - n\cos n\theta\sin\theta}{n(n^2-1)(1-\cos\theta)} \end{cases} \tag{4.6}$$

尖顶余弦脉冲的分解系数曲线如图 4.5 所示，可以直接通过查看图 4.5 得到 θ 所对应的分解系数值。图 4.5 为双坐标，右侧纵坐标 $g_1(\theta)$ 为波形系数。

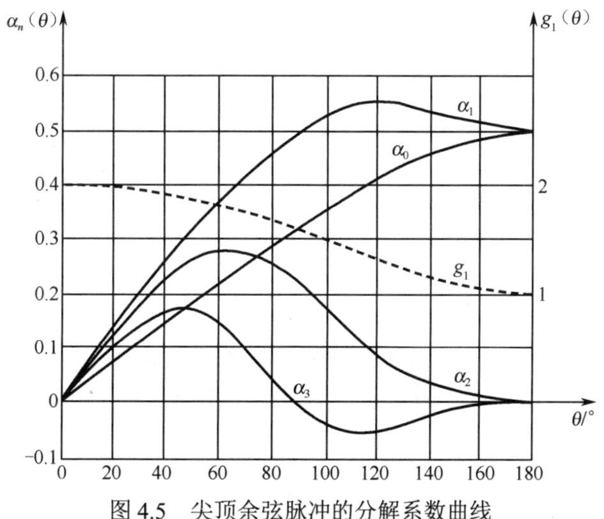

图 4.5　尖顶余弦脉冲的分解系数曲线

由图 4.5 可以看出：

（1）谐波分量的次数越高，振幅越小；

（2）对于某次谐波，存在一个通角θ使$\alpha_n(\theta)$取得最大值；

（3）对于丙类谐振功率放大器，$\alpha_0(\theta)$和$\alpha_1(\theta)$几乎都随着 θ 的增加而增大，而波形系数$g_1(\theta)$则随着 θ的增加而减小，其中

$$g_1(\theta)=\frac{\alpha_1(\theta)}{\alpha_0(\theta)} \tag{4.7}$$

4.2.3 功率与效率的关系

谐振功率放大器的原理是利用输入基极信号来控制集电极直流电源所提供的直流功率，并将直流功率转化为交流功率输出。因此直流电源功率一部分转化为交流输出功率，另一部分以热能的形式成为集电极耗散功率。下面分析谐振功率放大器的功率与效率的关系。

1. 直流电源功率

$$P_V = U_{CC}\cdot I_{C0} \tag{4.8}$$

式中，U_{CC}为直流电源电压振幅，I_{C0}为集电极电流 i_C 中的直流分量振幅。

2. 输出功率

$$P_o=\frac{1}{2}I_{cm1}\cdot U_{cm}=\frac{1}{2}I_{cm1}^2\cdot R_p=\frac{1}{2}\frac{U_{cm}{}^2}{R_p}=\frac{1}{2}i_{Cmax}^2\cdot\alpha_1(\theta)^2\cdot R_p \tag{4.9}$$

式中，U_{cm}为输出负载两端的电压振幅，I_{cm1}为集电极电流 i_C 中的基波分量振幅，R_p为集电极负载。

3. 管耗（集电极耗散功率）

$$P_c=P_V-P_o \tag{4.10}$$

4. 效率

$$\eta=\frac{P_o}{P_V}=\frac{1}{2}\frac{U_{cm}\cdot I_{cm1}}{U_{CC}\cdot I_{C0}}=\frac{1}{2}\xi\cdot g_1(\theta) \tag{4.11}$$

式中，$\xi=\dfrac{U_{cm}}{U_{CC}}$为集电极电压利用系数；$g_1(\theta)=\dfrac{I_{cm1}}{I_{C0}}=\dfrac{\alpha_1(\theta)}{\alpha_0(\theta)}$为集电极电流利用系数，也称为波形系数。

以上分析表明，ξ越大（U_{cm}越大），θ越小，效率 η 越高。但 θ越小，输出功率 P_o越小。当输出功率 P_o最大时对应的通角 θ为 120°，但此时效率 η 并不是最高的。因此，为了兼顾输出功率和效率指标，最佳通角 θ一般取 70°左右。

下面举例具体说明谐振功率放大器的主要指标的计算方法。

例 4.2.1 某谐振功率放大器工作在临界状态，P_o=15 W，U_{CC}=24 V，θ=70°，ξ=0.9，试求 P_V、P_c、η和 R_p（已知$\alpha_0(70°)$=0.253、$\alpha_1(70°)$=0.436）。

解： $g_1(70°)=\alpha_1(70°)/\alpha_0(70°)\approx1.72$

$U_{cm}=\xi U_{CC}=21.6$（V）

$I_{cm1}=2P_o/U_{cm}\approx1.39$（A）

$I_{C0}=I_{cm1}/g_1(70°)\approx0.81$（A）

$P_V=U_{CC}\cdot I_{C0}=19.44$（W）

$P_c=P_V-P_o=4.44$（W）

$\eta=P_o/P_V\approx77\%$

$R_p=U_{cm}/I_{cm1}\approx15.54$（Ω）

4.3　谐振功率放大器的特性分析

4.3.1　谐振功率放大器的工作状态

谐振功率放大器主要用于发送设备的末级，用来放大高频信号，只有获得足够的高频功率后，才能将其馈送到天线上辐射出去。我们常根据集电极电流是否进入饱和区来将谐振功率放大器的工作状态分为欠压、临界和过压 3 种。研究谐振功率放大器的工作状态特性，有助于在实际应用中对工作状态和性能指标进行调整。

在基极输入电压 u_b 的作用下，三极管将经历不同的工作区域，因此放大器将工作在不同的状态。欠压、临界和过压状态的集电极电流脉冲形状如图 4.6 所示。

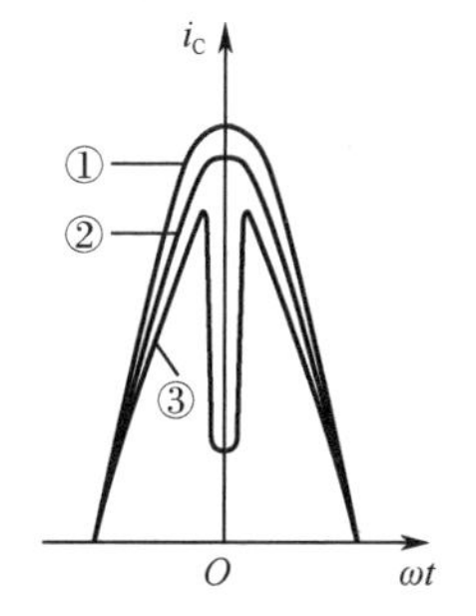

图 4.6　欠压、临界和过压状态的集电极电流脉冲形状

（1）当 u_b 太小使 $u_{BE}<U_{on}$ 时，三极管截止；当 u_b 变大时，三极管导通。如果 u_b 的振幅不太大，那么三极管在导通时处于放大区，此时谐振功率放大器工作在欠压状态，其集电极电流脉冲为尖顶余弦脉冲，形状如图 4.6 中的曲线①。

（2）如果 u_b 的大小刚好使三极管进入临界饱和，那么此时谐振功率放大器工作在临界状态，其集电极电流脉冲为顶端变化平缓的尖顶余弦脉冲，形状如图 4.6 中的曲线②。

（3）如果 u_b 很大，那么三极管在导通时将从放大区进入饱和区，此时谐振功率放大器工作在过压状态，其集电极电流脉冲为中间凹陷的余弦脉冲，形状如图 4.6 中的曲线③。

4.3.2　谐振功率放大器的负载特性

扫一扫看高频功率放大器的负载特性教学课件

扫一扫看高频功率放大器的负载特性教学视频

扫一扫看仿真谐振功率放大器负载特性教学课件

扫一扫看仿真谐振功率放大器负载特性教学视频

谐振功率放大器在大信号激励下可获得大功率、高效率。在实际调整电路时，三极管选定后（g_m、U_{on} 一定）还要注意 U_{CC}、U_{BB}、U_{bm}、R_p 等参数对谐振功率放大器工作状态的影响。如果维持 U_{CC}、U_{BB}、U_{bm} 不变，那么工作状态就取决于 R_p。此时各种电流、输出电压、功率与效率等随 R_p 变化的特性称为谐振功率放大器的负载特性。掌握负载特性有利于分析集电极调幅电路、基极调幅电路的工作原理，可进一步指导实际调整谐振功率放大器的工作状态和性能指标。

当谐振功率放大器的负载电阻 R_p 发生变化时，放大器的工作状态也会发生变化。当 R_p 由小增大时，放大器将由欠压状态进入临界状态和过压状态。当工作状态变化时，输出功率和效率也都会发生变化。图 4.7 所示为谐振功率放大器的负载特性。当 U_{CC}、U_{BB}、U_{bm} 一定时，集电极电流的直流分量 I_{C0}、基波电流的振幅 I_{cm1} 及集电极输出交流电压的振幅 U_{cm} 随负

载电阻 R_p 的变化曲线如图 4.7（a）所示；谐振功率放大器的输出功率 P_o、直流电源功率 P_V、集电极耗散功率 P_c 及效率 η 随 R_p 的变化曲线如图 4.7（b）所示。

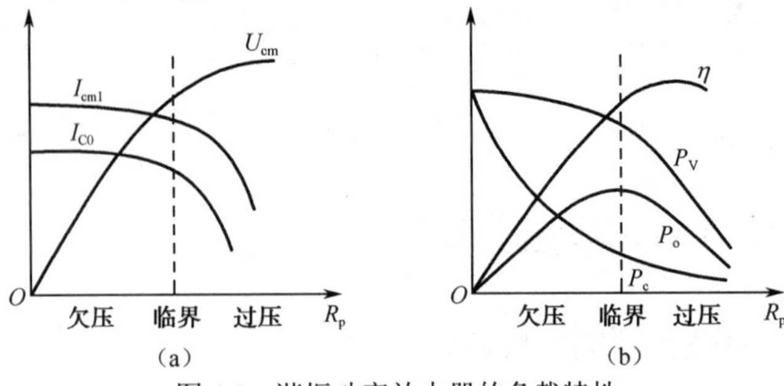

图 4.7　谐振功率放大器的负载特性

在图 4.7（a）中，在欠压区至临界的范围内，随着 R_p 的逐渐增大，集电极电流脉冲的最大值及通角 θ 的变化缓慢，仅略有减小。因此，在欠压区内的 I_{C0} 与 I_{cm1} 几乎维持不变，仅随 R_p 的增加而略有下降。但进入过压区后，集电极电流脉冲开始下凹，且凹陷程度随着 R_p 的增大而急剧加深，导致 I_{cm1} 也急剧减小。

由于 $U_{cm}=R_pI_{cm1}$，欠压区的 I_{cm1} 几乎不变，U_{cm} 随着 R_p 的增加而迅速增加；进入过压区后，I_{cm1} 随着 R_p 的增加而显著下降，因此 U_{cm} 随着 R_p 的增加而缓慢上升。

分析可知，在欠压时 I_{cm1} 几乎不变，在过压时 U_{cm} 几乎不变。欠压状态的放大器可看作一个理想恒流源；过压状态的放大器可看作一个理想恒压源。

在图 4.7（b）中，直流电源功率 $P_V=U_{CC}I_{C0}$ 。由于 U_{CC} 不变，因此 P_V 曲线的变化规律同 I_{C0} 曲线。

输出功率 $P_o=U_{cm}I_{cm1}/2$，因此 P_o 曲线可看作由 U_{cm} 与 I_{cm1} 两条曲线相乘得到。P_o 在临界状态达到最大值，效率 η 也较大。此时谐振功率放大器的负载为最佳负载或匹配负载，用 $R_p=R_{opt}$ 表示。

集电极耗散功率 $P_c=P_V-P_o$，故 P_c 曲线可由 P_V 与 P_o 曲线相减得到。在欠压区，随着 R_p 的减小，P_c 急剧增加。当谐振功率放大器工作在强欠压状态时，P_c 达到最大值，此时可能会使三极管烧坏，应避免这种情况的发生。

效率 $\eta=P_o/P_V$，在欠压状态下，效率 η 随 R_p 的变化规律与 P_o 相近；进入临界状态后，由于 P_o 的下降速度慢于 P_V，因此效率 η 缓慢增加；随着 R_p 的继续增大，P_o 急剧下降，因此效率 η 略有增大而后减小。在靠近临界的弱过压区，效率 η 出现最大值。

三种工作状态的特点总结如下。

（1）在欠压状态下，R_p 较小，输出功率和效率都较低，集电极耗散功率较大；随着 R_p 的增加，集电极电流的直流分量和基波分量略有减小，U_{cm} 和 P_o 近似线性增大，直流电源功率 P_V 略有减小，效率 η 增大，管耗 P_c 减小。值得注意的是，当 $R_p=0$，即负载短路时，P_c 达到最大值，此时有可能烧毁三极管。因此，在调整谐振功率放大器的过程中，必须防止由于严重失谐而引起的负载短路。

（2）在临界状态下，输出功率最大，效率也较高，可谓最佳工作状态，此时的 R_{opt} 称为最佳匹配电阻。这种工作状态主要用于发送设备末级。

（3）在过压状态下，当负载 R_p 增加时，输出电压比较平稳；在弱过压状态下，效率可达最高，但输出功率有所下降。它常用于需要维持输出电压比较平稳的场合，如发送设备的中间放大级。

4.3.3　各级电压对工作状态的影响

1. U_{CC} 对工作状态的影响

当 U_{BB}、U_{bm}、R_p 不变时，改变集电极直流电压 U_{CC}，谐振功率放大器的工作状态会发生变化。图 4.8 所示为 U_{CC} 对谐振功率放大器工作状态的影响。当 U_{CC} 由小增大时，放大器的工作状态由过压状态向欠压状态变化，集电极电流脉冲 i_C 由凹陷向尖顶余弦脉冲变化，如图 4.8（a）所示，由此可定性画出 U_{cm}、I_{cm1}、I_{C0} 随 U_{CC} 的变化关系曲线，如图 4.8（b）所示。

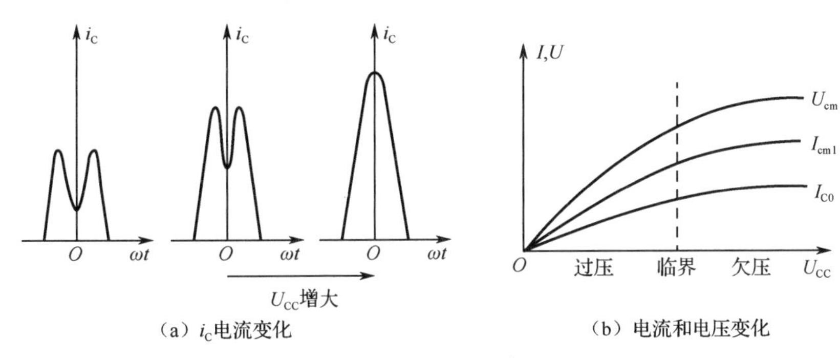

图 4.8　U_{CC} 对谐振功率放大器工作状态的影响

在过压区，输出电压振幅 U_{cm} 与 U_{CC} 成正比。利用这一特点，通过控制 U_{CC}，实现电压、电流等参数的相应变化称为集电极调制特性。

2. U_{BB} 对工作状态的影响

当 U_{CC}、U_{bm}、R_p 不变时，改变 U_{BB}，谐振功率放大器的工作状态会发生变化。图 4.9 所示为 U_{BB} 对谐振功率放大器工作状态的影响。当 U_{BB} 由小增大时，i_C 脉冲宽度和高度增大，并出现凹陷，放大器由欠压状态进入过压状态，如图 4.9（a）所示。U_{cm}、I_{cm1}、I_{C0} 随 U_{BB} 的变化关系曲线如图 4.9（b）所示。

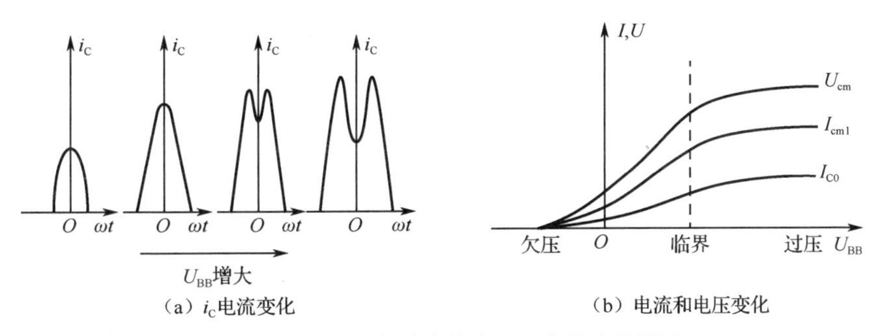

图 4.9　U_{BB} 对谐振功率放大器工作状态的影响

在欠压区，输出电压振幅 U_{cm} 与 U_{BB} 成正比。利用这一特点，通过控制 U_{BB}，实现对电压、电流等参数的控制称为基极调制特性。

3. U_{bm} 对工作状态的影响

当 U_{CC}、U_{BB}、R_p 不变时，改变 U_{bm}，谐振功率放大器的工作状态会发生变化，这称为放大特性。图 4.10 所示为 U_{bm} 对谐振频率放大器工作状态的影响。当 U_{bm} 由小增大时，i_C 脉冲宽度和高度均增大，并出现凹陷，放大器由欠压状态进入过压状态，如图 4.10（a）所示。

U_{cm}、I_{cm1}、I_{C0}随U_{bm}的变化关系与基极调制特性相似，如图4.10（b）所示。

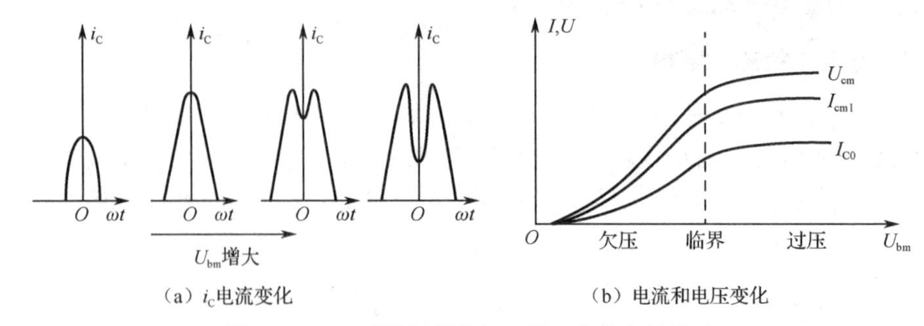

（a）i_C电流变化　　（b）电流和电压变化

图4.10　U_{bm}对谐振频率放大器工作状态的影响

在欠压区，输出电压振幅U_{cm}与输入电压振幅U_{bm}成正比，电压增益近似为常数。利用这一特点，可将谐振功率放大器作为电压放大器。

4.4 谐振功率放大器电路

在实际的谐振功率放大器电路中，除功放管外，还包括合适的直流馈电电路和匹配滤波网络，以保证放大器正常工作且输出功率大、传输效率高。

4.4.1 直流馈电电路

直流馈电电路包括集电极供电电压和基极供电电压两部分。根据不同的供电电路形式，直流馈电电路可以分为集电极馈电电路和基极馈电电路。按照电路的连接形式不同，其各自的馈电方式又分为串联馈电和并联馈电两种基本形式。

1. 集电极馈电电路

图4.11所示为集电极馈电电路的两种形式。图4.11（a）所示为串馈电路，其中，直流电源、三极管和谐振电路三者串联；C_c对高频短路，与L_c构成电源滤波电路，以避免高频电流流过电源，造成工作不稳定。在图4.11（b）中将上述三者并联连接在一起，构成并馈电路。其中，L_c与C_c的作用与其在串馈电路中的作用相同。

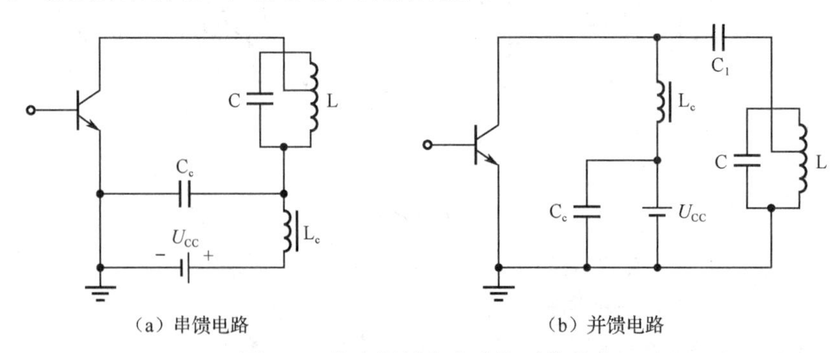

（a）串馈电路　　（b）并馈电路

图4.11　集电极馈电电路的两种形式

在串馈电路中，谐振电路处于高位，谐振元件不能直接接地；而在并馈电路中，谐振电路处于低位，可以直接接地，电路安装较为方便可靠，但扼流圈与谐振电路并联，会造成其分布电容对谐振电路的调谐产生一定影响。

2. 基极馈电电路

图 4.12 所示为基极馈电电路。其中，图 4.12（a）所示为基极馈电电路的串馈电路，直流偏置、信号源与三极管三者串联，利用发射极电流分量 I_{E0} 在发射极偏置电阻 R_E 上产生基极所需要的偏压，这种自给偏置效应的优点是自动维持放大器的稳定工作；图 4.12（b）所示为基极馈电电路的并馈电路，直流偏置、信号源与三极管三者并联，基极偏置电压由基极电流分量 I_{B0} 在基极偏置电阻 R_B 上产生偏压。

（a）串馈电路　　（b）并馈电路

图 4.12　基极馈电电路

扫一扫看阻抗匹配教学课件

扫一扫看阻抗匹配教学视频

4.4.2　匹配滤波网络

在谐振功率放大器中，为满足输出功率和效率的要求，并有较高的功率增益，除正确选择放大器的工作状态外，还必须正确设计输入和输出匹配网络，如图 4.13 所示。

在谐振功率放大器中常接入输入和输出匹配网络。无论是输入匹配网络还是输出匹配网络，都具有传输有用信号的作用，因此又称耦合电路。对于输入匹配网络，要求它把放大器的输入阻抗变换为前级信号源所需的负载阻抗，使电路能从前级信号源获得尽可能大的激励功率，同时此匹配网络兼有选频的功能；对于输出匹配网络，要求它具有滤波和阻抗变换功能，即滤除各次谐波分量，使负载上只有基波电压，将外接负载 R_L 变换为谐振功率放大器所要求的负载电阻 R_L'，以保证放大器输出所需的功率。因此，匹配网络又称匹配滤波网络。

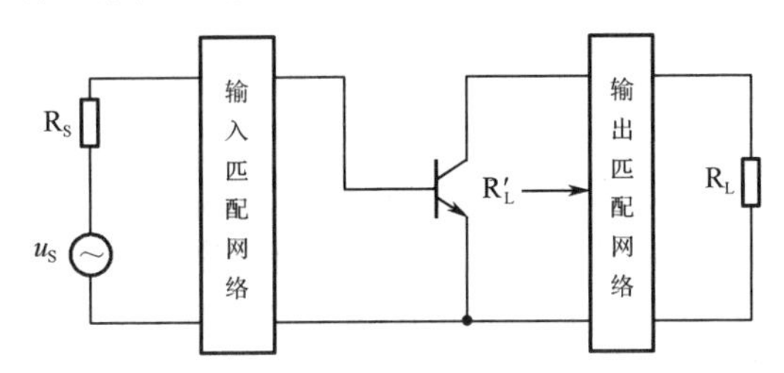

图 4.13　谐振功率放大器中的输入和输出匹配网络

案例分析 2　谐振功率放大器

图 4.14 所示为某 30 MHz 调频对讲机发射部分的谐振功率放大器电路，VT_1 为谐振功率放大器的驱动放大电路，VT_2 为丙类谐振功率放大器，L_1 和 C_3 构成基极并联谐振型滤波器，可进行功放输入级 30 MHz 信号的选频。

L_2、C_5 与 R_6 共同构成自给负偏置电路，保证功放管工作在丙类工作状态。

它利用基极电流的直流分量 I_{B0} 在基极偏置电阻 R_B 上产生自身所需要的偏置电压 U_{BB}，其中，L_2 为大电感（扼流圈），可以获得较大的增益和良好的线性放大效果。由于 L_2、C_5、R_6 与 VT_2 并联，所以称为基极并馈（若串联，则称为基极串馈）。集电极电源由 U_{CC}、C_p 电源电路提供，它与 L_3、C_6 谐振电路及 VT_2 串联连接，称为集电极串馈（若并联，则称为集电极并馈）。

L_3、C_6 构成集电极并联谐振型滤波器，进行功放输出级 30 MHz 信号的选频。C_8、L_4、

C_9构成π型匹配电路，将天线负载电阻R_A转换为放大器所需的集电极负载R_P。显然，匹配电路同时还具有选频滤波作用。

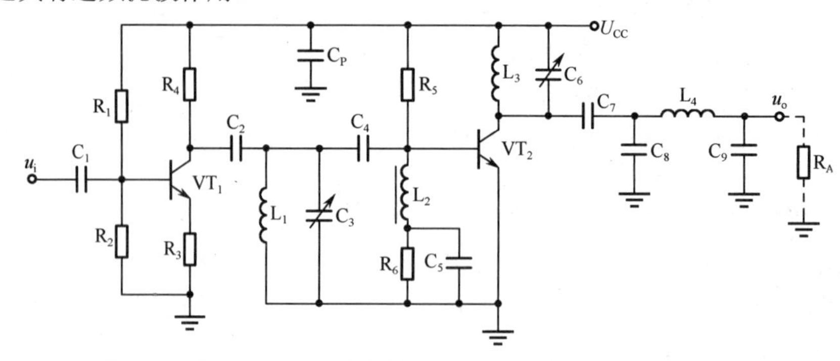

图 4.14　某 30 MHz 调频对讲机发射部分的谐振功率放大器电路

专业名词解析

- **甲类功率放大**：当输入信号较小时，在整个信号周期中，三极管都工作在放大区，整个周期集电极都有电流（2θ=360°），电流的通角θ为180°。
- **乙类功率放大**：三极管集电极电流只在半个周期内导通，通角θ为90°。
- **丙类功率放大**：三极管集电极电流的导通时间小于半个周期，通角θ小于90°，丙类工作状态是3种工作状态中效率最高的。
- **余弦脉冲分解**：集电极电流脉冲用傅里叶级数展开，可以分解为直流、基波和各次谐波分量的叠加。
- **波形系数**：尖顶余弦脉冲的基波分量与直流分量分解系数的比值。
- **集电极电压利用系数**：集电极电路中集电极基波分量电压振幅与直流电源电压振幅的比值。
- **集电极电流利用系数**：集电极电路中集电极基波分量电流振幅与直流电流振幅的比值。
- **谐振功率放大器的负载特性**：维持3个电压参数不变（U_{CC}、U_{BB}、U_{bm}一定），各种电流、输出电压、功率与效率等随R_p变化的特性。
- **欠压状态**：输出功率和效率都较低，集电极耗散功率较大，交流电压随R_p的增加而增加，放大器表现出恒流特性。
- **过压状态**：当负载R_p增加时，输出电压比较平稳，常用于需要维持输出电压比较平稳的场合。在弱过压状态下，效率可达最高。
- **临界状态**：输出功率最大，效率也较高，可谓最佳工作状态，此时的R_{opt}称为最佳匹配电阻。
- **直流馈电电路**：包括集电极供电电压和基极供电电压两部分。根据不同的供电电路形式，其可分为集电极馈电电路和基极馈电电路。
- **集电极馈电电路**：集电极直流供电，馈电方式分为串联馈电和并联馈电两种。
- **基极馈电电路**：基极直流供电，馈电方式分为串联馈电和并联馈电两种。
- **串联馈电**：直流电源、三极管和谐振电路三者串联。
- **并联馈电**：直流电源、三极管和谐振电路三者并联。
- **输入匹配网络**：将放大器的输入阻抗变换为前级信号源所需的负载阻抗，使电路能从前级信号源获得尽可能大的激励功率，同时此匹配网络兼有选频的功能。

- **输出匹配网络：**具有滤波和阻抗变换功能，即滤除各次谐波分量，使负载上只有基波电压，将外接负载 R_L 变换为谐振功率放大器所要求的负载电阻 R'_L，以保证放大器输出所需的功率。

本章小结

1．在通信系统中，高频功率放大器电路作为发送设备的重要组成部分，用于对高频已调波信号进行功率放大，并通过天线将其辐射出去。高频功率放大器的特点是放大信号频率高，其主要技术指标需满足输出功率高、效率高和非线性失真小等特点。

2．根据放大信号相对频带的宽窄，高频功率放大器可以分为窄带高频功率放大器和宽带高频功率放大器。窄带高频功率放大器以具有选频滤波作用的谐振电路为负载，又称调谐功率放大器或谐振功率放大器；宽带高频功率放大器以工作频带很宽的传输线变压器为负载，又称非谐振功率放大器。

3．根据集电极电流是否进入饱和区，将谐振功率放大器的工作状态分为欠压、临界和过压 3 种。研究谐振功率放大器的工作状态特性，有助于在实际应用中对工作状态和性能指标进行调整。

4．当谐振功率放大器的负载电阻发生变化时，放大器的工作状态也会发生变化。此时各种电流、输出电压、功率与效率等随负载变化的特性称为谐振功率放大器的负载特性。

5．谐振功率放大器在临界状态下输出功率最大、效率也较高，可谓最佳工作状态。欠压状态和过压状态可用于调幅电路。此外，过压也常用于中间放大级。

6．谐振功率放大器的实际应用电路包括功放管、直流馈电电路和匹配滤波网络。其中，直流馈电电路和匹配滤波网络的设计很关键。

思考题与习题 4

4.1　低频功率放大器与高频功率放大器有何异同？

4.2　谐振功率放大器为何要工作在丙类工作状态？

4.3　已知谐振功率放大器的 U_{CC}=20 V，I_{C0}=250 mA，P_o=4 W，$U_{cm}=0.9U_{CC}$，试求该放大器的 P_V、P_c、η 和 I_{cm1}。

4.4　一个谐振功率放大器设计工作在临界状态，在实测时发现 P_o 仅为设计值的 65%，而 I_{C0} 却略大于设计值，放大器实际工作在什么状态？如何调整才能使放大器的 P_o 和 I_{C0} 接近设计值？

4.5　某谐振功率放大器的 U_{CC}=10 V，负载谐振电阻 R=30 Ω，设ξ=0.9，θ=75°，试求 P_o 和η（已知α_0(75°)=0.28、α_1(75°)=0.42）。

4.6　已知谐振功率放大器的输出功率 P_o=6 W，η=60%，U_{CC}=15 V，求 P_V、P_c 和 I_{C0}。若保持 P_o 不变，将η提高到 90%，则 P_c 和 I_{C0} 将如何变化？

4.7　谐振功率放大器的哪种工作状态为最佳状态？为什么？

仿真演示 3　丙类谐振功率放大器电路

丙类谐振功率放大器电路如图 4.15 所示，该放大器工作在丙类工作状态，负载为并联谐

振电路，调谐在输入信号频率上。集电极电流为余弦脉冲，输出电压为不失真的正弦波放大输出。调谐电路的功能为选出余弦脉冲中的基波分量，滤除谐波。

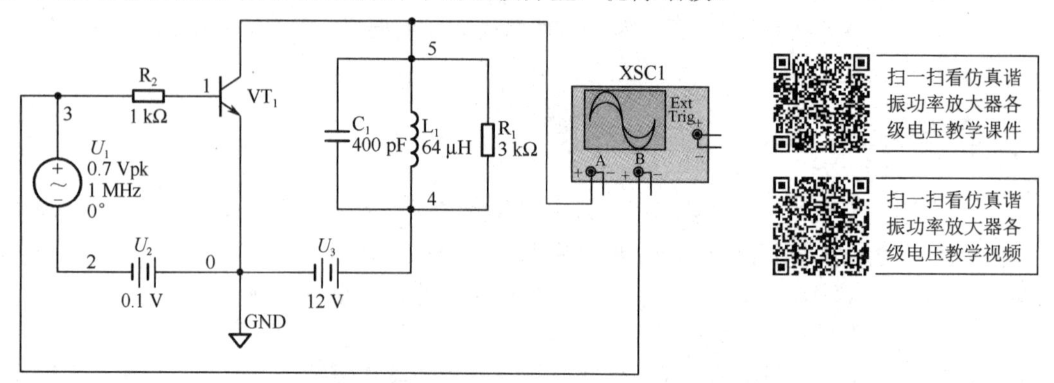

图 4.15　丙类谐振功率放大器电路

图 4.16 所示为丙类谐振功率放大器的输入和输出电压波形。由图可知，上面的波形为输入电压波形，下面的波形为放大的不失真输出电压波形。

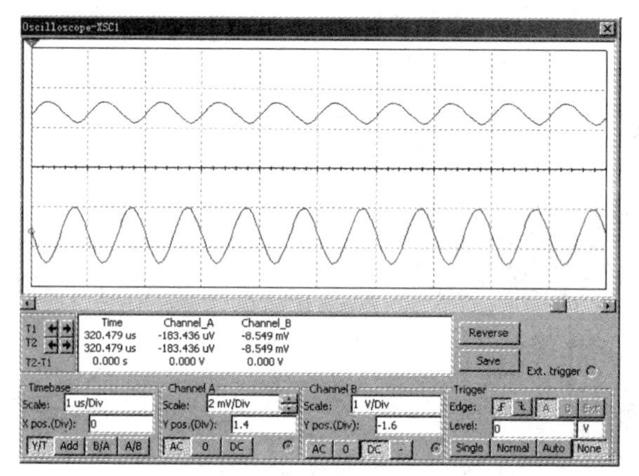

图 4.16　丙类谐振功率放大器的输入和输出电压波形

丙类谐振功率放大器的集电极电流波形如图 4.17 所示。其波形为失真的余弦脉冲波形，可以用瞬态分析法进行观察。

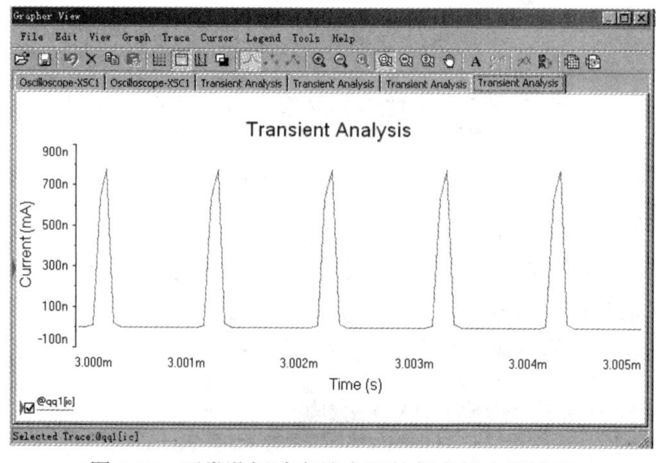

图 4.17　丙类谐振功率放大器的集电极电流波形

实验 4　测试匹配滤波电路

扫一扫看测试匹配电路教学视频

扫一扫看测试匹配电路教学课件

1. 实验目的

（1）了解阻抗匹配的作用。
（2）掌握匹配滤波电路的主要参数和测量方法。

2. 预备知识

（1）认真阅读仪器使用说明，明确注意事项。
（2）了解阻抗匹配的概念。
（3）掌握电路阻抗匹配的调整方法。

3. 实验仪器

仪器名称	数量
射频电子线路实验箱	1 套
网络分析仪	1 台

4. 实验电路

匹配滤波电路如图 4.18 所示。该电路分为两部分，可以通过开关进行切换，上面一路直接接入 50 Ω 的负载电阻，下面一路为一个倒 L 型匹配滤波电路，它可以将外接负载 R_L 变换成电路所要求的负载电阻。当电路谐振在信号频率上时，电路可以滤除其他干扰频率，使得负载与信号源或放大器匹配，以保证放大器输出所需的功率。

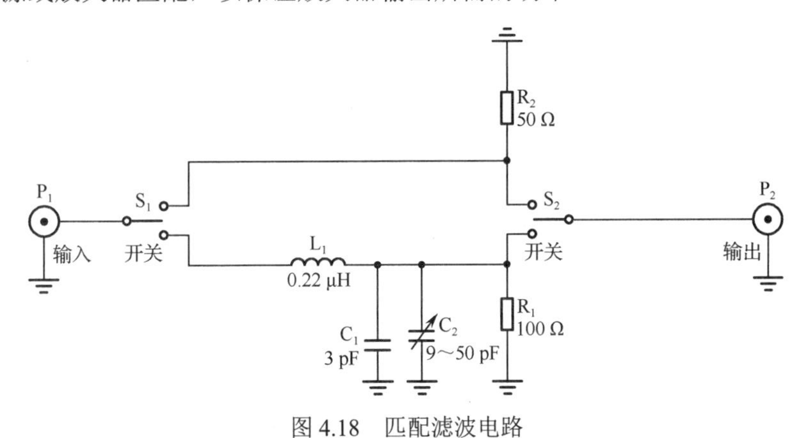

图 4.18　匹配滤波电路

5. 实验内容与步骤

（1）通道校准。

打开网络分析仪，设置信号的起始频率为 10 MHz，终止频率为 100 MHz，设定源输出功率为 0 dBm，对端口 1 和端口 2 进行校准，按下“测量”键，选中参数 S11，按下“校准”键选择校准类型为“非向导校准”，选择“全双端口 SOLT”，对端口 1 和端口 2 分别进行开路、短路和负载校准。再将端口 1 和端口 2 的电缆对接，进行直通校准，全部校准完成后，若在显示屏中很低的位置处观察到一条水平直线，则说明校准成功。

（2）匹配情况测试。

将端口 1 接在匹配滤波电路的测试端口 P_1，按下开关，选择上面一路电路，仪器将自动测试，观察结果。此时可在显示屏中看到一条较低的线，说明电路的匹配情况良好，反射系数很小。

（3）倒 L 型匹配滤波电路测试。

① 弹出开关，选择下面一路电路，仪器将自动测试，观察结果。此时可在显示屏中看到一条比刚才那条要高且有一定弧度凹陷的曲线，说明电路________（匹配/不匹配），反射系数________（较大/较小）。进一步调节电容 C_2 的大小，发现曲线会在某个频率处凹陷得很厉害，说明电路的________（谐振点/非谐振点）位于该频率处，此时负载与信号源或放大器匹配情况较好。

② 记录谐振点的频率为 f_0=________，画出匹配滤波电路的匹配特性曲线。

6. 实验报告要求

（1）写明实验目的。

（2）整理实验数据，并画出匹配滤波电路的特性曲线。

7. 实验反思

除了倒 L 型电路，还有其他的匹配滤波电路吗？

第5章 正弦波振荡器

振荡器的用途十分广泛，如在发送设备中采用振荡器产生高频正弦载波，在接收设备中采用振荡器产生本地振荡信号用于混频。此外，各种电子测试仪器，如信号发生器、数字式频率计等的核心部分均离不开正弦波振荡器。

振荡器用于产生一定频率和振幅的信号，无须外加输入信号的激励，就能自动将直流电能转换为特定频率和振幅的交流电能。按振荡器产生信号的波形不同，振荡器可分为正弦波振荡器和非正弦波振荡器。

本章只讨论正弦波振荡器，主要介绍反馈型振荡器、三点式振荡器和石英晶体振荡器的判别、特点及性能指标。

知识点目标：

- 了解反馈型振荡器的电路组成。
- 理解反馈型振荡器的起振、平衡与稳定条件。
- 了解振荡器的性能指标。
- 理解三点式振荡器的组成原则。
- 理解三点式振荡器的电路特点及性能指标。
- 理解石英晶体的电特性。
- 理解石英晶体振荡器的电路特点及性能指标。

技能点目标：

- 学会利用三点式振荡器的组成原则判别振荡器电路。
- 学会比较各种反馈型振荡器的优缺点。
- 掌握正弦波振荡器的参数计算。
- 学会借助实验箱或仿真软件测试各类振荡器的振荡波形和性能指标。

5.1 振荡器

扫一扫看反馈型振荡器的组成与分类教学课件

扫一扫看反馈型振荡器的组成与分类教学视频

扫一扫看电容三点式振荡器教学课件

前述章节对放大器进行了讨论，振荡器与放大器相比，二者的相同之处是均为能量转换装置；区别在于放大器需要外加激励，即必须有信号输入，而振荡器则无须外加信号激励。因此，振荡器产生的信号是“自激”的，常被称为自激振荡器。

振荡器的功能是在无外信号激励的情况下，将直流电源的能量转换为按特定频率变化的交流电能。其中，凡是从输出信号中取出一部分反馈到输入端作为输入信号，而无须外部提供激励信号，即能产生等幅正弦波输出的振荡器均称为反馈型振荡器。

反馈型振荡器的组成框图如图 5.1 所示。反馈型振荡器是由放大器和正反馈网络组成的一个闭合环路，放大器通常将某种选频网络（如振荡电路）作为负载，是一个调谐放大器；正反馈网络一般是由无源器件组成的线性网络。此外，电路中还必须包含选频网络和稳幅环节。增加选频网络是为了获得单一频率的振荡信号，而稳幅环节的作用是得到稳定的等幅振荡信号。

在很多实际电路中，常将选频网络和正反馈网络合二为一。稳幅环节可依靠三极管自身的非线性特性（内稳幅），也可通过外部电路实现稳幅（外稳幅）。

以电容三点式振荡器（见图 5.2）为例，它是 LC 正弦波振荡器中性能较好的一种振荡器。该振荡器是在分压型偏置共射组态放大器的基础上，在集电极输出端和基极输入端之间接入反馈网络而构成的。反馈电压取自电容 C_2 两端，L、C_1、C_2 构成选频网络，振荡器的输出电压波形较好。可以证明，该电路引入的是正反馈，满足产生振荡的条件。由此可见，反馈型振荡器包括放大器、正反馈网络和选频网络。

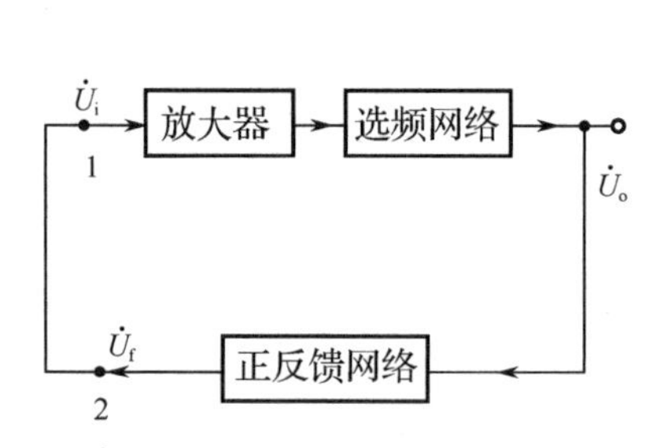

图 5.1　反馈型振荡器的组成框图

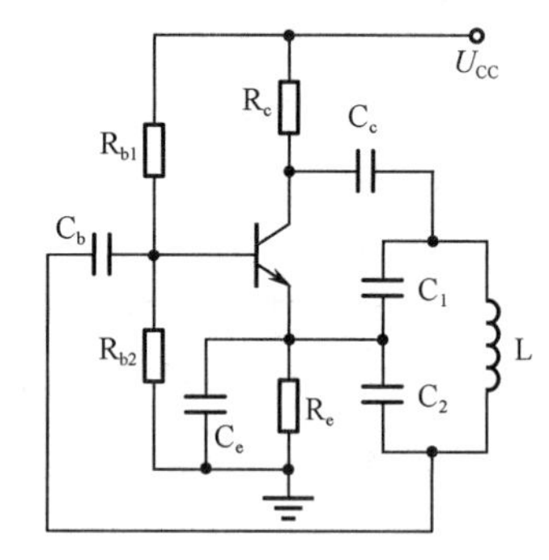

图 5.2　电容三点式振荡器

振荡器的类型有很多，图 5.3 所示为振荡器的分类示意图。按照输出波形的不同，振荡器可分为正弦波振荡器和非正弦波振荡器两大类。正弦波振荡器有反馈型和负阻型两种。由前述内容可知，反馈型振荡器是利用正反馈原理构成的，目前应用非常广泛。按照选频网络的不同，反馈型振荡器可分为 LC 正弦波振荡器、RC 正弦波振荡器和石英晶体振荡器等。本书主要研究 LC 正弦波振荡器和石英晶体振荡器。其中，LC 正弦波振荡器又可分为电容三点式振荡器、电感三点式振荡器及改进型电容三点式振荡器等；石英晶体振荡器可分为串联型石英晶体振荡器和并联型石英晶体振荡器等。后续将逐一讨论它们的电路、性能指标及特点。

反馈型振荡器在无线电设备中的应用非常广泛，它是无线电发送设备的核心部分，也是超外差式接收设备的主要组成部分。此外，振荡器在各种电子测试仪器中的用途也十分广泛，

如信号发生器、数字式频率计等，其核心部分均离不开正弦波振荡器。

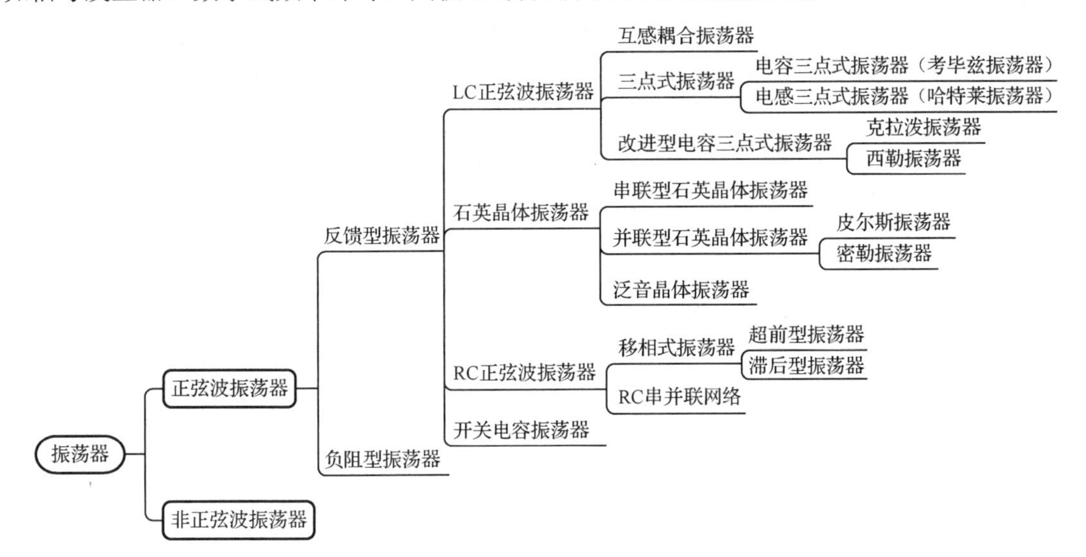

图 5.3　振荡器的分类示意图

5.2　反馈型振荡器

在无外加输入信号的情况下，振荡器的输出端如何维持一定振幅的电压输出呢？下面我们研究反馈型振荡器的振荡过程、工作条件及性能指标。

5.2.1　反馈型振荡器的振荡过程

实际上，反馈型振荡器振荡过程的建立涉及 3 个重要的阶段：起振、平衡和稳定，每个阶段都需要满足一定的条件。

振荡器接通电源后，开始有电压或电流的突变。这种干扰或噪声有着极宽的频谱，包含各种频率分量。由于振荡器的选频网络是由品质因数 Q 极高的谐振电路组成的，带宽极窄，因此它只选出与自身谐振频率相同的信号。正反馈的作用使得谐振频率信号越来越强，这种振荡器建立振荡的过程称为起振。待振荡信号的频率和振幅均达到指标要求后，通过稳幅环节形成稳定的振荡，达到平衡状态。瞬变电流中所包含的其他频率则被振荡器中的选频网络滤除。

5.2.2　反馈型振荡器的工作条件

1. 平衡条件

反馈型振荡器至少包含一个基本放大器和一个正反馈网络，其基本框图如图 5.4 所示。闭环增益 $\dot{A}_f$ A_f 可以表示为

$$\dot{A}_f=\frac{\dot{A}}{1-\dot{A}\dot{F}} \tag{5.1}$$

当 $\dot{A}\dot{F}=1$ 时，$\dot{A}_f\to\infty$，这意味着即使输入信号 $\dot{X}_i=0$，放大器仍有输出信号。此时 $\dot{X}_i=\dot{X}_f$，电路由放大器变为振荡器。

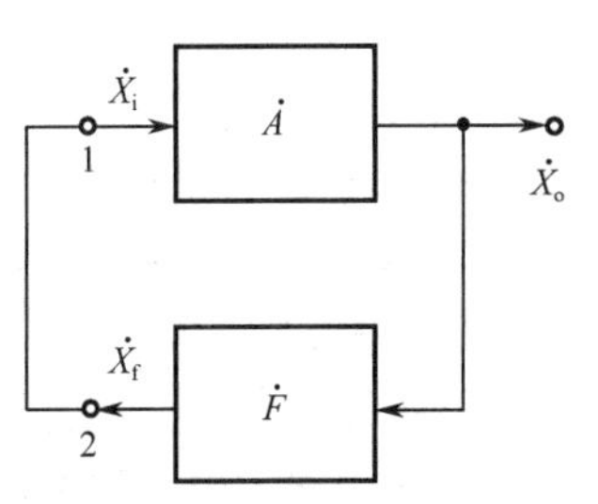

图 5.4　反馈型振荡器的基本框图

因此，反馈型振荡器的振荡平衡条件为

$$1-\dot{A}\dot{F}=0\text{或}\dot{A}\dot{F}=1 \tag{5.2}$$

将复数形式表示的振荡平衡条件分别用模和相角来表示，并将模与相角分开，得到反馈型振荡器的振幅平衡条件

$$AF=1 \tag{5.3}$$

式中，A 为放大器的开环增益；F 为反馈系数。

相位平衡条件为

$$\varphi_A+\varphi_F=2n\pi \quad (n=0,1,2,3,\cdots) \tag{5.4}$$

式中，φ_A 和 φ_F 分别为开环增益和反馈系数的相角。

扫一扫下载看振荡器的起振过程动画

2. 起振条件

如果电路只是刚好满足 $\dot{A}\dot{F}=1$，那么经放大、选频后的信号仍然只能维持在很低的电平上。这样，频率为 f_0 的信号虽然存在，但会被淹没在同样电平的噪声中，而得不到所需的一定强度的振荡输出。因此，要维持一定振幅的振荡，反馈系数 F 应设计得大些（一般取 1/8～1/2），以便振荡器在 $\dot{A}\dot{F}>1$ 的情况下起振。随着振幅的增大，A 逐渐减小，直到振幅增大到某一程度时，满足 $AF=1$，振荡达到平衡状态。

因此，振荡器的起振条件为

$$AF>1 \tag{5.5}$$

$$\varphi_A+\varphi_F=2\pi n \quad (n=0,1,2,3,\cdots) \tag{5.6}$$

式（5.5）和式（5.6）分别为振幅起振条件和相位起振条件。

以三极管为核心放大器件的振荡器为例，振荡电路的工作状态变化过程如图 5.5 所示。为便于起振，必须给三极管加较大的正向偏置，使放大器在开始时工作在甲类工作状态，随着振幅的增大，放大器由放大区进入饱和区或截止区，工作在非线性的丙类工作状态。随着非线性器件（三极管）工作状态的变化，振荡器经历了起振、平衡直到最终稳定的振荡。

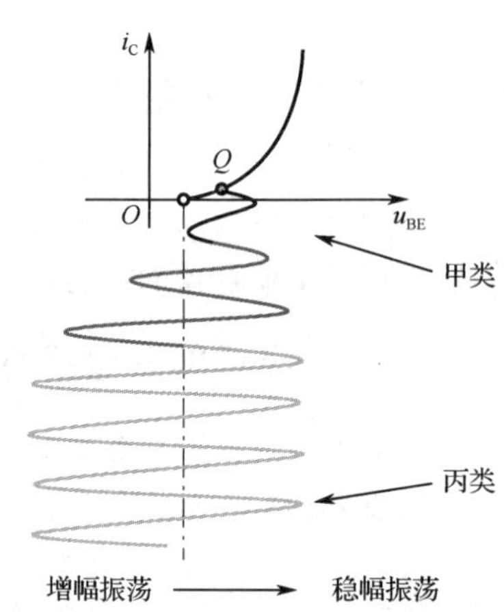

图 5.5　振荡电路的工作状态变化过程

3. 稳定条件

振荡器的稳定平衡指在外因作用下，振荡器在平衡点附近可重建新的平衡状态。一旦外因消失，它能自动恢复到原来的平衡状态。

图 5.6 所示为放大器的开环增益 A 及 $1/F$ 与输出电压振幅 U_{om} 之间的关系。开环增益 A 是振幅 U_{om} 的非线性函数，所以振荡器起振后，当振幅增大到一定程度时，由于三极管的工作状态进入饱和区或截止区，因此开环增益 A 随之迅速下降。反馈系数 F 仅取决于外电路的参数，与振幅无关。Q 点为稳定平衡点，此时 $A=1/F$，即曲线 A 和 $1/F$ 相交于 Q 点，振荡器达到平衡，此平衡为稳定平衡。假设某种因素使振幅改

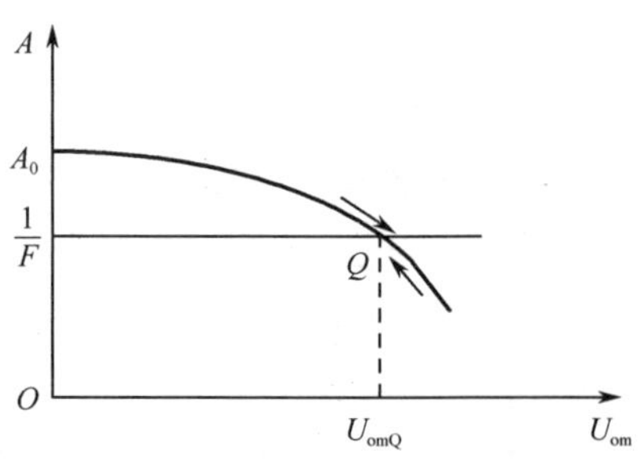

图 5.6　放大器的开环增益 A 及 $1/F$ 与输出电压振幅 U_{om} 之间的关系

变从而超过或小于电压振幅 U_{omQ}，出现 $A<1/F$ 或 $A>1/F$ 的情况，振幅就会自动衰减或增强，重新回到 U_{omQ}。大多数振荡器中稳幅环节的作用是由放大器的非线性放大特性实现的。稳幅环节可分为利用三极管的非线性内稳幅和利用其他元器件的非线性外稳幅。

利用仿真软件可观察电容三点式振荡器的振荡过程，如图 5.7 所示。振荡器经历起振、平衡和稳定三个不同的工作阶段，起振是增幅振荡，平衡、稳定是输出等幅的稳定振荡，使输出的振荡信号具有一定的频率稳定度与振幅稳定度。

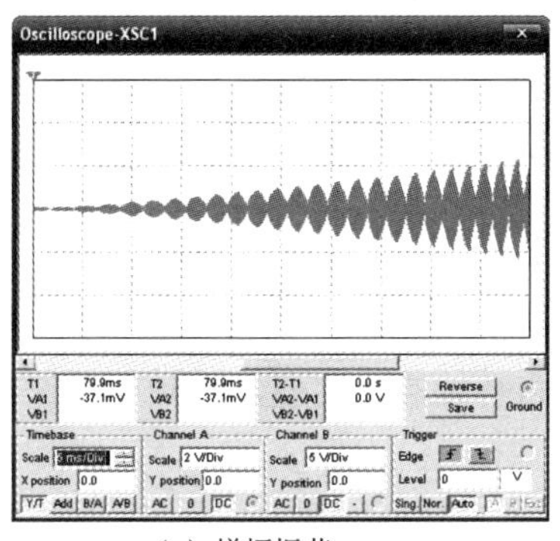

（a）增幅振荡

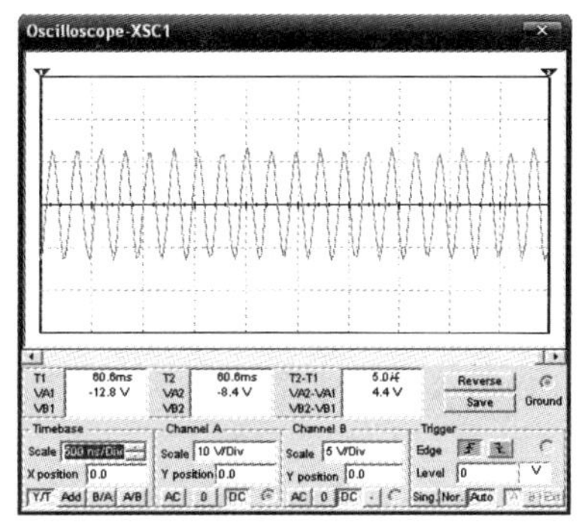

（b）稳定振荡

图 5.7　电容三点式振荡器的振荡过程

根据反馈型振荡器的振荡过程，可以得到以下结论：要使反馈型振荡器产生等幅的持续振荡，必须满足起振、平衡、稳定三大条件，缺一不可。振荡器的工作点应设计在放大区略偏向截止区处，起振后一般就可以达到平衡状态，输出等幅正弦振荡波形，并且在起振时的电压增益满足大于在平衡时的电压增益。满足起振条件对振荡器维持等幅的正弦振荡很关键。

扫一扫看反馈型振荡器的性能指标教学课件

扫一扫看反馈型振荡器的性能指标教学视频

5.2.3　反馈型振荡器的性能指标

由于反馈型振荡器输出一定频率和振幅的正弦信号，因此其主要性能指标为振荡频率和输出振幅。此外，要求振荡器输出正弦信号的频率和振幅的稳定性好，波形失真小，因此频率稳定度和振幅稳定度也是振荡器的关键指标。

1. 频率稳定度

振荡器频率稳定度决定其稳频性能。评价振荡器频率的主要指标有频率准确度和频率稳定度，其中，频率稳定度尤其重要。所谓频率稳定，是指当外界条件变化时，振荡器的实际工作频率与标称频率之间的偏差及偏差的变化量最小。提高振荡器的频率稳定度有着重要的现实意义。

振荡器的实际振荡频率 f 与标称振荡频率 f_0 之间的偏差 Δf 称为振荡频率的准确度。其通常分为绝对频率准确度和相对频率准确度。

绝对频率准确度表示为

$$\Delta f=f-f_0 \tag{5.7}$$

相对频率准确度表示为

$$\frac{\Delta f}{f_0}=\frac{f-f_0}{f_0} \tag{5.8}$$

振荡器的频率稳定度指在一定的时间间隔内，随着各种条件的变化，相对频率准确度变化的最大值。根据观测时间的长短，频率稳定度可以分为长期频率稳定度、短期频率稳定度和瞬间频率稳定度等。

长期频率稳定度：一般指一天以上乃至几个月内相对频率准确度变化的最大值。它是主要用来评价天文台或计量单位的高精度频率标准和计时设备的稳定指标。

短期频率稳定度：一般指一天以内相对频率准确度变化的最大值。外界因素引起的频率变化大都属于这一类。短期频率稳定度通常也称为频率漂移，多用来评价测量仪器和通信设备中主振器的频率稳定指标。

瞬间频率稳定度：一般指秒或毫秒内随机频率的变化，即频率的瞬间无规则变化。通常也称为振荡器的相位抖动或相位噪声。

短期频率稳定度最为常见，它与温度、电源电压、电路参数变化等因素有关。不同用途的设备对频率稳定度的要求有所差异。例如，中波广播电台发送设备的频率稳定度为 10^{-5} 数量级，电视发送设备的频率稳定度为 10^{-7} 数量级，普通函数信号发生器的频率稳定度为 10^{-5}～10^{-4} 数量级。

2. 振幅稳定度

在外界因素的影响下，振荡器的输出电压也会发生变化。因此，振幅稳定度也是振荡器的重要性能指标。振幅稳定度指在一定条件下，输出信号振幅的相对变化量，即

$$S=\frac{\Delta U_{\mathrm{om}}}{U_{\mathrm{om}}} \tag{5.9}$$

式中，U_{om} 为振荡器输出电压振幅的标称值；ΔU_{om} 为实际输出电压振幅与标称值的差值。

振幅稳定度与电源电压、元器件的参数和外界因素（如温度、湿度等）的变化有关。因此，在实际应用中可以通过减小外界因素的变化、提高振荡电路的标准性等方法提高振荡器电路的频率稳定度和振幅稳定度。

5.3 LC 正弦波振荡器

5.3.1 三点式振荡器的组成原则

选频网络采用 LC 选频电路的反馈型振荡器称为 LC 正弦波振荡器，简称 LC 振荡器。LC 振荡器产生的正弦信号的频率较高，一般为几十千赫兹到几百兆赫兹。LC 振荡器中的正反馈放大器可由三极管、场效应管等分立元件组成，也可由集成电路组成。根据正反馈网络的不同，LC 振荡器可以分为互感耦合振荡器、电容三点式振荡器、电感三点式振荡器和改进型电容三点式振荡器。其中，电容三点式振荡器和电感三点式振荡器统称为三点式振荡器。

下面将单个三极管作为放大器，将 LC 分立元件作为选频网络，简要介绍三点式振荡器的组成原则及振荡的判断方法。

若忽略偏置电阻，则三点式振荡器交流通路的一般形式如图 5.8 所示。仔细观察电路图可知，LC 电路由 3 个电

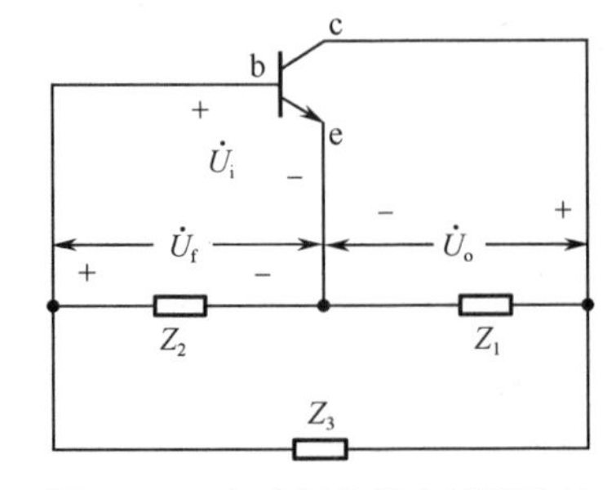

图 5.8　三点式振荡器交流通路的一般形式

抗元件组成，其 3 个端点分别与三极管的 3 个电极相连，这也是三点式名称的由来。

当电路元件的电阻很小，可以忽略不计时，Z_1、Z_2 与 Z_3 可以换成纯电抗 X_1、X_2 与 X_3。若忽略三极管的输入和输出电阻，则当电路谐振时，电路内只有循环电流 I 在流动，显然，要想产生振荡，必须满足：

$$X_1+X_2+X_3=0 \tag{5.10}$$

此外，为了满足集电极电压 $\dot{U}_\text{o}$ 与基极输入电压 $\dot{U}_\text{i}$ 反相，即相位差为 180°的条件，同时满足正反馈，其反馈系数 F 也需要产生 180°相位差，X_1（X_ce）与 X_2（X_be）必须为同一性质的电抗。也就是说，它们同为电感元件或同为电容元件。又因为要满足 $X_1+X_2+X_3=0$，所以 X_3（X_cb）必须为另一性质的电抗。

由以上分析可知三点式振荡器的组成原则（满足相位平衡条件的准则）：X_1（X_ce）与 X_2（X_be）的电抗性质相同；X_3（X_cb）与 X_1（或 X_2）的电抗性质相反。该原则可概括为四个字“射同它反”。利用这个组成原则可以判断振荡电路的组成是否合理，也可以分析复杂电路与寄生振荡现象。

5.3.2　三点式振荡器

1. 三点式振荡器的分类

三点式振荡器分为电感三点式振荡器和电容三点式振荡器两种，其示意图如图 5.9 所示。在三点式振荡器中，LC 电路的 3 个端点与三极管的 3 个电极相连接。三极管的 3 个电极分别为基极 b、发射极 e 和集电极 c，每两个电极之间分别连接 LC 电路中的某个电抗元件 Z_1、Z_2、Z_3。在图 5.9（a）中，三极管的 c-e 极、b-e 极之间分别连接 C_1 和 C_2，c-b 极之间接电感 L。满足“射同它反”且射极同为电容的三点式振荡器称为电容三点式振荡器。在图 5.9（b）中，c-e 极、b-e 极之间分别连接 L_1 和 L_2，c-b 极之间接电容 C。满足“射同它反”且射极同为电感的三点式振荡器称为电感三点式振荡器。

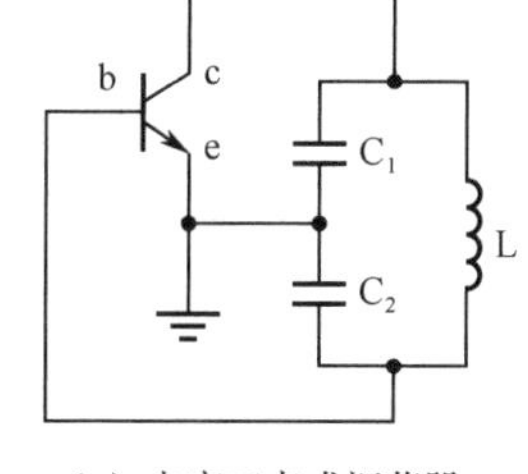

（a）电容三点式振荡器　　（b）电感三点式振荡器

图 5.9　三点式振荡器示意图

扫一扫看电感三点式振荡器的基本特性教学视频

2. 电感三点式振荡器

1）原理电路

电感三点式振荡器又称哈特莱振荡器，其原理电路如图 5.10（a）所示。图中 R_b1、R_b2、R_e 组成分压式偏置电路，R_c 为集电极直流电阻，C_b、C_c 为基极和集电极隔直电容，C_e 为发射极旁路电容。

电感三点式振荡器交流等效电路如图 5.10（b）所示。当 L_1、L_2 和 C 组成的并联电路谐振时，反馈电压 $\dot{U}_\text{f}$ 与输出电压 $\dot{U}_\text{o}$ 反相，输出电压 $\dot{U}_\text{o}$ 与输入电压 $\dot{U}_\text{i}$ 反相，因此反馈电压 $\dot{U}_\text{f}$ 与输入电压 $\dot{U}_\text{i}$ 同相，构成正反馈，满足相位起振条件。

电感三点式振荡器的振荡频率为

$$f_0 = \frac{1}{2\pi\sqrt{L_{\Sigma}C}} \tag{5.11}$$

式中，$L_{\Sigma}=L_1+L_2+2M$，M 为 L_1、L_2 之间的互感。

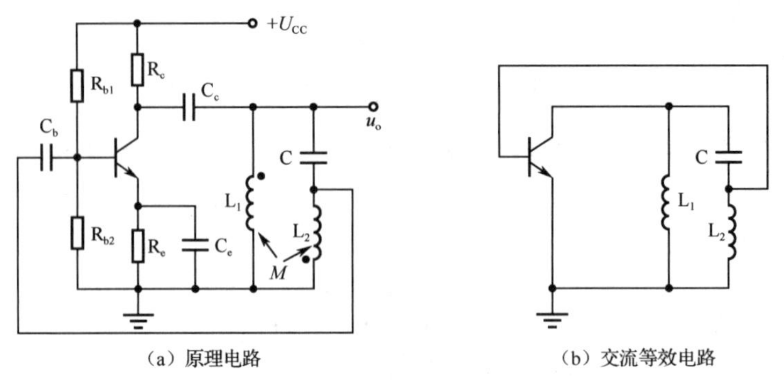

（a）原理电路　　（b）交流等效电路

图 5.10　电感三点式振荡器电路

电感三点式振荡器的反馈系数为

$$F = \frac{L_2 + M}{L_1 + M} \tag{5.12}$$

2）电路的优缺点

优点：电感三点式振荡器容易起振，改变电容的大小即可方便地调节振荡频率，且基本上不影响反馈系数。

缺点：振荡波形不够好，因为反馈电压取自电感，电感对高次谐波呈现高阻抗性，故不能抑制高次谐波的反馈，输出信号中的高次谐波成分大而使波形有失真。此外，极间电容对电路电感的影响大，易改变电抗性质而降低振荡频率。电感三点式振荡器的工作频率一般在几十兆赫兹以下。

3. 电容三点式振荡器

扫一扫看电容三点式振荡器教学课件

扫一扫看电容三点式振荡器教学视频

1）原理电路

在甚高频波段里，优先选用的是电容三点式振荡器。电容三点式振荡器又称考毕兹振荡器。图 5.11（a）所示为电容三点式振荡器的原理电路，采用分压式偏置共射组态放大电路，L、C_1 和 C_2 构成振荡电路，实现选频滤波的作用；C_2 两端的电压通过基极耦合电容 C_b 反馈到三极管发射极的输入端形成正反馈网络。

电容三点式振荡器的交流等效电路如图 5.11（b）所示。振荡电路中有 C_1 和 C_2 两个电容和一个电感 L，与三极管发射极相连的都是电容，基极与集电极之间连接电感 L，满足“射同它反”三点式振荡器的组成原则（相位平衡准则），为典型的电容三点式振荡器。

电容三点式振荡器的振荡频率为

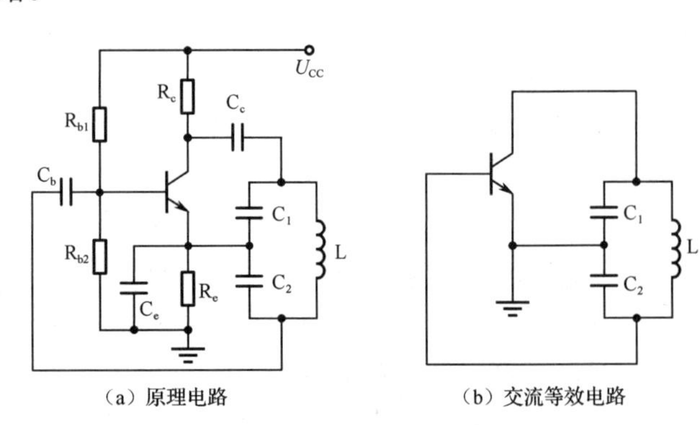

（a）原理电路　　（b）交流等效电路

图 5.11　电容三点式振荡器电路

$$f_0=\frac{1}{2\pi\sqrt{LC_{\Sigma}}} \tag{5.13}$$

式中，$C_{\Sigma}=C_1C_2/(C_1+C_2)$，$C_{\Sigma}$ 为电路的总电容。

该电容三点式振荡器中的放大电路采用共射组态，输出电压取自电容 C_1 的两端，反馈电压取自电容 C_2 的两端，因此电压反馈系数为

$$F=C_1/C_2 \tag{5.14}$$

经验证明，反馈系数 F 取 1/8～1/2 较为适宜。

2）电路的优缺点

优点：电容三点式振荡器的反馈电压取自电容两端，它对高次谐波的阻抗小，所以 LC 电路中的高次谐波反馈很弱，因而输出电压中的谐波成分很小，输出波形好，提高了频率稳定度。电容三点式振荡器适用于较高的工作频率，可达几十兆赫兹到几百兆赫兹。

缺点：当调节 C_1 或 C_2 来改变振荡频率时，反馈系数也将改变，从而导致振荡器工作状态的变化，因此电容三点式振荡器只适合用作固频振荡器。受三极管输入和输出电容的影响，为保证振荡频率的稳定，振荡频率的提高将受到限制。

5.3.3　振荡器应用电路

例 5.3.1　利用三点式振荡器的组成原则判断图 5.12 所示的振荡器能否产生振荡。若能产生振荡，则判断该振荡器的类型及振荡条件。

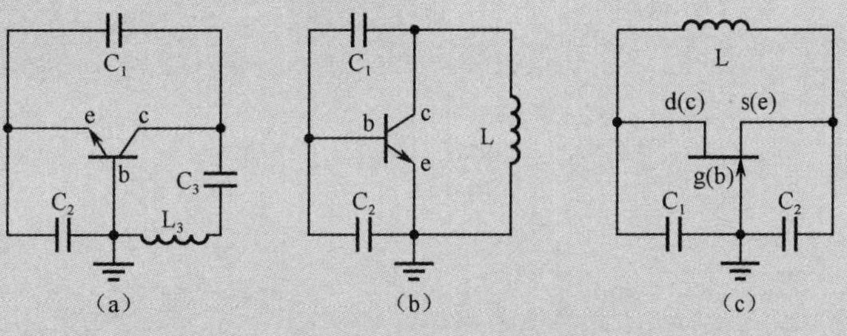

图 5.12　振荡器电路

解：由题意可知，本题需要解决 3 个问题，即判断振荡器能否振荡、振荡器的类型及振荡条件。梳理思路后写出解题步骤。

（1）对于三极管为放大器的振荡电路，根据“射同它反”原则判断振荡器能否振荡，如果是场效应管，那么可比拟为三极管的同等条件进行判断；

（2）如果能产生振荡，那么根据“射同”的是哪种性质的元器件来判断振荡类型；若不能产生振荡，则直接下结论；

（3）在电路能产生振荡的前提下，如果电路中某两个极之间所接的元器件为非单个元器件，那么需要根据元器件的振荡频率得到振荡条件。

在图 5.12（a）中，先标出三极管的三个极 e、b、c，可见 e-b 之间接 C_2，e-c 之间接 C_1，b-c 之间接 L_3C_3 串联，满足“射同它反”原则，故可能产生振荡。此时要求 L_3C_3 串联电路呈感性，因此满足振荡条件 $f>\dfrac{1}{2\pi\sqrt{L_3C_3}}$。观察到射极所接的元件为电容，判断出振荡类型为电容三点式。

在图 5.12（a）的基础上进行问题扩展：如果将电路中的 L_3C_3 串联谐振电路改为并联谐振电路，那么振荡条件将如何改变？分析可知，L_3C_3 并联谐振电路应呈感性，因此振荡条件改为 $f < \dfrac{1}{2\pi\sqrt{L_3C_3}}$。

在图 5.12（b）中，同样标出三极管的三个极 e、b、c，可见 e–b 之间接 C_2，e–c 之间接 L，b–c 之间接 C_1，不满足“射同它反”原则，故不可能产生振荡。

图 5.12（c）中的放大管为场效应管，先标出三个极 s、g、d，将场效应管比拟为三极管，即将源极 s 看作发射极 e，栅极 g 看作基极 b，漏极 d 看作集电极 c，可知 s–g（e–b）之间接 C_2，s–d（e–c）之间接 L，g–d（b–c）之间接 C_1。不满足“射同它反”原则，故不可能产生振荡。

例 5.3.2 振荡器电路如图 5.13 所示，C_1=100 pF，C_2=300 pF，L_1=7.5 mH。

（1）试画出其交流等效电路；

（2）求振荡频率 f_0；

（3）求电压反馈系数 F。

扫一扫看 LC 正弦波振荡器的参数计算教学课件

扫一扫看 LC 正弦波振荡器的参数计算教学视频

解：（1）交流等效电路的作图规则：振荡器电路中除选频网络外的所有电容短路，电感断开，电源 U_{CC} 置地。因此保留选频电路中的 L_1、C_1、C_2，电路中其他电容短路，电感断开，电源 U_{CC} 置地。画出的交流等效电路如图 5.14 所示。

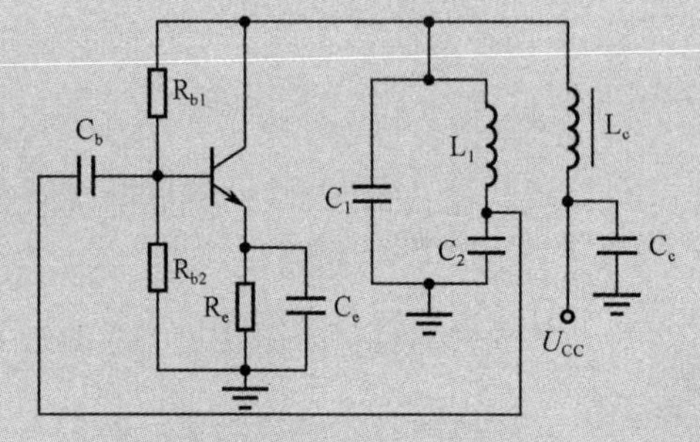

图 5.13　振荡器电路

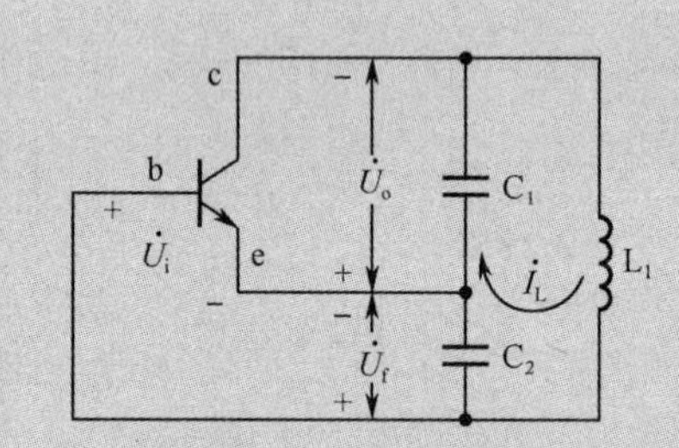

图 5.14　交流等效电路

（2）观察图 5.13 可知，选频电路中包含两个电容 C_1、C_2 及一个电感 L_1，要求出总的电容，就要判断出它们的连接方式。这里给出判断方法：断开选频电路中的任意一个电感，从电感的一端绕着整个选频电路回到另外一端，观察电容的串并联情况。可以看出，图 5.13 中选频电路的两个电容串联。电容的串并联情况与电阻相反，因此，总电容 $C=\dfrac{C_1C_2}{C_1+C_2}$。

振荡频率 f_0 为

$$f_0=\frac{1}{2\pi\sqrt{L_1C_\Sigma}}=\frac{1}{2\pi\sqrt{L_1\dfrac{C_1C_2}{C_1+C_2}}}=\frac{1}{2\pi\sqrt{7.5\times\dfrac{100\times300}{100+300}\times10^{-15}}}\approx212\text{（kHz）}$$

进一步观察可知三极管射极所接的元件为电容，从而判断出图 5.13 所示的振荡器电路为电容三点式振荡器电路。

（3）求反馈系数的公式为

$$F_u=\frac{U_f}{U_o}$$

式中，反馈电压取自电容 C_2，输出电压来自电容 C_1 上的电压，由于选频电路中的电流相等，故反馈系数可简化为

$$F = C_1/C_2 \approx 0.3$$

5.3.4　改进型电容三点式振荡器

扫一扫看改进型电容三点式振荡器教学课件

扫一扫看改进型电容三点式振荡器教学视频

在反馈型振荡器中，电容三点式振荡器虽然输出波形较好，但却存在调节频率会改变反馈系数的缺点，为此，对其电路加以改进，设计出了改进型电容三点式振荡器，该振荡器包括串联型和并联型两种。

1. 串联改进型电容三点式振荡器（克拉泼振荡器）

1）原理电路

串联改进型电容三点式振荡器在电容三点式振荡器的基础上，在振荡电路中加上一个与电感 L 串联的电容 C_3，串联改进型电容三点式振荡器由此得名，又称克拉泼振荡器。克拉泼振荡器的原理电路如图 5.15(a)所示，所加电容 C_3 通常选用可变电容，并满足 $C_3 \ll C_1, C_3 \ll C_2$。

该振荡器的交流通路如图 5.15（b）所示。其中，C_i、C_o 为三极管的输入和输出电容，三极管的 b–e 和 c–e 极之间均连接电容，c–b 极之间连接 L 与 C_3 串联谐振电路，满足振荡的相位平衡条件。

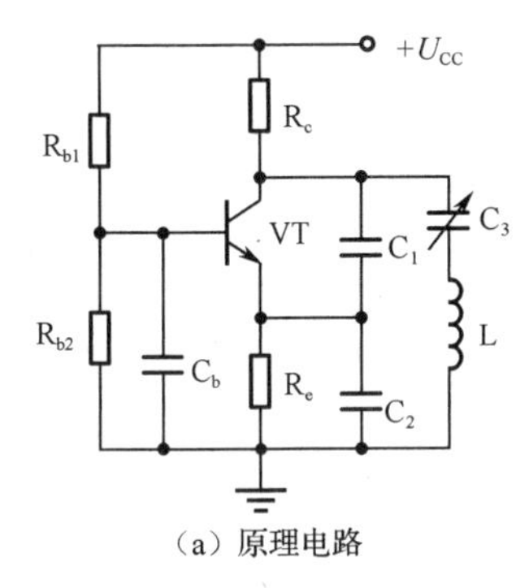

（a）原理电路

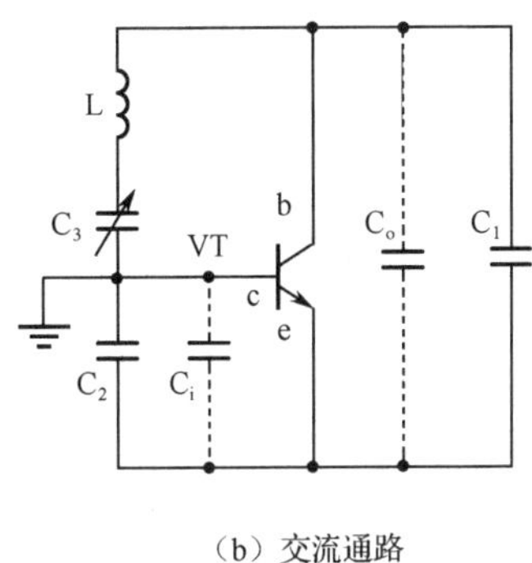

（b）交流通路

图 5.15　克拉泼振荡器

2）性能指标

由图 5.15 可知，设 $C_1' = C_1 + C_o$，$C_2' = C_2 + C_i$，可见 C_3 和 C_1'、C_2' 相串联，因此电路总电容 C_Σ 由下式决定

$$\frac{1}{C_\Sigma} = \frac{1}{C_3} + \frac{1}{C_1'} + \frac{1}{C_2'} = \frac{1}{C_3} + \frac{1}{C_1 + C_o} + \frac{1}{C_2 + C_i} \tag{5.15}$$

由于 $C_3 \ll C_1$ 且 $C_3 \ll C_2$，故 $C_\Sigma \approx C_3$，则振荡频率为

$$f_0 = \frac{1}{2\pi\sqrt{LC_\Sigma}} \approx \frac{1}{2\pi\sqrt{LC_3}} \tag{5.16}$$

由此可见，C_i 和 C_o 对 f_0 几乎无影响。这是由于 f_0 主要由小电容 C_3 和 L 决定，而三极管与谐振电路之间的耦合大大减弱，即使 C_i 和 C_o 发生变化，对电路的影响也已微不足道，因此，振荡频率的稳定度大大提高。

实际上，C_3 的取值根据所需振荡频率决定，一般原则是 $C_3 \ll C_1$ 且 $C_3 \ll C_2$，但 C_3 也不能太小，否则会因不满足振幅起振条件而停止振荡。

克拉泼振荡器的反馈系数为

$$F = \frac{C_1'}{C_2'} = \frac{C_1 + C_o}{C_2 + C_i} \tag{5.17}$$

3）电路特点

优点：当调节 C_3 改变振荡频率时，不影响反馈系数；当调节 C_1 或 C_2 改变反馈系数时，对振荡频率也无影响。换言之，克拉泼振荡器的振荡频率与反馈系数可分别独立调节，从而克服了考毕兹振荡器不能单独调节的缺点。

缺点：克拉泼振荡器虽然频率稳定度高，但起振条件对三极管的 β 值提出了很高的要求，且在波段内的输出振幅不均匀，因此它只适合用作频率调节范围很小的振荡器。

2. 并联改进型电容三点式振荡器（西勒振荡器）

1）原理电路

针对克拉泼振荡器电路的缺陷，提出了改进型电容三点式振荡器的另一种电路形式——并联改进型电容三点式振荡器。并联改进型电容三点式振荡器又称西勒振荡器，如图5.16所示。

西勒振荡器与克拉泼振荡器的不同之处在于电感 L 两端并联了一个可变电容 C_4，而 C_3 改为电容值远小于 C_1 和 C_2 电容值的固定电容。

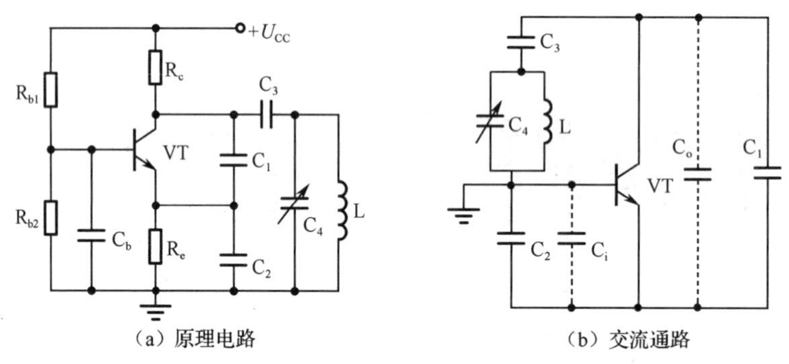

图5.16　西勒振荡器

2）性能指标

由于 C_1 和 C_2 远大于 C_3，且 $C_1'=C_1+C_o$，$C_2'=C_2+C_i$，所以振荡电路的总电容为

$$C_\Sigma = C_4 + \frac{1}{\dfrac{1}{C_3} + \dfrac{1}{C_1'} + \dfrac{1}{C_2'}} \approx C_4 + C_3 \tag{5.18}$$

振荡频率为

$$f_0 = \frac{1}{2\pi\sqrt{LC_\Sigma}} \approx \frac{1}{2\pi\sqrt{L(C_3 + C_4)}} \tag{5.19}$$

西勒振荡器的反馈系数为

$$F = \frac{C_1'}{C_2'} = \frac{C_1 + C_o}{C_2 + C_i} \tag{5.20}$$

3）电路特点

西勒振荡器的反馈系数与克拉泼振荡器的反馈系数相同，因此它也具有频率稳定度高及

振荡频率和反馈系数可独立调节的优点。西勒振荡器的输出电压振幅随振荡频率的升高而正比增大，恰好部分补偿了因高频使三极管 β 值和振幅下降的特性，使输出振幅在较宽的频率范围内比较平稳，从而克服了克拉泼振荡器的不足。

在实际工作中，电容 C_3 的取值要合理，C_3 太小会导致振荡管与电路间的耦合过弱，振幅条件不易满足，电路难以起振。而 C_3 过大又会使电路频率稳定度下降。因此，应该在保证起振条件得到满足的情况下，尽可能减小 C_3 的值。

西勒振荡器可作为在高频时的可变频率振荡器，其在分立元件或集成高频电路系统中均获得广泛应用。

5.4　石英晶体振荡器

前面讨论的 LC 正弦波振荡器的频率稳定度为 10^{-3}～10^{-2} 数量级，即使采用一系列稳频措施，一般也难以获得比 10^{-4} 数量级更高的频率稳定度。但在实际应用中往往需要更高的频率稳定度，如用作广播发送设备或作为标准频率源的振荡器等。将石英晶体作为振荡电路元件，可以获得很高的频率稳定度，如石英晶体振荡器的频率稳定度一般为 10^{-6} 数量级，若使用高精度晶体则可达 10^{-11}～10^{-9} 数量级。因此，石英晶体振荡器具有高频率稳定度，可达 10^{-11}～10^{-5} 数量级。石英谐振器是石英晶体振荡器中振荡电路的核心元件，也是使振荡器具有高频率稳定度的关键部分。

5.4.1　石英谐振器及其特性

扫一扫看石英谐振器的结构特性与等效电路教学课件

扫一扫看石英谐振器的结构特性与等效电路教学视频

石英晶体具有惯性和弹性，因而存在固有振动频率。当外加电源频率与晶体的固有振动频率相等时，晶体片产生谐振。此外，石英晶体具有多谐性，不仅有基频谐振，而且有奇次谐波振动，即泛音振动。当使用石英谐振器时，既可以利用它的基频，也可以利用它的泛音频率，并可以采用特定的切割方式来加强某次泛音。石英晶体的厚度与振动频率成反比，工作频率越高，晶片越薄，越容易损坏。因此在工作频率很高时常采用泛音晶体。当晶体利用基频时称为基频晶体，当晶体利用泛音时称为泛音晶体，泛音晶体广泛应用于 3 次和 5 次泛音振动。

石英谐振器作为振荡电路中的电感元件，能使振荡器的频率稳定度大大提高，其原因如下。

（1）石英谐振器的物理化学性能十分稳定，外界因素对其性能影响很小。

（2）Q 值高，可达 10^{-5} 以上，远大于一般 LC 电路的 Q 值，利于稳频。

（3）石英谐振器在 f_q～f_p 相当窄的频率范围内，其感抗从零变为无穷，等效为一特殊电感，极其陡峭的电抗特性使晶体对频率变化的自动调整灵敏度高，稳频作用极强。

此外，由于石英谐振器的接入系数极小，使振荡电路与三极管间的耦合非常弱，因此外电路中的不稳定因素对电路的影响将大大减小，使其频率稳定度提高。

5.4.2　石英晶体振荡器的分类

根据石英晶体在振荡电路中的不同作用，石英晶体振荡器可分为两类：一类是并联型石英晶体振荡器，石英晶体在电路中作为高 Q 值电感元件使用，与电路中其他元件形成并联谐振；另一类是串联型石英晶体振荡器，石英晶体在电路中作为短路元件串接在正反馈支路上，工作在串联谐振频率上。

目前常用的并联型石英晶体振荡器分为两类，分别是皮尔斯振荡器和密勒振荡器。并联型石英晶体振荡器电路的两种基本形式如图5.17所示。石英晶体连接在集电极和基极之间的电路称为c−b型电路，如图5.17（a）所示；石英晶体连接在基极和发射极之间的电路称为b−e型电路，如图5.17（b）所示。根据三点式振荡器满足相位平衡条件的组成原则，可判断这两种振荡器中的石英晶体均等效为电感。其中，c−b型电路相当于电容三点式振荡器电路，b−e型电路相当于电感三点式振荡器电路。

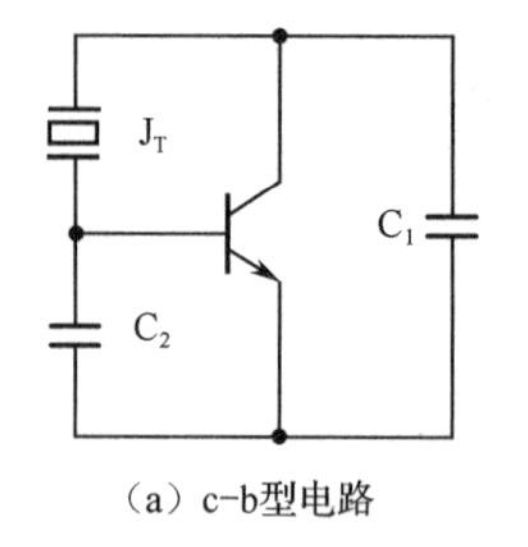

（a）c−b型电路

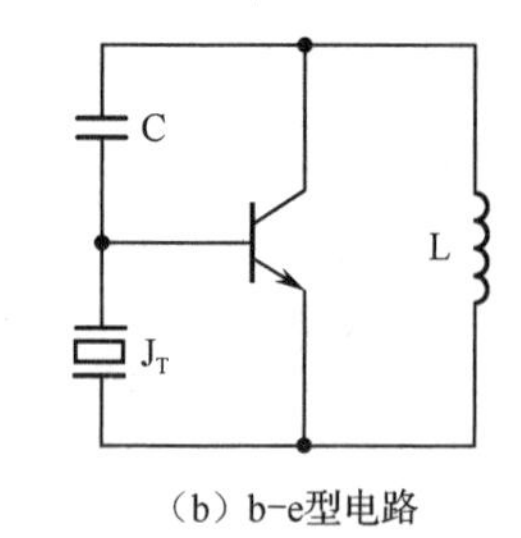

（b）b−e型电路

图5.17　并联型石英晶体振荡器电路的两种基本形式

1. 并联型石英晶体振荡器

1）皮尔斯振荡器

皮尔斯振荡器的原理电路如图5.18（a）所示，图5.18（b）所示为其振荡电路的交流等效电路。经分析可知，振荡管的基极对高频接地，石英晶体接在三极管的集电极与基极之间，C_b为基极旁路电容，Z_L为高频扼流圈，皮尔斯振荡器的原理电路是典型的c−b型电路，类似于克拉泼振荡器电路。由于C_q非常小，石英晶体振荡器的谐振电路与振荡管之间的耦合非常弱，从而使频率稳定性大大提高。

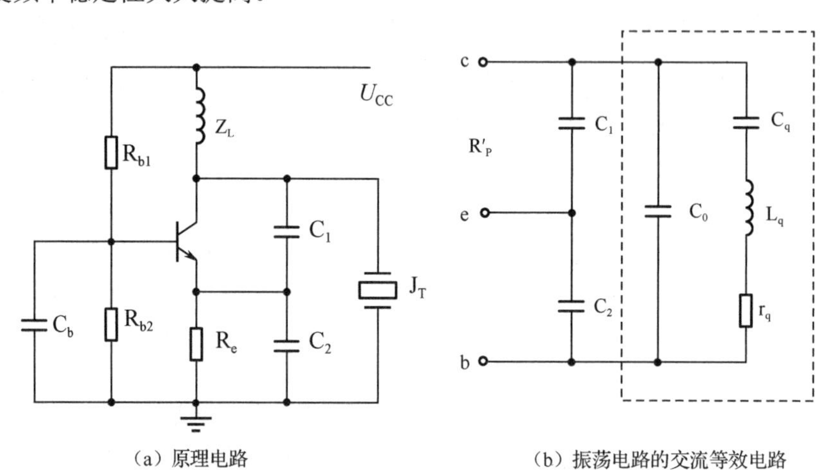

（a）原理电路　　（b）振荡电路的交流等效电路

图5.18　皮尔斯振荡器

下面分析皮尔斯振荡器的性能指标。首先，求振荡频率。经推导可得振荡频率主要由其自身的参数决定，而石英晶体振荡器自身的参数具有高度稳定性。振荡频率为

$$f_0=\frac{1}{2\pi\sqrt{L_q\dfrac{C_q(C_0+C_L)}{C_q+C_L+C_0}}}=f_q\sqrt{1-\frac{C_q}{C_q+C_L+C_0}} \tag{5.21}$$

式中，C_L是与石英晶体振荡器两端并联的外电路中各电容的等效值，即负载电容。在实际使用时，可加入微调电容以微调电路的谐振频率，以保证电路工作在标称频率f_N以下。

其次，振荡器的反馈信号仍取自电容C_2两端，故反馈系数仍用$F=C_1/C_2$来求解。振荡

频率一般调谐在标称频率上，位于石英晶体振荡器的感性区，电抗曲线陡，稳频性好；但通过改变 C_1 和 C_2 来满足 f_0 的数值要求时，反馈系数将改变，从而使振幅发生变化。实际使用时还可在皮尔斯振荡器电路的基础上加以改进。

2）密勒振荡器

密勒振荡器的原理电路如图 5.19（a）所示，由该电路可知，密勒振荡器是双电路振荡器。图 5.19（b）所示为其交流等效电路，石英晶体连接在三极管的基极和发射极之间，等效成特殊电感元件，故又称 b–e 型电路。

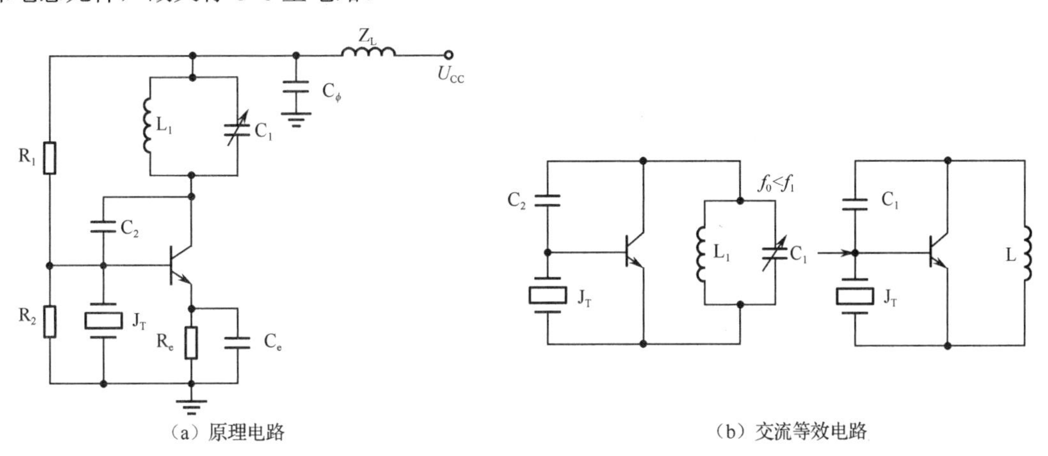

（a）原理电路　　（b）交流等效电路

图 5.19　密勒振荡器

显然，连接在三极管集电极和发射极之间的 L_1C_1 电路呈感性，为满足振荡器的相位平衡条件，振荡频率应低于固有谐振频率，即 $f_0<\dfrac{1}{2\pi\sqrt{L_1C_1}}$，此时振荡器等效为电感三点式振荡器。需要指出的是，三极管的低输入阻抗与石英晶体并接，以致密勒振荡器电路的频率稳定度降低，通常可采用输入阻抗高的场效应管作为有源器件，以提高石英晶体的标准性。

比较皮尔斯振荡器电路和密勒振荡器电路可知，皮尔斯振荡器电路中的石英晶体接在阻抗很高的 c–b 之间，对石英晶体的标准性影响很小；而密勒振荡器电路中的石英晶体接在输入阻抗较低的 b–e 之间，降低了石英晶体的标准性，其输出信号较大，L_1C_1 电路可抑制其他谐波，但频率稳定度不如 c–b 型电路。

实际上，由于皮尔斯振荡器电路的频率稳定度高，又无须外接线圈，故应用较为广泛。在频率稳定度要求较高的电路中，几乎都采用 c–b 型电路，即皮尔斯振荡器电路。

2. 串联型石英晶体振荡器

扫一扫看串联型石英晶振和泛音晶振教学课件

扫一扫看串联型石英晶振和泛音晶振教学视频

在串联型石英晶体振荡器中，石英谐振器工作在晶体的串联谐振频率上，即 $f_0=f_q$，此时石英晶体作为一个短路元件串接在正反馈支路中。

图 5.20 所示为串联型石英晶体振荡器。

经分析可知：当 $f_0=f_q$ 时，石英晶体工作在串联谐振状态，此时电路可视为短路，振荡器的正反馈最强，振荡电路的振荡频率近似等于串联谐振频率 f_q，而对于其他频率，石英晶体呈现很大的阻抗，电路不能满足振荡条件。因此，该电路的振荡频率和频率稳定度都由石英晶体决定。由于经过 LC 电路和石英晶体的两次选频，因此这种振荡器的输出波形好。

串联型石英晶体振荡器具有很高的频率稳定度，可以采用稳压电源、恒温装置等各种稳频措施，以进一步提高其频率稳定度。

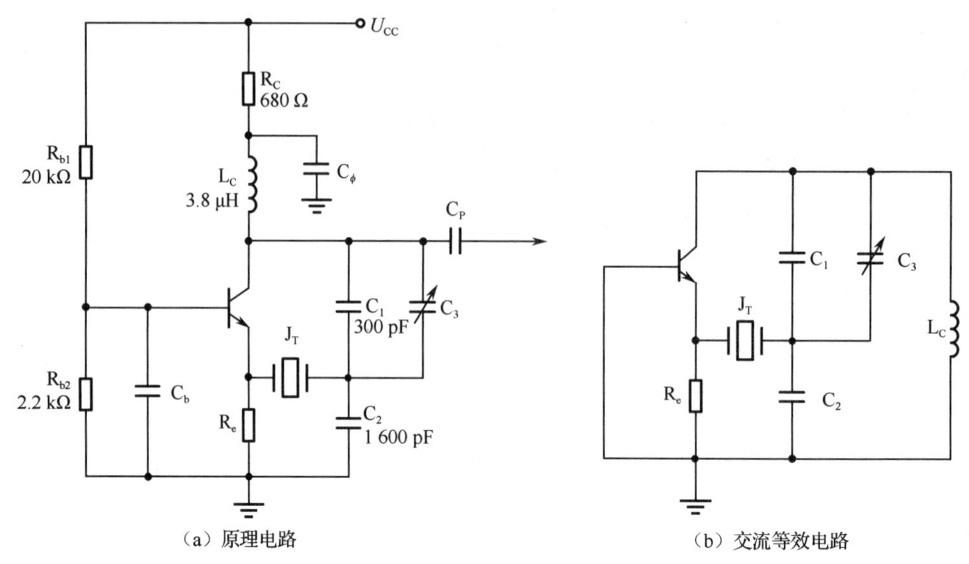

图 5.20　串联型石英晶体振荡器

3. 泛音晶体振荡器

前面讨论的皮尔斯振荡器和密勒振荡器都属于基频振荡。石英晶体的基频越高，晶片越薄。当频率太高时，晶片太薄，导致加工困难且易振碎。因此在要求更高的频率工作时，可以在石英晶体振荡器后面加倍频器，或者让晶体工作在它的泛音频率上，构成泛音晶体振荡器。

所谓泛音，实际上指石英晶片振动的机械谐波，其只在基频的奇数倍附近，如3次泛音、5次泛音等，同时包括了一些耦合寄生频率。在选用晶体时，应尽量选用基频晶体，但当频率要求很高时，晶片太薄，难于加工，如果选择相应频率的泛音晶体，那么晶片厚度会明显增加，易于生产，也降低了成本。

在应用泛音晶体振荡器时，怎样才能使其工作在所指定的泛音频率上呢？

这里以并联型泛音晶体振荡器为例来分析。图5.21所示为泛音晶体振荡器的交流等效电路，在振荡电路中用并联电路 L_1C_1 取代皮尔斯振荡器电路中的 C_1，石英晶体对泛音频率仍可等效为一个电感，石英晶体和 C_3 的串联谐振电路需等效成感性，可见该电路为电容三点式振荡器电路。假设晶体为5次泛音晶体，标称频率为15 MHz，则该电路能够抑制基波和其他谐波的关键是 L_1C_1 电路呈容性，电路符合三点式振荡器的组成原则。而对于基频和3次泛音频率，L_1C_1 电路呈感性，电路不符合三点式振荡器的组成原则。对于比5次泛音频率高的7次及以上泛音频率，虽然 L_1C_1 呈容性，但等效容抗大大减小，电路的电压放大倍数也大大减小，环路

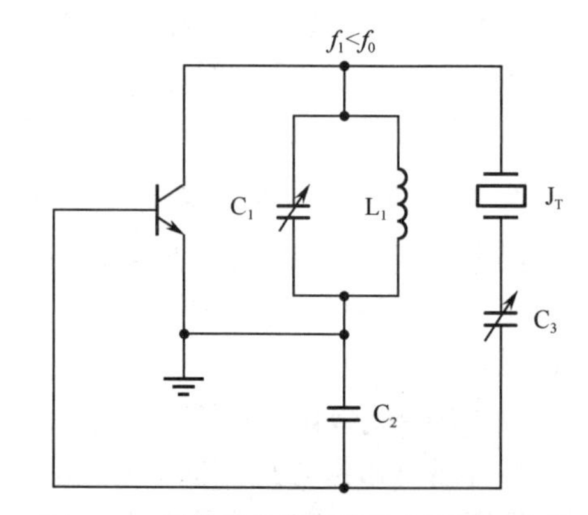

图 5.21　泛音晶体振荡器的交流等效电路

增益小于 1，因此不满足振幅平衡条件，不能产生振荡。所以，该电路只能在 5 次泛音频率上正常振荡。

此外，需要指出的是，频率稳定度高是石英晶体振荡器相比于 LC 正弦波振荡器的一大优点，当然我们还可采用各种稳频措施，如用稳压电源、恒温装置等，以进一步提高它的频率稳定度。

案例分析 3 电容三点式振荡器

本案例以典型的电容三点式振荡器为例，了解其电路组成及工作原理。

图 5.22 所示为调频无线对讲机中的电容三点式振荡器，其电路功能是用作载波产生电路。在图 5.22（a）中，振荡器的核心放大器件为三极管 VT_1（S9018），9 V 直流电源提供直流电能，R_1（200 kΩ）、R_3（56 kΩ）构成基极分压式偏置电路，C_1、R_2、C_4 构成 π 型滤波器，滤除高频干扰。分析振荡器的交流通路可知，三极管的 c 极交流接地；b、e 极之间接电容 C_3；c、e 极之间接可调电容 C_6，可用于调节振荡频率；三极管的 b、c 极之间通过开关有 3 种接法，分别是：①接入电感 L_2，构成基本电容三点式振荡器，即考毕兹振荡器；②接入 L_1 与 C_9 的串联谐振电路，构成串联改进型电容三点式振荡器，即克拉泼振荡器，振荡条件是 L_1 与 C_9 的串联谐振电路的等效电抗性质为感性，设其谐振频率为 f_1，则振荡频率 $f_0>f_1$；③接入标称频率为 10.245 MHz 的石英晶体 X_1，构成 c–b 型石英晶体振荡器，即皮尔斯振荡器，振荡器在正常工作时的振荡频率与石英晶体的等效串、并联谐振频率间应满足 $f_q<f_0<f_p$。上述 3 种接法均为电容三点式振荡器，振荡器的输出信号由三极管 e 极的 P_1 端输出。综上所述，该电路形式灵活，可通过改变三极管 b、c 极之间的元器件，实现 3 种不同类型的电容三点式振荡器。

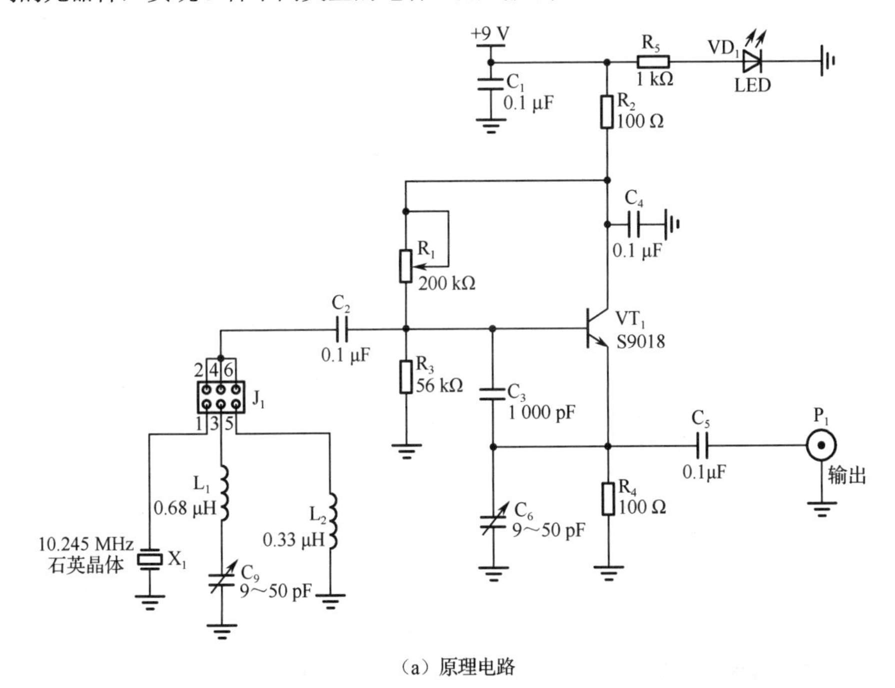

（a）原理电路

图 5.22 调频无线对讲机中的电容三点式振荡器

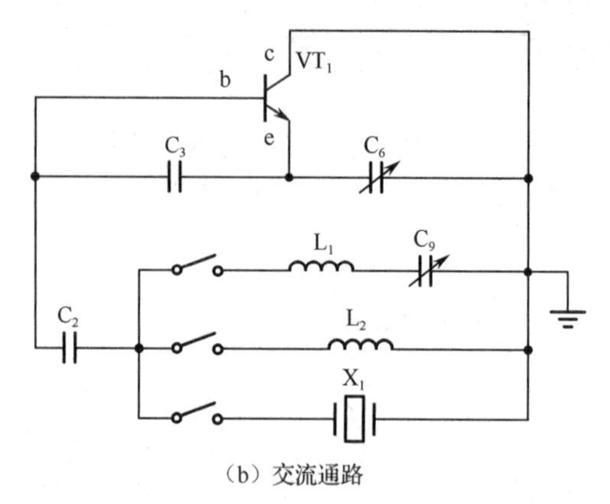

（b）交流通路

图 5.22　调频无线对讲机中的电容三点式振荡器（续）

专业名词解析

- **自激振荡器**：在无外信号激励的情况下，将直流电源的能量转换为按特定频率变化的交流电能。
- **反馈型振荡器**：从输出信号中取出一部分反馈到输入端作为输入信号，无须外部提供激励信号，即能产生等幅正弦波输出的振荡器。
- **反馈型振荡器的组成**：由放大器和正反馈网络组成的一个闭合环路，放大器通常将某种选频网络作为负载。
- **反馈型振荡器的类型**：按照选频网络的不同，可分为 LC 正弦波振荡器、RC 正弦波振荡器和石英晶体振荡器等。
- **LC 正弦波振荡器**：以 LC 单振荡电路为选频网络的反馈型振荡器，可分为电容三点式振荡器、电感三点式振荡器及改进型电容三点式振荡器等。
- **石英晶体振荡器**：以石英晶体元件为选频网络的反馈型振荡器，可分为串联型石英晶体振荡器和并联型石英晶体振荡器。其特点是振荡频率稳定度高。
- **振荡器的振荡过程**：随着非线性器件三极管工作状态的变化，振荡器经历了起振、平衡直到稳定的振荡。
- **振荡器的起振**：在正反馈的作用下振荡器建立振荡的过程。要维持一定振幅的振荡，反馈系数 F 应设计得大些，以便振荡器在 $\dot{A}\dot{F}>1$ 的情况下起振。
- **振荡器的平衡**：待振荡信号的频率和振幅均达到指标要求后，通过稳幅环节形成稳定的振荡，达到平衡状态。振荡平衡条件满足 $\dot{A}\dot{F}=1$。
- **振荡器的稳定平衡**：在外因作用下，振荡器在平衡点附近可重建新的平衡状态。一旦外因消失，它能自动恢复到原来的平衡状态。
- **频率稳定度**：在规定的时间间隔和规定的温度、湿度、电源电压等变化范围内，相对频率准确度变化的最大值（绝对值）。
- **振荡频率的准确度**：振荡器的实际振荡频率与标称振荡频率之间的偏差，通常分为绝对频率准确度和相对频率准确度。
- **绝对频率准确度**：振荡器的实际振荡频率 f 与标称振荡频率 f_0 之间的偏差 Δf。
- **相对频率准确度**：绝对频率准确度与标称振荡频率 f_0 的比值。

- **长期频率稳定度：**一天以上乃至几个月内相对频率准确度变化的最大值。它是主要用来评价天文台或计量单位的高精度频率标准和计时设备的稳定指标。
- **短期频率稳定度：**一天以内相对频率准确度变化的最大值。外界因素引起的频率变化大都属于这一类，短期频率稳定度通常也称为频率漂移，多用来评价测量仪器和通信设备中主振器的频率稳定指标。
- **瞬间频率稳定度：**秒或毫秒内随机频率的变化，即频率的瞬间无规则变化。通常也称为振荡器的相位抖动或相位噪声。
- **振幅稳定度：**在一定条件下，输出信号振幅的相对变化量，即实际输出电压振幅和标称值的差与输出电压振幅标称值的比值。
- **三点式振荡器：**又称三端式振荡器，LC 选频电路的电容或电感支路三端分压以实现正反馈的反馈型振荡器。分为电容三点式振荡器和电感三点式振荡器。
- **三点式振荡器的组成原则：**X_{ce} 与 X_{be} 的电抗性质相同，X_{cb} 与 X_{ce}（或 X_{be}）的电抗性质相反。
- **电容三点式振荡器：**利用 LC 选频电路中的电容支路三端分压以实现正反馈的反馈型振荡器，又称考毕兹振荡器。
- **电感三点式振荡器：**利用 LC 选频电路中的电感支路三端分压以实现正反馈的反馈型振荡器，又称哈特莱振荡器。
- **串联改进型电容三点式振荡器：**在电容三点式振荡器的振荡电路中加上一个与电感 L 串联的电容 C_3，以提高频率稳定度，又称克拉泼振荡器。
- **并联改进型电容三点式振荡器：**在串联改进型电容三点式振荡器的基础上，电感 L 两端并联一个可变电容 C_4，而 C_3 改为电容值远小于 C_1 和 C_2 电容值的固定电容，使输出振幅在较宽的频率范围内比较平稳。并联改进型电容三点式振荡器又称西勒振荡器。
- **并联型石英晶体振荡器：**石英晶体在电路中作为高 Q 值电感元件使用，与电路中其他元件形成并联谐振。
- **皮尔斯振荡器：**并联谐振型石英晶体振荡器，石英晶体连接在三极管的集电极和基极之间，其电路又称 c-b 型电路。
- **密勒振荡器：**并联谐振型石英晶体振荡器，石英晶体连接在三极管的基极和发射极之间，其电路又称 b-e 型电路。
- **串联型石英晶体振荡器：**石英晶体在电路中作为短路元件串接在正反馈支路中，石英谐振器工作在串联谐振频率上。
- **泛音晶体振荡器：**让晶体工作在它的泛音频率上，只在基频的奇数倍附近，如 3 次泛音、5 次泛音等，适用于对频率要求很高的场合。

本章小结

1．振荡器与放大器都是能量转换装置。但从能量的观点上看，放大器需要外加激励，即必须有信号输入，它是一种在输入信号的控制下，将直流电源提供的能量转换为按输入信号规律变化的交变能量的电路；而振荡器则无须外加信号激励。因此，振荡器产生的信号是“自激”的，常被称为自激振荡器。

2．振荡器按照输出波形的不同，可分为正弦波振荡器和非正弦波振荡器两大类。正弦波振荡器有反馈型和负阻型两种。反馈型振荡器利用正反馈原理，而负阻型振荡器利用负阻器件的负阻效应。按照选频网络的不同，反馈型振荡器可分为LC正弦波振荡器、RC正弦波振荡器和石英晶体振荡器等。其中，石英晶体振荡器的频率稳定度最高。

3．反馈型振荡器能够产生等幅的持续振荡，必须满足起振、平衡、稳定三大条件，缺一不可。振荡器的工作点应设计在放大区略偏向截止区处，起振后一般就可以达到平衡状态，输出等幅正弦振荡波形，并且起振时的电压增益满足大于平衡时的电压增益。振荡器能否维持等幅的正弦振荡，满足起振条件很关键。

4．三点式振荡器的组成原则：X_{ce}与X_{be}的电抗性质相同，X_{cb}与X_{ce}（或X_{be}）的电抗性质相反。以三极管为核心器件构成的三点式振荡器，可以用“射同它反”来判断振荡电路的组成是否合理。

5．电感三点式振荡器和电容三点式振荡器是LC正弦波振荡器的常用电路。其中，电容三点式振荡器比电感三点式振荡器的输出波形理想，但缺点是其主要用作固频振荡器，振荡频率不可调。克拉泼振荡器与西勒振荡器是两种常见的改进型电容三点式振荡器，西勒振荡器可用作波段振荡器，应用更为广泛。

6．与LC正弦波振荡器相比，石英晶体振荡器的频率稳定度更高。石英晶体振荡器有并联型和串联型两种。石英晶体在并联型石英晶体振荡器中作为等效电感元件使用，而在串联型石英晶体振荡器中作为串联谐振元件使用，工作在串联谐振频率上。泛音晶体振荡器可产生较高频率的振荡。

思考题与习题5

5.1　正弦波振荡器由哪些部分组成？产生振荡的条件是什么？

5.2　试分析影响LC振荡器频率稳定度的原因及稳频措施。

5.3　什么是三点式振荡器？其组成原则是什么？

5.4　利用相位平衡条件的判断准则，分别判断图5.23所示的三点式振荡器能否产生振荡，若能产生振荡，则其属于哪种类型的振荡电路？对于某些电路，请说明具体的振荡条件。

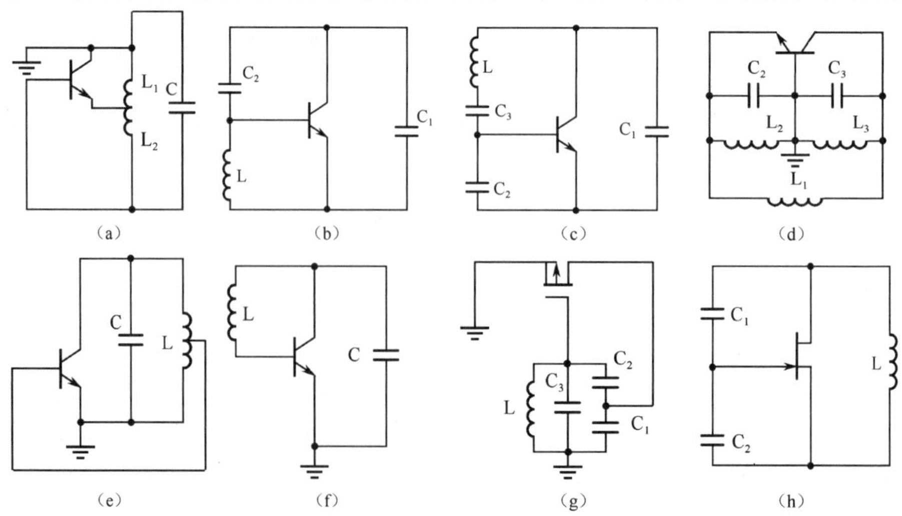

图5.23　题5.4图

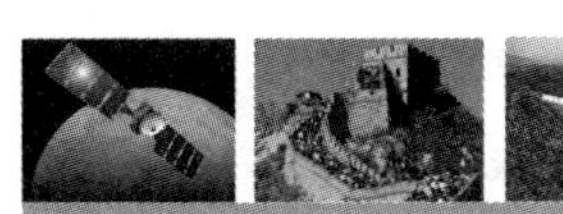

5.5　试分析图 5.24 所示的三点式振荡器可能产生振荡的条件及振荡器类型。

5.6　试画出图 5.25 所示的晶体振荡器的交流通路，并说明 L、C_1 应满足什么条件电路才能振荡，为什么该电路的输出波形较好？

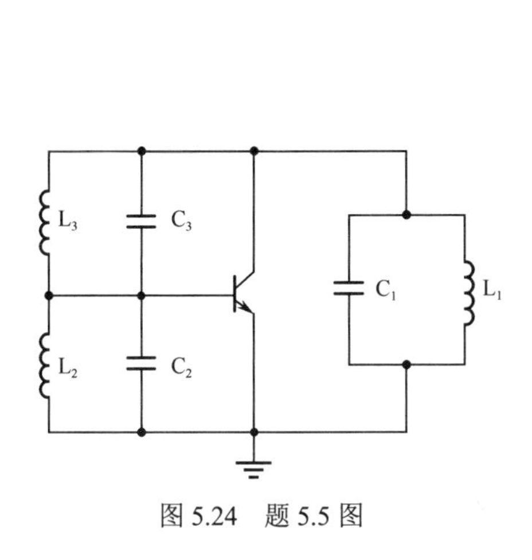

图 5.24　题 5.5 图

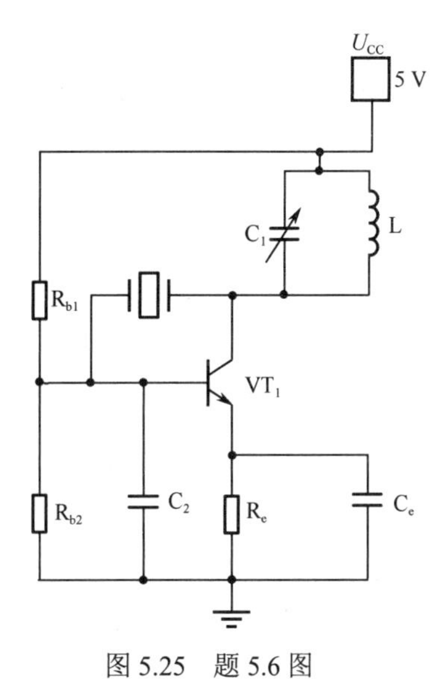

图 5.25　题 5.6 图

5.7　考毕兹振荡器的振荡频率 f_0=36 MHz，L=0.6 μH，F_u=0.2。若忽略三极管输入、输出阻抗的影响，试计算 C_1、C_2 的值。

仿真演示 4　电容三点式振荡器

电容三点式振荡器的输出波形较好、振荡频率高、频率稳定性好。

打开 NI Multisim 仿真软件，创建设计文件并保存。电容三点式振荡器完整的电路如图 5.26 所示。

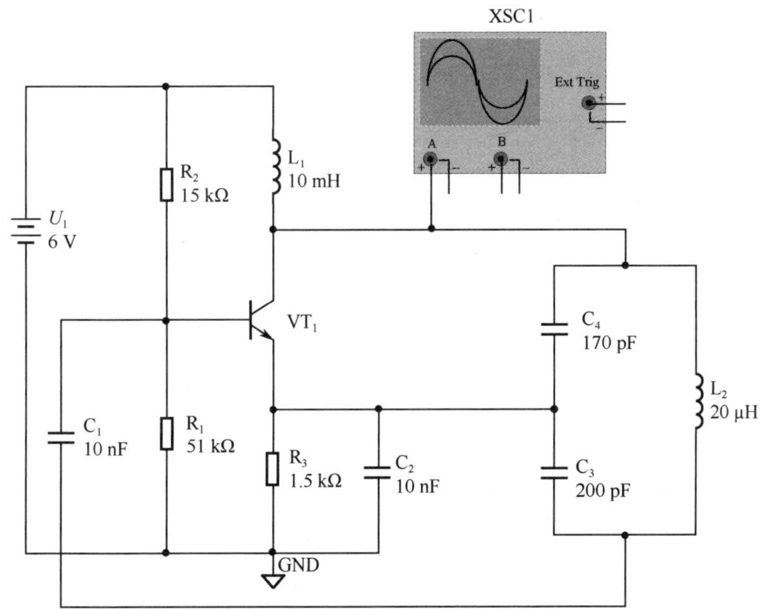

图 5.26　电容三点式振荡器完整的电路

启动仿真开关，双击示波器，在虚拟示波器中观察输出信号波形，电容三点式振荡器稳定的输出波形如图5.27所示。

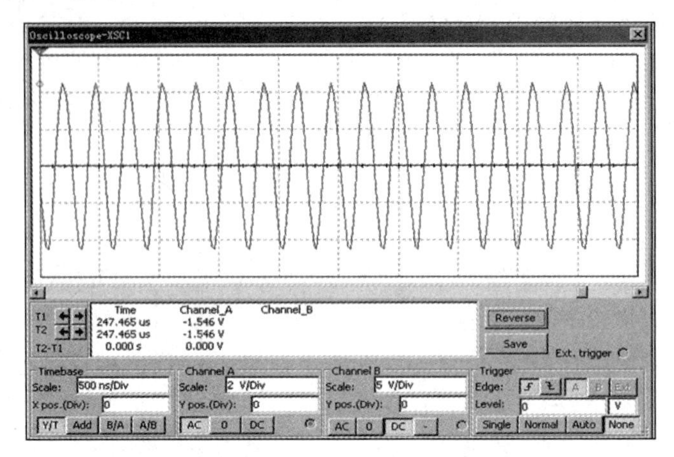

图5.27　电容三点式振荡器稳定的输出波形

注意，若没有信号输出，则按“A”键，给电路一个变化就可以刺激电路产生振荡。振荡器经过一段时间后输出稳定的正弦波信号。

仿真演示5　并联型石英晶体振荡器

用石英晶体替代振荡电路中的电感元件即可构成并联型石英晶体振荡器，石英晶体振荡器具有很高的频率稳定度。

在NI Multisim仿真软件的电路窗口中创建图5.28所示的并联型石英晶体振荡器电路。

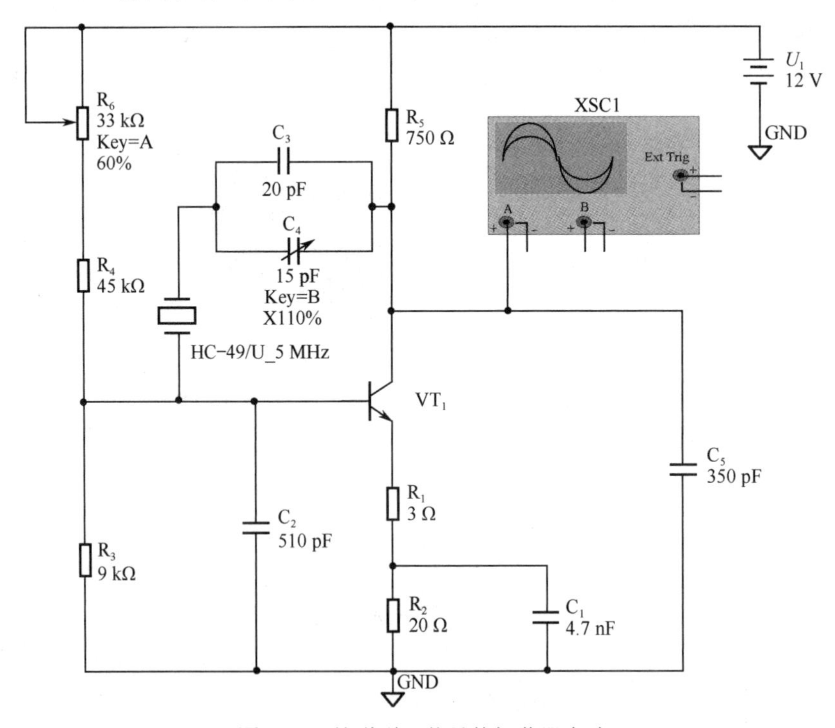

图5.28　并联型石英晶体振荡器电路

启动仿真开关，双击示波器，在虚拟示波器中观察输出信号波形，并联型石英晶体振荡器稳定的输出波形如图 5.29 所示。

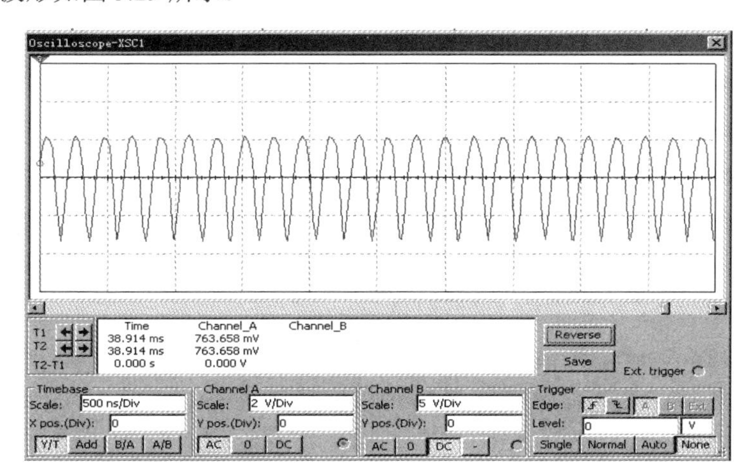

图 5.29　并联型石英晶体振荡器稳定的输出波形

注意，该电路的起振时间较长，当仿真时间为 27 ms 时才开始起振，仿真时间在 40 ms 以后才能得到振幅稳定的输出。起振需要等待十几分钟后才能稳定输出。

实验 5　测试振荡器电路

1. 实验目的

（1）了解振荡器电路的组成及各电子元器件的作用。

（2）掌握三点式振荡器电路和石英晶体振荡器电路的基本原理。

（3）研究静态工作点变化对振荡器性能的影响。

2. 预备知识

（1）认真阅读仪器使用说明，明确注意事项。

（2）复习三点式振荡器和石英晶体振荡器的工作原理。

（3）了解振荡器的性能指标计算方法。

3. 实验仪器

仪器名称	数量
射频电子线路实验箱	1 套
数字存储示波器	1 台
数字万用表	1 个

4. 实验电路

振荡器的用途十分广泛，如在发送设备中采用振荡器产生高频正弦载波，在接收设备中采用振荡器产生本地振荡信号用于混频。此外，各种电子测试仪器，如信号发生器、数字式频率计等，其核心部分均离不开正弦波振荡器。

本实验电路可实现 3 种振荡器（电容三点式振荡器、串联改进型电容三点式振荡器、石

英晶体振荡器）的性能测试，振荡器电路如图5.30所示，这里可以通过跳帽来切换不同的振荡器电路。

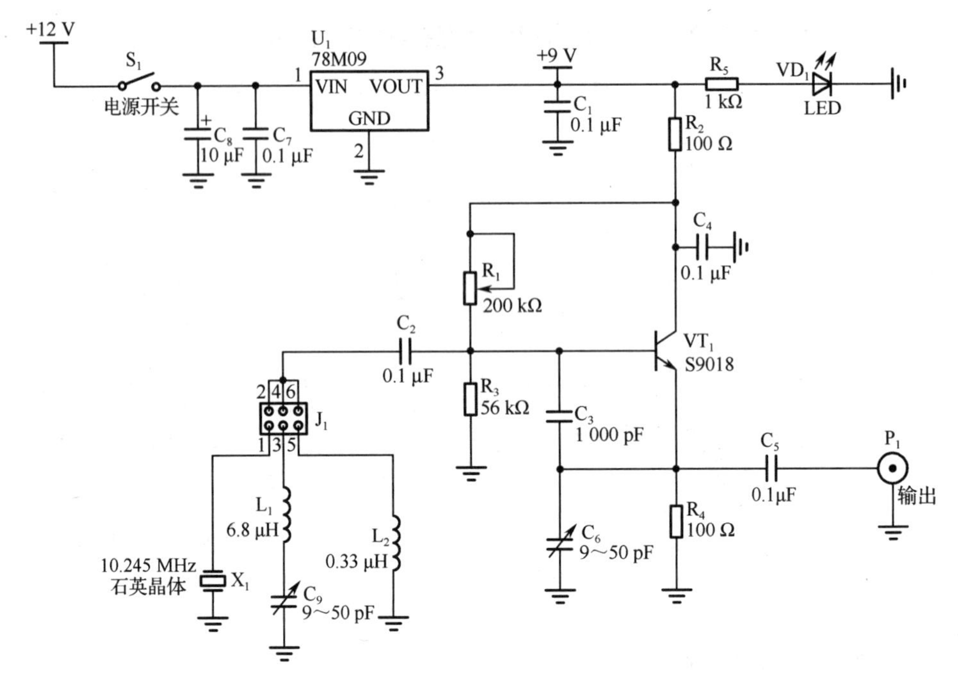

图5.30　振荡器电路

5. 实验内容与步骤

（1）电路供电。

将射频电子线路实验箱通电，该实验箱可通过交直流开关将220 V的交流电压直接转换为+12 V的直流电压，在分模块实验电路中利用三端稳压器78M09将+12 V直流电压转换为+9 V直流电压。此时，我们只需用数字万用表测量正弦波振荡器电路的供电电压是否为+9 V。

（2）测量电路的静态工作点。

用数字万用表测量三极管的静态工作点，记录U_{BE}=________V、U_{CE}=________V，判断三极管是否处于放大状态，这里可以调节电位器R_1以确保电压值在合适范围内。

（3）石英晶体振荡器基本特性的测试。

① 用跳帽连接J_1最左边的1-2端，构成石英晶体振荡器，用数字存储示波器观察测试点P_1端的输出电压波形，观察振荡器的起振过程，待振荡稳定后截取波形并记录。用数字存储示波器的测量功能测量其输出振幅和频率，并记录：U_{om1}=________V，f_{o1}=________MHz。

② 调节电位器R_1，观察信号波形的变化，发现当信号振幅________（较小/较大）时正弦波波形更加理想，说明静态工作点对信号的波形及振幅有影响。进一步观察，发现频率________（变化很大/几乎不变），说明石英晶体振荡器的振荡频率主要取决于石英晶体谐振器的特性。

（4）串联改进型电容三点式振荡器（克拉泼振荡器）基本特性的测试。

① 将跳帽移开去连接J_1的中间位置3-4端，构成串联改进型电容三点式振荡器，用数字存储示波器观察测试点P_1端的输出电压波形，测量其输出振幅和频率，并记录：U_{om2}=________V，f_{o2}=________MHz。

② 调节可变电容 C_9 的大小，观察输出波形及参数的变化，发现信号的振幅和频率都________（有所改变/几乎不变），说明改变电容________（可以/不可以）改变克拉泼振荡器的频率。

③ 调节电位器 R_1，观察信号波形的变化，可以看出，改变电路的静态工作点，信号的频率和振幅________（有所改变/几乎不变），同样发现当信号振幅________（较大/较小）时正弦波波形更加理想。

（5）电容三点式振荡器（考毕兹振荡器）基本特性的测试。

① 将跳帽移开去连接 J_1 最右边的 5-6 端，构成电容三点式振荡器，用数字存储示波器观察测试点 P_1 端的输出电压波形，测量其输出振幅和频率，并记录：U_{om3}=________V，f_{o3}=________MHz，并与振荡频率的理论计算值进行比较。

② 调节电位器 R_1，观察信号波形的变化，可以看出，改变电路的静态工作点，信号的频率和振幅________（有所改变/几乎不变），同样发现当信号振幅________（较大/较小）时正弦波波形更加理想。

由 3 种振荡器的基本特性可知，改变静态工作点________（可以/不可以）改变振荡器的性能，且当振荡器的输出信号振幅________（较大/较小）时，信号波形更接近正弦波。

6. 实验报告要求

（1）写明实验目的。

（2）画出 3 种振荡器的交流等效电路，整理实验数据，分析实验结果。

（3）总结比较 3 种振荡器的特点。

7. 实验反思

（1）电容三点式振荡器________（能/不能）在无外加输入信号的情况下产生正弦波信号。其中，克拉泼振荡器的频率可调范围________（较小/较大），适用作________（变频/固频）振荡器。当改变振荡电路的电容大小时，振荡频率________（会/不会）发生改变。

（2）在 3 种振荡器中，________（电容三点式/克拉泼/石英晶体）振荡器的频稳度最好。

扫一扫看测试振荡器电路教学课件

扫一扫看测试振荡器电路教学视频

扫一扫看拓展知识：无线调频对讲机-振荡电路模块分析教学课件

扫一扫看拓展知识：无线调频对讲机-振荡电路模块分析教学视频

扫一扫看拓展知识：无线调频对讲机-振荡电路模块测试教学课件

扫一扫看拓展知识：无线调频对讲机-振荡电路模块测试教学视频

第6章 反馈控制电路

为改善系统性能，在实际应用中广泛采用具有自动调节作用的反馈控制电路。根据比较和调节参量的不同，反馈控制电路可以分为自动增益控制（AGC）电路、自动频率控制（AFC）电路和自动相位控制（APC）电路。

锁相环是一种用途广泛的相位负反馈控制电路，在无线电技术领域，锁相环不仅应用于频率合成，而且应用于数字通信的同步系统、窄带跟踪接收、调频调相信号的解调和双边带或单边带调幅信号的同步解调等。

本章主要介绍反馈控制电路的组成、分类及特点，锁相环的基本组成及特性，以及频率合成器。

知识点目标：

- 了解反馈控制电路的组成、分类及特点。
- 理解锁相环的基本组成及特性。
- 了解锁相环的应用。
- 理解频率合成器的主要技术指标。
- 了解锁相环频率合成器的分类及特点。
- 理解锁相环频率合成器的工作原理。

技能点目标：

- 学会画出锁相环的基本组成框图。
- 学会分析锁相环内部鉴相器、环路滤波器和压控振荡器的具体电路。
- 掌握锁相环频率合成器输出频率和频率间隔的指标计算。
- 学会仿真或实测锁相环频率合成器应用电路的指标。

6.1　反馈控制电路的组成、分类及特点

在无线电通信设备中，由于会受到各种因素的影响，因此通信系统的性能不够完善。如在无线电远程通信中，由于发射功率大小、收发双方的距离不同，信道的衰落也随着时间和路径变化，因而无线接收设备天线接收端的信号时强时弱，进而影响用户对语音和图像信号的接收质量。因此，为了提高通信和电子系统的性能指标，在实际应用中经常通过引入反馈控制电路来实现对系统自身的调节，使输出与输入间保持某种特定的关系，从而削弱或抵消各种不利因素的影响。

各种类型的反馈控制电路都可以看成由反馈控制器和控制对象组成的自动调节系统，图 6.1 所示为反馈控制电路的组成框图。其中，X_R 表示系统的输入量，X_o 表示系统的输出量，它们之间满足一定的关系：$X_o=f(X_R)$。

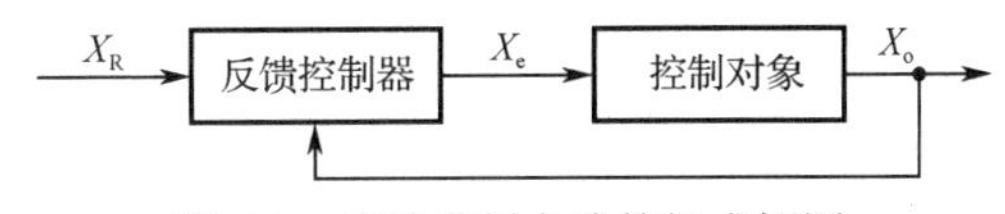

图 6.1　反馈控制电路的组成框图

反馈控制器将 X_R 和 X_o 进行比较，产生一个与二者差值有关的误差信号 X_e，X_e 作用于控制对象，对控制对象的某一参数（如电压、频率或相位）进行控制，通过这种调节作用，使 X_o 与 X_R 的变化趋于一致或满足预先确定的关系。

根据控制对象参量的不同，反馈控制电路可以分为以下 3 类。

（1）需要比较和调节的参量为电压或电流的反馈控制电路称为自动增益控制（AGC）电路。自动增益控制电路主要用于接收设备，其作用是当输入信号的电压变化很大时，保持接收设备的输出电压几乎不变。具体来说，当输入信号很弱时，自动增益控制电路不起作用，接收设备的增益大；而当输入信号很强时，自动增益控制电路能够对其进行控制，使接收设备的增益减小，以维持整机输出的恒定。几乎不随外来信号的强弱而变化的自动增益控制电路，可以补偿由于环境变化和电路参数不稳定引起的增益不稳定，使接收设备输出端的电压几乎保持不变。

（2）需要比较和调节的参量为频率的反馈控制电路称为自动频率控制（AFC）电路，其广泛用于发送设备和接收设备中的自动频率微调电路。自动频率控制电路的控制对象通常是振荡频率受误差电压控制的压控振荡器（VCO），它能自动调整压控振荡器的频率，使之稳定在某一预期的标准频率附近，常用于维持电子设备的工作频率稳定。但自动频率控制电路只能使压控振荡器的振荡频率接近所需要的振荡频率，即存在剩余频差，这是其主要缺陷。

（3）需要比较和调节的参量为相位的反馈控制电路称为自动相位控制（APC）电路，又称锁相环（PLL）路。它是应用较为广泛的一种反馈控制电路，目前已有通用的集成组件。锁相环利用相位误差消除频率误差，当环路锁定后，虽然有剩余相位误差，但频率误差为零，从而实现无频率误差的频率跟踪。

综上，表 6.1 所示为 AGC、AFC 和 APC 3 种反馈控制电路的特点比较。

区别于负反馈放大器，反馈控制电路中包含具有频率变换功能的非线性环节，必须采用非线性电路的分析方法。但在分析某些具体指标时，若满足一定的条件，则一些非线性环节可以近似做线性化处理。

表 6.1　AGC、AFC 和 APC 3 种反馈控制电路的特点比较

反馈控制电路	需调节的参量	比较器	可控设备	稳态误差
AGC	电压或电流	检波器	可控增益放大器	电压或电流差
AFC	频率	鉴频器	压控振荡器（VCO）	频差
APC	相位	鉴相器	压控振荡器（VCO）	相差（无频差）

6.2　三种反馈控制电路

6.2.1　自动增益控制电路

自动增益控制电路广泛用于各种电子设备，是接收设备中不可或缺的辅助电路，其基本作用是减小因各种因素引起的系统输出信号的电平变化。

自动增益控制电路的基本组成框图如图 6.2 所示，反馈控制器由振幅检波器、直流放大器和电压比较器组成，控制对象为可控增益放大器。可控增益放大器的输出加到振幅检波器上，检出反映信号强度变化的信号，通过直流放大器，在电压比较器中与外加参考信号进行比较，产生差值信号，从而控制可控增益放大器，以此调节可控增益放大器的增益。通过环路的反馈控制作用，当输入信号的振幅变化时，输出信号的振幅保持恒定或仅在很小的范围内变化。

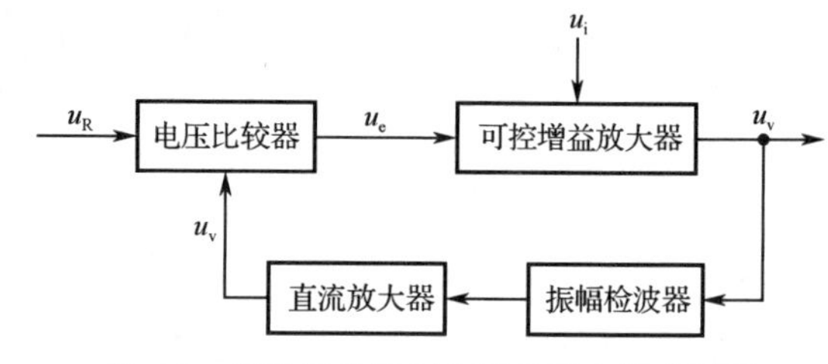

图 6.2　自动增益控制电路的基本组成框图

通过改变可控增益放大器的静态工作点、输出负载大小、反馈网络的反馈量或与可控增益放大器连接的衰减网络的衰减量，实现自动增益控制电路的控制功能。

6.2.2　自动频率控制电路

自动频率控制电路也是通信电子设备中常用的反馈控制电路，广泛用于收发设备中的自动频率调节，故又称自动频率微调（AFT）电路。自动频率控制电路用来自动调节振荡器的频率，使之稳定在某一预期的标准频率附近，常用来维持电子设备的工作频率稳定。

自动频率控制电路的基本组成框图如图 6.3 所示，反馈控制器是鉴频器、低通滤波器，控制对象是振荡频率受误差电压控制的压控振荡器。由图 6.3 可知，压控振荡器的输出频率 f_o 与输入频率 f_s 在鉴频器中进行比较，当 $f_o=f_s$ 时，鉴频器输出为 0，即压控振荡器的控制电压为 0，输出无影响；当 $f_o\neq f_s$ 时，鉴频器产生误差电压 u_e，u_e 经低通滤波器后输出直流控制电压，该电压的大小正比于两个信号的频率差，调节压控振荡器的输出频率 f_o 使其不断接近输入频率 f_s。在新的压控振荡器振荡频率的基础上，历经以上同样的过程，进一步减小误差频率，如此循环下去，最后环路进入锁定状态。锁定后的误差频率称为剩余频率误差（简称剩余频差），用 Δf 表示。此时，压控振荡器在剩余频差通过鉴频器产生控制电压的作用下，使输出频率稳定为 $f_o+\Delta f$。

可见，自动频率控制电路通过自身的调节，将原先因压控振荡器不稳定而引起的较大起始频差减小到较小的剩余频差 Δf。自动微调过程利用鉴频器产生误差信号的反馈作用来控制压控振荡器的振荡频率，从而达到最后的稳定状态。但自动频率控制电路只能使压控振荡器的振荡频率接近所需要的振荡频率，即存在剩余频差，这是其主要缺陷。优化鉴频器和压控振荡器的特性可减小剩余频差。

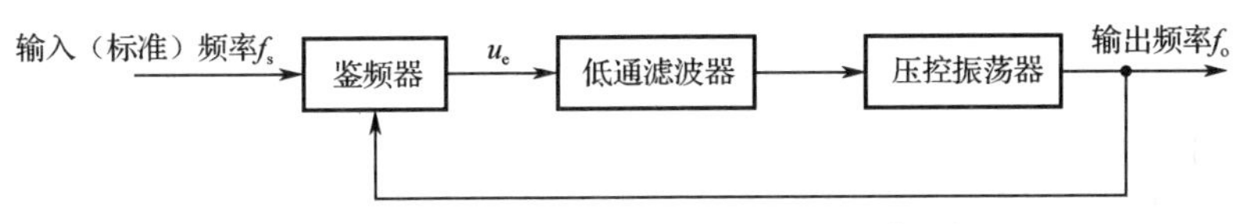

图 6.3　自动频率控制电路的基本组成框图

6.2.3　自动相位控制电路

自动相位控制电路又称锁相环，是应用较广泛的一种反馈控制电路，目前已有通用的集成组件。在无线电技术领域，锁相环不仅用于频率合成，而且用于数字通信的同步系统、窄带跟踪接收、调频调相信号的解调、双边带或单边带调幅信号的同步解调等。由于锁相环具有锁定后无频差的特点，并具有良好的窄带载波跟踪性能，因此在电子系统中有广泛的应用。

锁相环利用输出量与输入量之间的相位误差消除频率误差，实现输出频率对输入频率的锁定。当环路锁定后，虽然有剩余相位误差，但频率误差为零，从而实现无频率误差的频率跟踪。

锁相环由鉴相器（PD）、环路滤波器（LPF）和压控振荡器（VCO）三部分组成，其基本组成框图如图 6.4 所示。其中，鉴相器和环路滤波器组成反馈控制器，压控振荡器为控制对象。与自动频率控制电路相比，二者的区别仅在于锁相环用鉴相器取代了鉴频器。

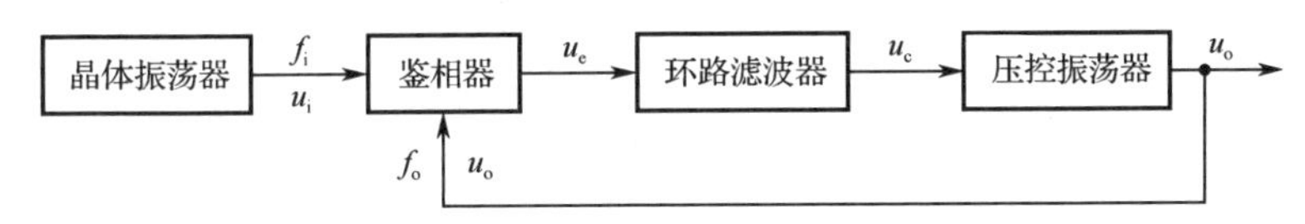

图 6.4　锁相环的基本组成框图

晶体振荡器提供标准频率 f_i。鉴相器又称相位比较器，它将输入参考信号的相位和压控振荡器输出信号的相位进行比较，输出一个与相位差有关的误差电压 u_e。环路滤波器又称低通滤波器，滤除鉴相器输出信号中的高频分量，只让直流和低频分量通过，得到一个控制电压 u_c。压控振荡器实则为一个电压-频率转换器，它是振荡瞬时角频率 ω_o 受控制电压 u_c 控制的振荡器，控制电压 u_c 使压控振荡器的输出频率向参考信号的频率靠近，直到输出频率 f_o 与输入参考频率 f_i 相等。当两个信号的相位差为常数时，环路就在这个频率上稳定下来，此时环路进入锁定状态。合理选择环路参数可使环路相位误差达到很小。

下面举例说明锁相环的不同状态，图 6.5 所示为锁相环输入和输出信号随相位变化的关系。由图 6.5（a）可知，两个信号波形之间的间隔不等，说明输出和输入信号之间的瞬时相位差随时间变化的规律不同步，环路存在频差且未锁定。图 6.5（b）所示的两个信号波形之间的变化规律同步，说明两个信号之间的相位差保持恒定，输出与输入信号的频率相等，环路处于锁定状态。

由此可见，锁相环利用输出和输入信号之间的相位误差来控制压控振荡器输出信号的频率，进而使两个信号之间的相位差为常数，输出频率 f_o 与输入参考频率 f_i 相等，此时环路被

锁定，且输出与输入信号的瞬时相位差 φ_e 越小，稳定性越好。合理选择锁相环的参数可以使环路相位差达到很小。

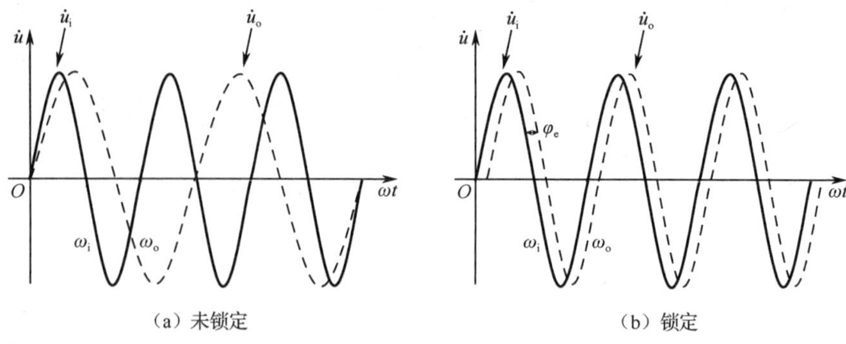

（a）未锁定　　（b）锁定

图 6.5　锁相环输入和输出信号随相位变化的关系

分析可知关于锁相环的重要概念：当两个振荡信号的频率相等时，它们之间的相位差保持不变；若两个振荡信号的相位差是个恒定值，则其频率必然相等。

6.3　锁相环的基本组成及特性

扫一扫看锁相环路的基本组成教学课件

扫一扫看锁相环路的基本组成教学视频

结合锁相环的基本组成框图，下面通过分析锁相环中各部分电路的特性、作用及数学模型来得出锁相环的数学模型，并在此基础上分析锁相环的基本特性。

6.3.1　锁相环的基本组成

扫一扫看模拟鉴相器的基本特性教学课件

扫一扫看模拟鉴相器的基本特性教学视频

1. 鉴相器

作为锁相环中的重要部件，鉴相器是一个相位比较器，它将两个输入信号的相位进行比较后，输出一个误差电压信号。鉴相器的框图如图 6.6 所示。

$u_i(t)$ → 鉴相器 → $u_d(t)$；$u_o(t)$ ↑

图 6.6　鉴相器的框图

设环路输入参考电压和输出电压分别为

$$u_i(t)=U_{im}\sin[\omega_i t+\varphi_i(t)] \tag{6.1}$$

$$u_o(t)=U_{om}\cos[\omega_o t+\varphi_o(t)] \tag{6.2}$$

式中，$\varphi_i(t)$和$\varphi_o(t)$分别表示在输入信号和输出信号中，以 $\omega_i t$ 和 $\omega_o t$ 为参考相位的初始相位。

为便于对两个信号的瞬时相位进行比较，以 $\omega_o t$ 为 $u_i(t)$和 $u_o(t)$的公共参考相位，将输入信号 $u_i(t)$进行如下变换

$$\begin{aligned}u_i(t)&=U_{im}\sin[\omega_i t+\varphi_i(t)]\\&=U_{im}\sin[\omega_o t+(\omega_i-\omega_o)t+\varphi_i(t)]\\&=U_{im}\sin[\omega_o t+\varphi_r(t)]\end{aligned} \tag{6.3}$$

式中

$$\varphi_r(t)=(\omega_i-\omega_o)t+\varphi_i(t) \tag{6.4}$$

鉴相器电路的种类很多，这里介绍具有代表性的模拟型鉴相器电路。图 6.7 所示为模拟乘法器模型，将其作为鉴相器的电路模型。

将两个输入信号 $u_i(t)$与 $u_o(t)$进行相乘后得到

$$
\begin{aligned}
u_d(t) &= k_m u_i(t) u_o(t) = k_m U_{im} \sin[\omega_o t + \varphi_r(t)] U_{om} \cos[\omega_o t + \varphi_o(t)] \\
&= \frac{1}{2} k_m U_{im} U_{om} \{\sin[2\omega_o t + \varphi_r(t) + \varphi_o(t)] + \sin[\varphi_r(t) - \varphi_o(t)]\}
\end{aligned} \tag{6.5}
$$

输出信号 $u_d(t)$经过低通滤波器滤掉高频分量，得到误差电压 $u_e(t)$为

$$
u_e(t) = \frac{1}{2} k_m U_{im} U_{om} \sin[\varphi_r(t) - \varphi_o(t)] \tag{6.6}
$$

令 $k_e = k_m U_{im} U_{om}/2$ 为鉴相器的鉴相灵敏度，它由鉴相器的增益和输入、输出信号的振幅决定；令$\varphi_e(t) = \varphi_r(t) - \varphi_o(t)$为输入信号与输出信号的瞬时相位差，则上式可写为

$$
u_e(t) = k_e \sin\varphi_e(t) \tag{6.7}
$$

正弦鉴相器的数学模型如图 6.8 所示，它可以将相位差转换为误差电压。

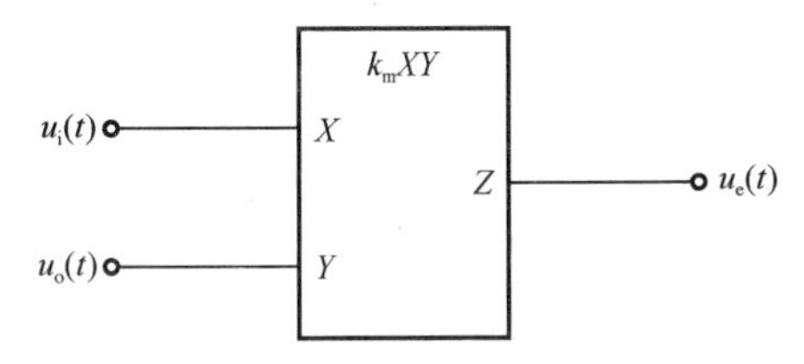

图 6.7　模拟乘法器模型

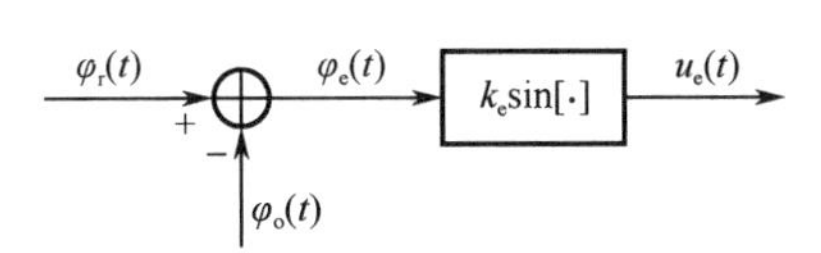

图 6.8　正弦鉴相器的数学模型

2. 环路滤波器

扫一扫看环路滤波器的基本特性教学课件

扫一扫看环路滤波器的基本特性教学视频

鉴相器的输出误差电压需要经过环路滤波器，环路滤波器滤除其中的高频分量和干扰信号，得到的控制电压才能作用于压控振荡器。常用的环路滤波器有 RC 积分滤波器、无源比例积分滤波器及有源比例积分滤波器等。

1）RC 积分滤波器

图 6.9 所示为 RC 积分滤波器，它的作用是将 $u_e(t)$中的高频分量滤掉，得到控制电压 $u_c(t)$。其传递函数为

$$
F_1(j\omega) = \frac{u_c(t)}{u_e(t)} = \frac{1/j\omega C}{R + \frac{1}{j\omega C}} = \frac{1}{1 + j\omega\tau} \tag{6.8}
$$

式中，$\tau = RC$ 为时间常数，它是 RC 积分滤波器的可调参数。

2）无源比例积分滤波器

无源比例积分滤波器如图 6.10 所示，与 RC 积分滤波器相比，它增加了与电容 C 串联的电阻 R_2，即增加了一个可调参数。无源比例积分滤波器的传递函数为

$$
F_2(j\omega) = \frac{j\omega R_2 C + 1}{j\omega C(R_1 + R_2) + 1} \tag{6.9}
$$

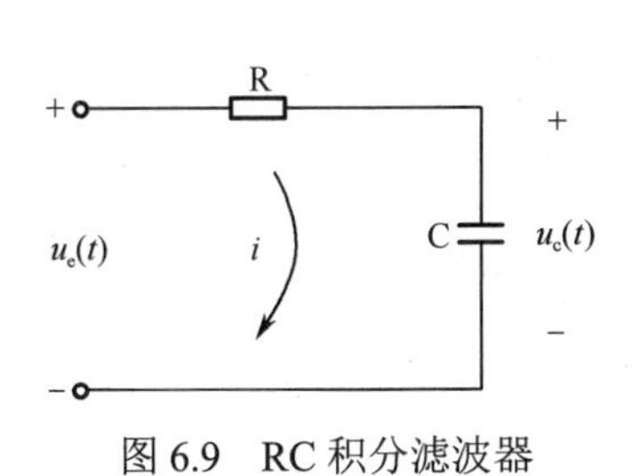

图 6.9　RC 积分滤波器

图 6.10　无源比例积分滤波器

从式（6.9）可以看出，当 ω 很大时，滤波器的传递函数近似为

$$F_2(\mathrm{j}\omega)\big|_{\omega\text{很大}} \approx \frac{R_2C}{C(R_1+R_2)} = \frac{\tau_2}{\tau_1+\tau_2} \tag{6.10}$$

式中，$\tau_1=R_1C$，$\tau_2=R_2C$。其传递函数呈比例特性，比例积分滤波器由此得名。

3）有源比例积分滤波器

有源比例积分滤波器如图 6.11 所示，若设运算放大器为理想运算放大器，满足虚断条件，因此 $i_1=i_2$，则

$$\frac{u_e}{R_1} = \frac{-u_c}{R_2+\dfrac{1}{\mathrm{j}\omega C}} \tag{6.11}$$

其传递函数为

$$F_3(\mathrm{j}\omega) = \frac{u_c(\mathrm{j}\omega)}{u_e(\mathrm{j}\omega)} = \frac{-\left(R_2+\dfrac{1}{\mathrm{j}\omega C}\right)}{R_1} = -\frac{\mathrm{j}\omega\tau_2+1}{\mathrm{j}\omega\tau_1} \tag{6.12}$$

式中，$\tau_1=R_1C$，$\tau_2=R_2C$，负号表示滤波器的输出电压与输入电压反相。可见该滤波器也具有低通特性和比例特性。

区别于无源比例积分滤波器，有源比例积分滤波器若包含直流放大器，则称为有源网络；若不包含直流放大器，则称为无源网络。

将以上 3 种环路滤波器中的 $\mathrm{j}\omega$ 用微分算子 p 替换，可以写出描述环路滤波器激励和响应之间关系的微分方程，即

$$u_c(t)=F(p)\,u_e(t) \tag{6.13}$$

由上式可得环路滤波器的数学模型如图 6.12 所示。

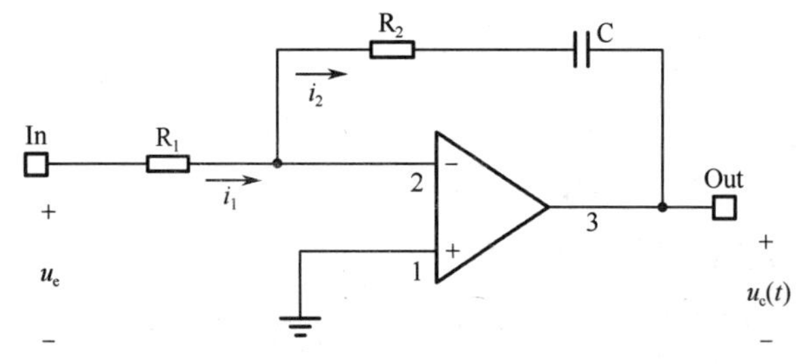

图 6.11　有源比例积分滤波器

$u_e(t)$ → $F(p)$ → $u_c(t)$

图 6.12　环路滤波器的数学模型

3. 压控振荡器

扫一扫看压控振荡器的基本特性教学课件

扫一扫看压控振荡器的基本特性教学视频

压控振荡器的作用是产生频率随控制电压变化的振荡电压，它是一种电压-频率转换器。这里主要介绍变容二极管压控振荡器。

以调频无线收发系统中的变容二极管压控振荡器为例，其电路原理图如图 6.13 所示。分析该 VCO 的交流等效电路可知，三极管 VT_1 的 b、e 极之间接 C_8，c、e 极之间接 C_9，C_7、L_1、VD_1、VD_2 连接在 b、c 极之间。低频调制信号由输入 CP 端经 R_1、C_4 构成的倒 L 型低通滤波器加到变容二极管 VD_1、VD_2 的阴极，使变容二极管工作在反偏状态，并使其结电容随着输入调制信号的变化而发生相应变化，从而进一步使以 VT_1 为核心的电容三点式振荡器的输出频率随之变化，以此实现压控的作用。

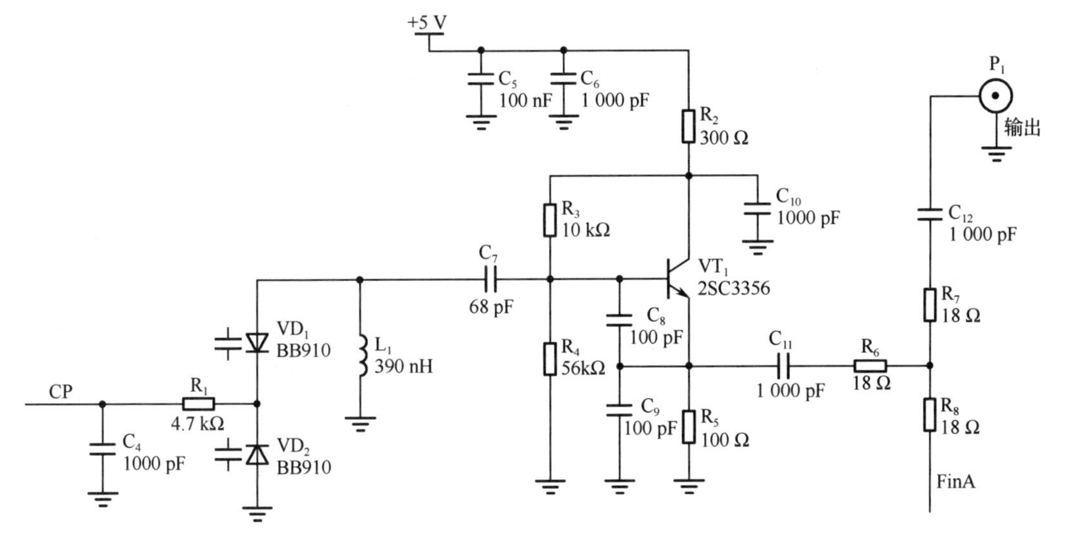

图 6.13　变容二极管压控振荡器的电路原理图

由上述电路分析可知，在振荡器中利用特殊压控器件如变容二极管，可以通过改变控制电压 $u_c(t)$来改变振荡器的振荡频率。压控振荡器的角频率 $\omega_o(t)$随控制电压 $u_c(t)$变化的曲线称为压控特性曲线，如图 6.14 所示。压控特性曲线一般呈非线性。

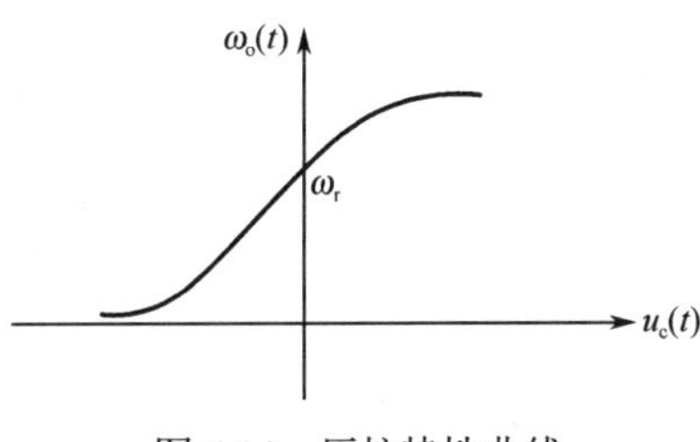

图 6.14　压控特性曲线

但在一定范围内，压控特性曲线可以近似为线性，即

$$\omega_o(t)=\omega_r+k_v u_c(t) \tag{6.14}$$

式中，ω_r 为当未加外控制电压时压控振荡器的固有振荡角频率；k_v 为压控灵敏度或增益系数，单位为 rad/s·V，表示单位控制电压所引起的振荡角频率的变化量。

在锁相环中，压控振荡器的输出反馈回鉴相器。对鉴相器而言，直接起作用的是瞬时相位，而不是电压或频率。但瞬时角频率的变化必然会引起瞬时相位的变化，因此可求得压控振荡器的瞬时相位输出为

$$\varphi_o(t)=k_v\int_0^t u_c(t)\mathrm{d}t \tag{6.15}$$

即瞬时相位$\varphi_o(t)$正比于控制电压 $u_c(t)$的积分，因此，压控振荡器在锁相环中是积分环节，若用微分算子 p=d/dt 表示，则上式可写为

$$\varphi_o(t)=k_v\frac{u_c(t)}{p} \tag{6.16}$$

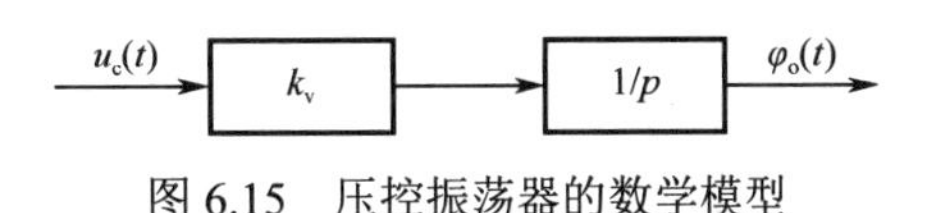

图 6.15　压控振荡器的数学模型

由此可得出压控振荡器的数学模型，如图 6.15 所示。

6.3.2　锁相环的数学模型

前面介绍了锁相环主要由鉴相器、环路滤波器和压控振荡器组成，并分别介绍了 3 个部分的数学模型。将 3 个部分的数学模型按照框图的形式连接起来，得到图 6.16 所示的锁相环的数学模型。

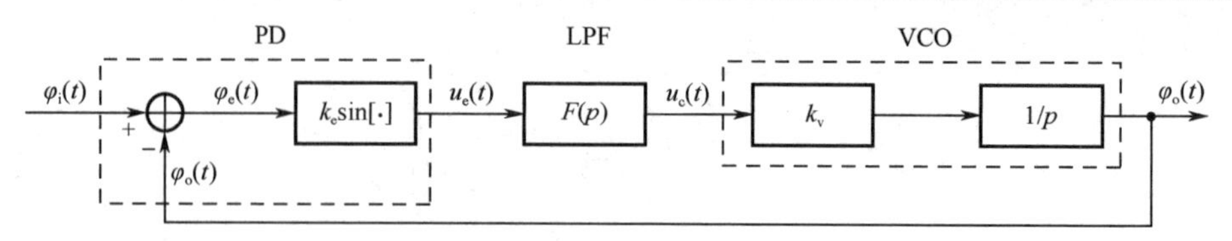

图 6.16　锁相环的数学模型

进一步写出锁相环的基本方程

$$\varphi_e(t)=\varphi_i(t)-\varphi_o(t) \tag{6.17}$$

$$\varphi_o(t)=k_e\sin\varphi_e(t)F(p)\frac{k_v}{p} \tag{6.18}$$

可推导出

$$p\varphi_i(t)=k_e\sin\varphi_e(t)F(p)k_v+p\varphi_e(t) \tag{6.19}$$

式中，$p\varphi_i(t)$ 表示输入信号角频率偏离固有角频率 $\omega_r(t)$的数值，称为固有角频差；$k_e\sin\varphi_e(t)F(p)k_v$ 表示压控振荡器在控制电压 $u_c(t)$作用下，引起振荡角频率偏离固有角频率 $\omega_r(t)$的数值，称为控制角频差；$p\varphi_e(t)$ 表示压控振荡器的振荡角频率偏离输入角频率 $\omega_i(t)$的数值，称为瞬时角频差。锁相环在闭环的任何时刻都满足以下关系

瞬时角频差=固有角频差−控制角频差

6.3.3　锁相环的基本特性

当锁相环无输入信号时，环路滤波器的输出为零或某一固定值。此时，压控振荡器按其固有角频率 ω_r 进行自由振荡。当输入角频率为 ω_i 的信号时，u_i(t)和 u_o(t)在鉴相器中进行相位比较，此时锁相环处于失锁状态。

鉴相器输出一个与 u_i(t)和 u_o(t)的相位差成正比的误差电压 u_e(t)，经环路滤波器滤除误差电压中的高频成分，输出缓慢变化的直流控制电压 u_c(t)。控制电压使输出信号的角频率由 ω_o 逐渐向输入信号的角频率 ω_i 靠拢，在一定程度后环路锁定，此时 $\omega_o=\omega_i$。

环路进入锁定状态后，相位误差为固定值，输出与输入信号的角频差为 $\Delta\omega(t)=0$，由此可求得输出与输入信号的相位差为

$$\varphi_e(t)=\int_0^t\Delta\omega(t)\mathrm{d}t+\varphi_0=\varphi_0 \tag{6.20}$$

上式表明，当输出与输入信号的角频率相等时，其相位误差为一个常数；反之，若相位误差为固定稳态相位差，则环路的输出频率等于输入频率，无剩余频差存在，该状态为锁定状态。

锁相环之所以被广泛应用，是因为它具有以下基本特性。

1. 捕捉特性

假设锁相环原本处于失锁状态，经过环路的调节作用最终进入锁定状态的过程称为环路捕捉过程。在没有干扰的情况下，环路一经锁定，其输出信号频率等于输入信号频率，二者没有频差，只存在很小的相差。因此，若输入信号是一个频率稳定度很高的基准信号，则压控振荡器输出一个具有高频率稳定度且输出功率较大的信号。

2. 跟踪特性

假设环路原本处于锁定状态，由于温度或电源电压的变化，使得压控振荡器的输出信号

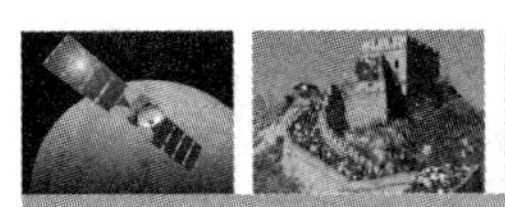

频率或输入信号频率发生变化，因此经过环路自动相位控制作用使压控振荡器的相位（或频率）不断跟踪输入信号的相位（或频率），这个过程称为跟踪过程或同步过程。

由于锁相环具有自动跟踪特性，因此其相当于一个高频窄带滤波器，不但能滤除噪声和干扰，而且能跟踪输入信号的载频变化，从有噪声背景的输入已调波信号中提取出纯净的载波。

3. 捕捉带与同步带

在捕捉过程中，环路由失锁状态进入锁定状态所允许的最大输入固有频差称为捕捉带或捕捉范围，记作 Δf_p。在跟踪过程中，维持环路锁定所允许的最大输入固有频差称为同步带，记作 Δf_H。一般来说，由于环路滤波器的存在，捕捉带与同步带不等，一般锁相环的捕捉带小于同步带。

扫一扫看拓展知识：集成锁相环路频率合成器教学课件

扫一扫看拓展知识：集成锁相环路频率合成器教学视频

6.3.4 集成锁相环

继集成运算放大器之后，集成锁相环成为又一个用途广泛的多功能集成电路。集成锁相环的性能优良、价格便宜、使用方便，其可以分为模拟式与数字式两大类，被广泛应用于电子设备中。无论是模拟锁相环还是数字锁相环，按用途都可以分为通用型和专用型两种。通用型适用于各种用途，内部电路主要由鉴相器和压控振荡器两部分组成，有时附加放大器和其他辅助电路，有时直接用单独的集成鉴相器和集成压控振荡器连接成锁相环。专用型锁相环专为某种功能设计，如调频多路立体声解调环路可用于调频接收设备，广泛用于通信和测量仪器中的频率合成器。

无论是模拟锁相环还是数字锁相环，其压控振荡器一般采用振荡频率较高的射极耦合多谐振荡器或振荡频率较低的积分-施密特触发器型多谐振荡器。

鉴相器分为模拟鉴相器和数字鉴相器两种。模拟鉴相器一般采用双差分对模拟乘法器电路，而数字鉴相器的电路形式较多，由门、触发器等数字电路组成。

下面介绍几种典型的集成锁相环及其应用。

1. L562 集成锁相环

L562 集成锁相环是一种多功能单片集成锁相环，其压控振荡器采用振荡频率较高的射极耦合多谐振荡器，最高振荡频率可达 30 MHz。其内部结构如图 6.17 所示，包括鉴相器和压控振荡器，以及 3 个放大器和一个限幅器。

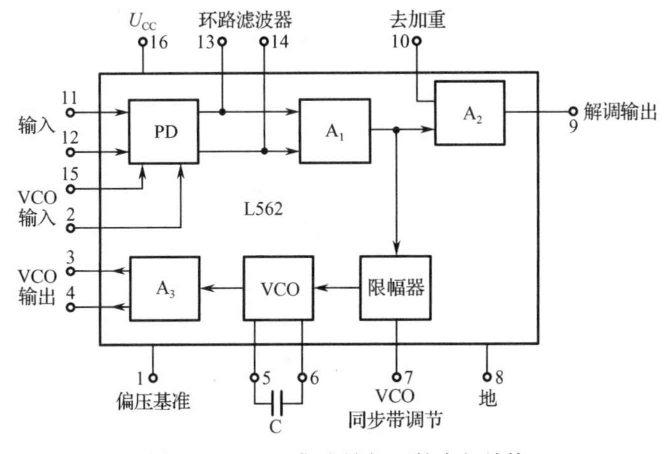

图 6.17　L562 集成锁相环的内部结构

L562 集成锁相环的鉴相器采用双差分对模拟乘法器电路，引出端 13、14 外接环路滤波器。限幅器用来限制锁相环的直流增益，通过调节限幅电平以改变直流增益，并控制环路同步带的大小。环路中的三个放大器 A_1、A_2 和 A_3 用于隔离、缓冲放大，当环路作为调频波解调电路时，A_2 作为解调电压放大器。

L562 集成锁相环只需单电源供电，一般采用+18 V，最大电源电压为 30 V，最大电流为 14 mA，11 与 12 脚之间的信号输入电压最大为 3 V。

2. CD4046 单片锁相环

CD4046 单片锁相环是通用型 CMOS 单片集成锁相环，具有电源电压范围宽、输入阻抗高、动态功耗小等特点，当中心频率 f_0 小于 10 kHz 时功耗仅为 600 μW，属于微功耗器件。CD4046 单片锁相环主要用于频率调制与解调、电压与频率的转换、信号跟踪、移频键控信号解调、时钟同步等。

图 6.18 所示为 CD4046 单片锁相环的内部原理框图，它主要由两个相位比较器、压控振荡器（VCO）、缓冲放大器、源跟随器和整形电路等部分构成。

CD4046 单片锁相环的工作原理：输入信号 u_i 从 14 脚输入后，经缓冲放大器 A_1 进行放大、整形后加到相位比较器 1、2 的输入端，当开关 K 拨至 2 脚时，相位比较器 1 将从 3 脚输入的比较信号 u_o 与 u_i 进行相位比较，从相位比较器 1 输出的误差电压 u_e 反映二者的相位差；u_e 经 R_3、R_4 和 C_2 滤波后得到控制电压 u_c，继而加到 VCO 的输入端 9 脚，调整 VCO 的振荡频率 f_2，使 f_2 迅速逼近信号频率 f_1；VCO 的输出又经除法器再次进入相位比较器 1，继续与 u_i 进行相位比较，最后使 f_2=f_1，二者的相位差为一个恒定值，实现相位锁定；若开关 K 拨至 13 脚，则相位比较器 2 工作，过程与上述相同。一般来说，若输入信号的信噪比及固有频差较小，则采用相位比较器 1；否则采用相位比较器 2。

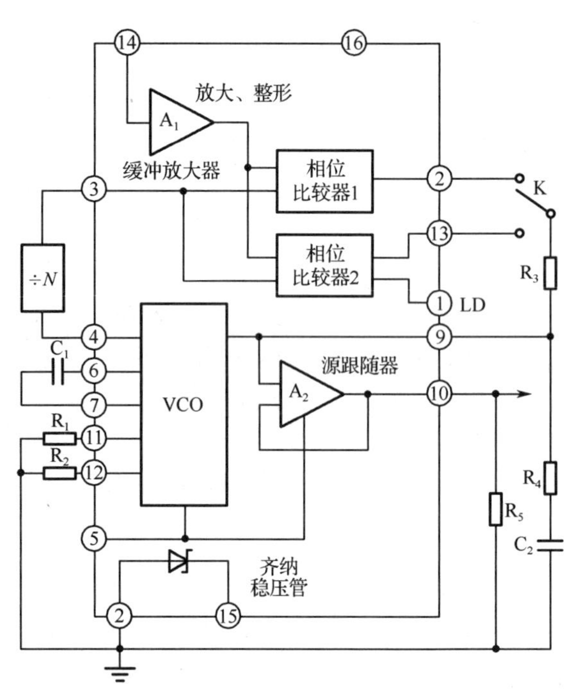

图 6.18　CD4046 单片锁相环的内部原理框图

6.3.5 锁相环的应用

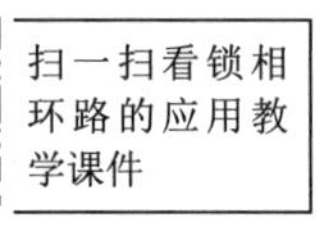

扫一扫看锁相环路的应用教学视频

1. 锁相环的特性

在下述锁相环的应用电路中，锁相环具有以下重要特性。

1）锁定后无频差

锁相环利用相位比较来产生误差电压，当环路锁定时，压控振荡器的输出信号频率严格等于输入信号频率，相位差为常数，无剩余频差。

2）跟踪特性

锁定后的环路，若输入信号频率发生变化，则压控振荡器的输出信号频率立即发生相应变化，即跟踪输入信号的变化而变化。

3）窄带滤波特性

通过环路滤波器的作用，锁相环具有窄带滤波特性，可将输入信号中的干扰和噪声滤除。当设计良好时，环路滤波器的通带可以做到很窄，整个环路具有很窄的带通特性。如在几十兆赫兹的频率上实现几十赫兹甚至几赫兹的窄带滤波，甚至更小。

2. 锁相环的应用电路

1）锁相鉴频电路

锁相环鉴频电路的组成框图如图 6.19 所示，当输入信号为调频信号时，环路锁定后，压控振荡器的振荡频率精确跟踪输入调频信号的瞬时频率变化，产生具有相同调制规律的调频信号。当满足压控振荡器的频率特性为线性时，取出压控振荡器的控制电压，即实现了调频信号的解调。为了实现不失真的解调，环路捕捉带必须大于输入调频波的最大频偏，环路带宽必须大于输入调频波中调制信号的频谱宽度。

图 6.20 所示为 CD4046 单片锁相环用于调频信号的解调电路，即锁相鉴频电路。如果由载频为 10 kHz 组成的调频信号用 400 Hz 的音频信号调制，假如调频信号的总振幅小于 400 mV，那么在采用 CD4046 单片锁相环时应经放大器放大后用交流耦合到锁相环的 14 脚。输入端环路的相位比较器采用相位比较器 1，因为锁相环系统中的中心频率 f_0 等于调频信号的载频会导致压控振荡器输出与输入信号间产生不同的相位差，从而在压控振荡器的输入端产生与输入信号频率变化相对应的电压变化，这个电压变化经源跟随器隔离后，在压控振荡器的解调输出端 10 脚输出解调信号。当 U_{DD} 为 10 V，R_1 为 100 kΩ，C_1 为 100 pF 时，锁相环的捕捉范围为载频的几十分之一以上。解调器的输出振幅取决于源跟随器外接电阻 R_3 的阻值大小。

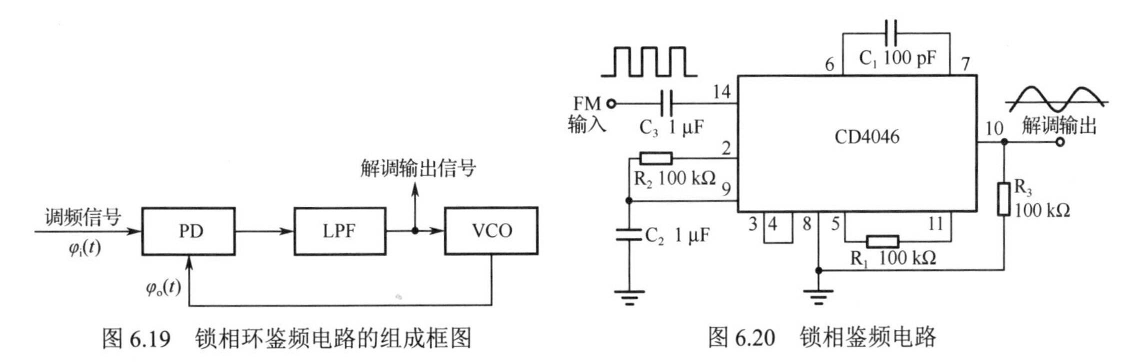

图 6.19　锁相环鉴频电路的组成框图

图 6.20　锁相鉴频电路

2）调幅波的同步检波

采用锁相环从接收信号中提取载波信号，可实现调幅波的同步检波。载波跟踪型锁相环的组成框图如图 6.21 所示，输入信号为调幅信号或带有导频的单边带信号，锁相环锁定在调幅信号的载频上，压控振荡器提供能跟踪调幅信号载波频率变化的同步信号。若采用乘积型鉴相器，则压控振荡器输出电压与输入已调信号的载波电压之间存在 $\frac{\pi}{2}$ 的固定相移，电路中可加入 $\frac{\pi}{2}$ 移相器。

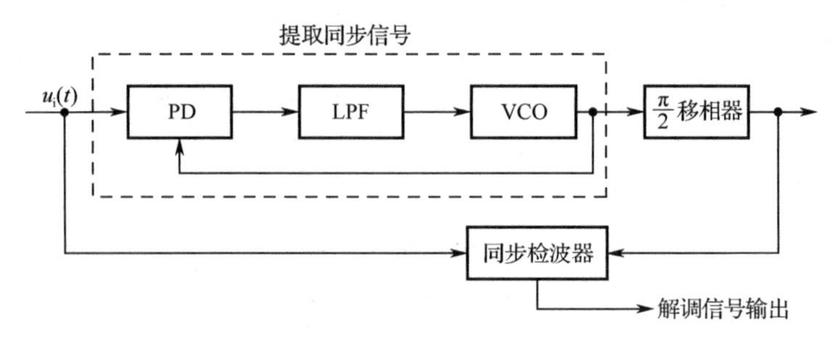

图 6.21　载波跟踪型锁相环的组成框图

3）锁相接收设备

卫星离地面距离较远，且卫星发射功率小，天线增益低，导致地面接收到的信号很微弱。此外，由于多普勒效应，地面接收站接收到的信号频率偏移卫星发射信号频率，因此频率漂移严重。在这种情况下会要求普通接收设备的带宽很宽，但这样接收设备的输出信噪比将严重下降，无法有效检出有用信号。锁相接收设备的组成框图如图 6.22 所示，可利用环路的窄带跟踪特性，有效提高信噪比。

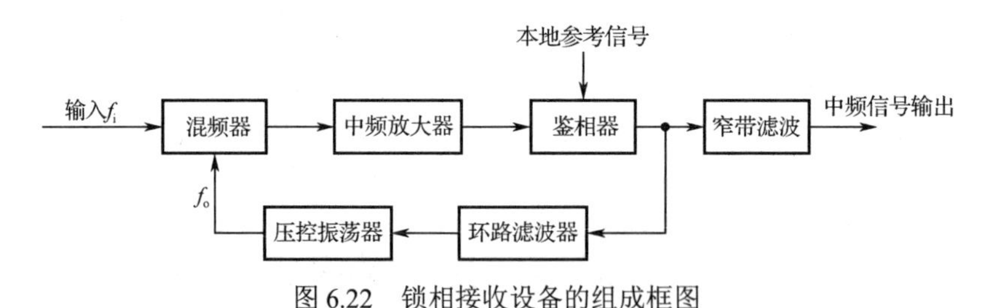

图 6.22　锁相接收设备的组成框图

与普通接收设备相比，锁相接收设备增加了一个混频器和一个中频放大器，混频器输出的中频信号经中频放大器放大后，与本地参考信号在鉴相器中进行相位比较，环路锁定后，两个中频信号的频率相等。若外界因素引起输入信号变化，导致压控振荡器的频率相应变化，则使中频信号的频率维持在参考中频频率上。锁相接收设备采用窄带跟踪环路，使载频有漂移的已调信号频谱混频后落在中频通频带的中间，以提高接收设备的灵敏度。

6.4　频率合成器

随着通信技术的不断发展，对频率源的要求越来越高，不仅要求它有很高的频率稳定度和频率准确度，而且要求其能方便地改变频率。石英晶体振荡器可以满足很高的频率稳定度和频率准确度，但频率不易改变；而 LC 正弦波振荡器改变频率较为方便，但频率稳定度和频率准确度不够高。频率合成技术可以兼顾频率稳定度和频率准确度高，且方便改变频率的特点。

频率合成器可以根据实现方法的不同分为 3 类：直接式频率合成器、间接式（锁相环）频率合成器和直接数字式频率合成器。其中，锁相环频率合成器利用锁相环的频率跟踪特性，在石英晶体振荡器提供基准频率的作用下，产生一系列高频率稳定度和频率准确度的离散频率。其优点是系统结构简单，输出频率成分的频谱纯度高，易于获得大量的离散频率。数字锁相环频率合成器广泛用于移动电台，它将先进的数字技术和锁相技术结合起来，赋予锁相环频率合成器良好的性能。

6.4.1　频率合成器的主要技术指标

1. 频率范围

频率范围指频率合成器输出频率的最小值和最大值之间的变化范围，也可用频率覆盖系数（最大值与最小值之比）表示。

2. 频道数与频率间隔

频道数是频率合成器所能提供的频率点数。频率间隔指两个相邻频率之间的频率差，又称分辨率。频率间隔的大小取决于不同的频率合成器。如短波通信的频率间隔一般为 100 Hz，有时也取 10 Hz 或 1 Hz；超短波通信的频率间隔则是 50 kHz 或 25 kHz 更为常见。

3. 频率转换时间

从一个频率转换到另一个频率所需的时间称为频率转换时间。它包括电路的延迟时间和锁相环的捕捉时间。

4. 频率稳定度与频率准确度

频率稳定度指在规定的观测时间内，频率合成器的输出频率偏离标称频率的程度，一般用偏离值与标称值的相对值来表示。频率准确度则表示输出频率与标称频率之间的偏差，又称频率误差。

5. 频谱纯度

频谱纯度用来衡量输出信号接近正弦波的程度。一般情况下，实际输出频谱除了有用频率，其附近还存在各种干扰与噪声，以及有用信号的各次谐波成分。常用杂波抑制度和相位噪声的功率谱密度作为频谱纯度的衡量指标。

6.4.2　锁相环频率合成器

1. 数字锁相环频率合成器

1）基本锁相环频率合成器

基本锁相环频率合成器的组成框图如图 6.23 所示，其仅在锁相环的反馈支路中插入一个可编程分频器（÷N）。高稳定度参考振荡信号经 R 次分频后，得到频率为 f_R 的参考脉冲信号。同时，压控振荡器的输出信号经 N 次分频后得到频率为 f_N 的脉冲信号，它们通过鉴相器进行相位比较。当环路处于锁定状态时，满足 $f_R = f_N = f_o / N$，则

$$f_o = Nf_N = Nf_R \tag{6.21}$$

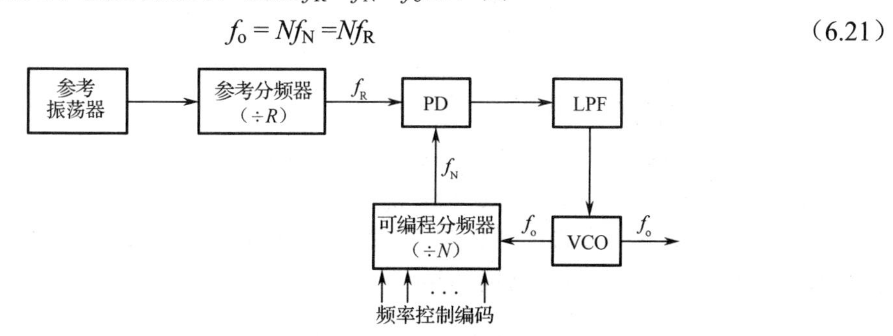

图 6.23　基本锁相环频率合成器的组成框图

显然，输出信号频率 f_o 为输入参考信号频率 f_R 的 N 倍，该电路又称锁相倍频电路。只要改变分频比 N，即可达到改变输出信号频率 f_o 的目的，从而实现由 f_R 合成 f_o 的任务。由此可见，带有可编程分频器的锁相环为合成大量离散频率提供了一种方法，合成频率为参考频率的整数倍。在该电路中，输出频率间隔 $\Delta f=f_R$，即为频率合成器的频率分辨率。

2）减小频率间隔的锁相环频率合成器

在实际应用中，可在基本锁相环频率合成器的基础上，灵活改变锁相环中的分频器类型、插入位置及数量，增加或减小频率间隔，以此得到更少或更多的频率点数目，从而满足实际电路需求。图 6.24 所示为减小频率间隔的锁相环频率合成器的组成框图。

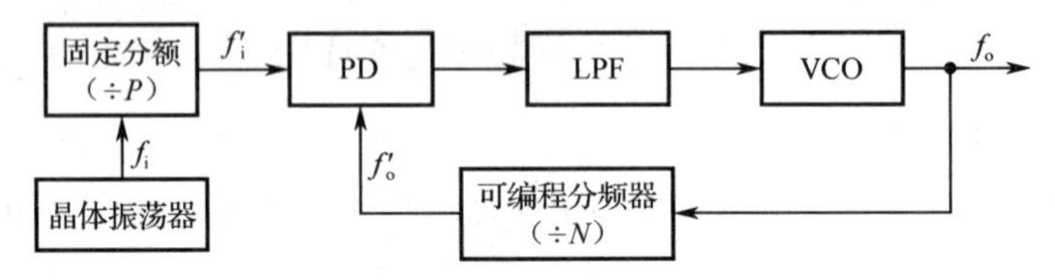

图 6.24　减小频率间隔的锁相环频率合成器的组成框图

分析图 6.24 可知

$$\begin{cases} f'_o = f'_i \\ f'_i = \dfrac{f_i}{P} \\ f'_o = \dfrac{f_o}{N} \end{cases} \Rightarrow \begin{cases} f_o = \dfrac{N}{P} f_i \\ \Delta f = \dfrac{f_i}{P} \end{cases} \tag{6.22}$$

该电路的输出信号频率为输入信号频率的 N/P 倍，频率间隔减小为 $\Delta f=f_i/P$。

3）增加频率间隔的锁相环频率合成器

图 6.25 所示为增加频率间隔的锁相环频率合成器的组成框图。

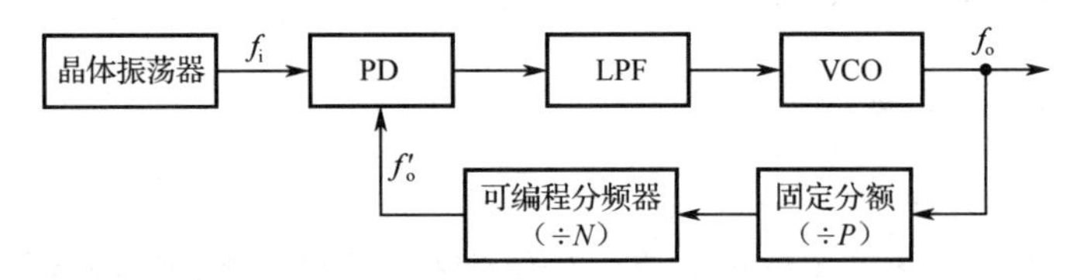

图 6.25　增加频率间隔的锁相环频率合成器的组成框图

分析图 6.25 可知

$$\begin{cases} f'_o = f_i \\ f'_o = \dfrac{f_o}{PN} \end{cases} \Rightarrow \begin{cases} f_o = PNf_i \\ \Delta f = Pf_i \end{cases} \tag{6.23}$$

该电路的输出信号频率为输入信号频率的 NP 倍，频率间隔增大为 $\Delta f=Pf_i$。

综上，数字锁相环频率合成器的结构较简单，只有一个锁相环，又称单环式频率合成器，当输出信号频率较低时常用集成锁相环 CD4046 来实现。

在实际应用中，由于单环式频率合成器存在鉴频器频率低、环路增益下降等缺点，因此可采用多环频率合成器或吞脉冲锁相频率合成器。

例 6.4.1　在图 6.26 所示的频率合成器中，可编程分频器的分频比 M=600～800，固定分

频器的分频比 $P=N=10$，晶体振荡器输入信号频率 $f_i=100$ kHz，试求频率合成器的工作频率范围及频率间隔。

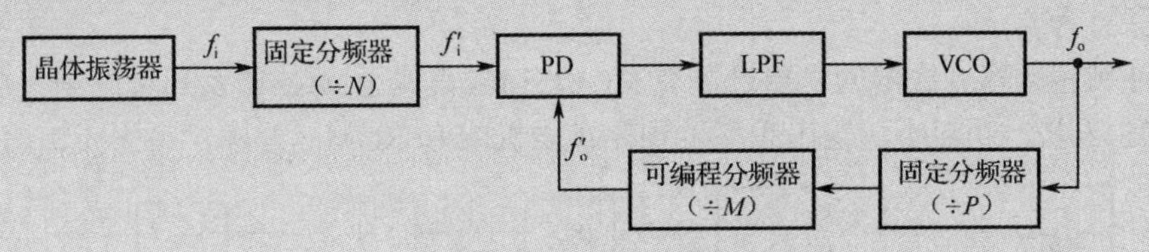

图 6.26　频率合成器

解：当频率合成器的环路锁定时，鉴相器（PD）的两路输入信号频率相等，无频差，因此假设固定分频器 N 的输出信号频率为 f_i'，可编程分频器 M 的输出信号频率为 f_o'，可得到 $f_o'=f_i'$。进一步观察可知，f_i' 是由晶体振荡器的输出信号频率 f_i 经过固定分频器 N 得到的，而 f_o' 由压控振荡器的输出信号 f_o 经过固定分频器 P 和可编程分频器 M 得到。综上可列出相应的关系式为

$$\begin{cases} f_o'=f_i' \\ f_i'=\dfrac{f_i}{N} \\ f_o'=\dfrac{f_o}{MP} \end{cases} \Rightarrow \begin{cases} f_o=\dfrac{MPf_i}{N} \\ \Delta f=\dfrac{P}{N}f_i \end{cases}$$

由于 $N=P=10$，因此 $f_o=Mf_i$，将 $f_i=100$ kHz，$M=600$～800 代入上式计算，得到

$$f_o=60\sim80\ \text{MHz}$$

因此，该频率合成器的工作频率范围是 60～80 MHz。

要求频率间隔，观察输出信号频率与输入信号频率的关系式 $f_o=Mf_i$，式中，M 为可编程分频器的分频比，说明 M 可变，但 $f_i=100$ kHz 不变。也就是说当 M 变化时，间隔一个 f_i，输出一个离散频率点，因此该电路的频率间隔为 100 kHz。

2. 吞脉冲锁相频率合成器

扫一扫看吞脉冲式频率合成器教学课件

扫一扫看吞脉冲式频率合成器教学视频

为了在不增加频率间隔的前提下，有效提高频率合成器的输出频率，可采用固定分频器与可编程分频器结合的方式组成吞脉冲锁相频率合成器。图 6.27 所示为吞脉冲锁相频率合成器的组成框图，电路包括双模前置分频器（两种计数模式的分频器）、主计数器、辅助计数器和模式控制电路等几部分。双模前置分频器包括÷P 和÷$(P+1)$两种模式，由模式控制电路控制。此外，N 计数器的级数一般大于 A 计数器的级数，即 $N>A$。

吞脉冲锁相频率合成器的工作过程如下：

在循环计数开始时，模式控制信号为高电平，即 MC=1，前置分频比为 $P+1$，这样 A 计数器每次比另一个前置分频模式（P）多吞食一个脉冲。在输入脉冲的作用下，N、A 计数器同时开始计数，A 计数器先计满，此时模式控制电路的输出电平降为低电平，即 MC=0，同时前置分频比变为 P，此后继续输入脉冲，双模前置分频器与主计数器继续工作，当计满 N 计数器时，输出将模式控制电路重新恢复为高电平 MC=1 状态，双模前置分频器的分频比恢复为 $P+1$，各部件进入下一个计数周期。由此可见，在一个计数周期内，总计脉冲量

$$n=(P+1)A+P(N-A)=PN+A \tag{6.24}$$

当环路锁定时，吞脉冲锁相频率合成器的输出信号频率为

$$f_o=(PN+A)f_N=(PN+A)f_R \tag{6.25}$$

由此可见，与简单的频率合成器相比，吞脉冲锁相频率合成器的输出频率提高了，而频率间隔仍保持为f_R。

吞脉冲锁相频率合成器的主要产品有MC145146，其属于MC145系列集成频率合成器件，采用CMOS工艺，功耗小，输出频率可预先在微机或EPROM上的软件中设定。

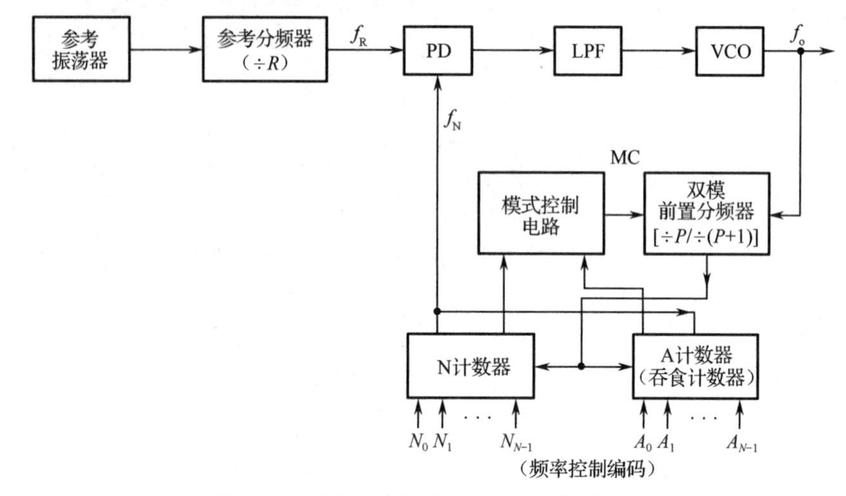

图6.27　吞脉冲锁相频率合成器的组成框图

案例分析4　锁相环频率合成器

图6.28所示为由单片机控制的分频比电路和由可编程锁相环芯片ADF4001构成的锁相频率合成器。

ADF4001由AD公司生产，其最高工作频率为200 MHz，工作电压范围为2.7～5.5 V，并具有独立的电荷泵电源，在正常工作情况下的功耗小于25 mW，具有可编程的14 bit参考分频器和13 bit前置分频器，可以满足大范围频率的综合需要，是一种分频次数可编程的锁相环芯片。ADF4001的结构简图如图6.29所示。

参考信号来自外部频率稳定度极高的石英晶体振荡器，经过缓冲放大后进入可编程的14 bit参考分频器，分频比为1～16 383可变，得到参考脉冲；VCO反馈信号经过缓冲放大后进入可编程的13 bit前置分频器，分频比为1～8 191可变，得到分频脉冲。鉴频鉴相器根据两路脉冲信号的频率和相位关系输出鉴相脉冲。当分频脉冲频率f与参考脉冲频率f_{ref}不一致时，鉴频鉴相器处于鉴频工作方式，此时无论频差大小，鉴频鉴相器都将输出较大的电压，直至二者的频率趋于一致；当分频脉冲频率与参考脉冲频率相等时，鉴频鉴相器转为鉴相工作方式。这种鉴频鉴相工作方式扩大了环路的快速捕获带，缩短了频率牵引的过程，从而使环路快速进入相位锁定区，实现快速捕获和锁定。

ADF4001外接的环路滤波器根据电路工作特性的不同可分为有源和无源两种。在实际应用中，无源环路滤波器因其设计简单、成本低廉及对带内噪声影响小而比有源环路滤波器得到更广泛的应用。高电压调谐VCO在宽带PLL频率源中的应用很普遍，在这种情况下，要求VCO调谐电压范围通常比PLL的电荷泵输出的电压范围更宽，这样有源环路滤波器的使用就显得十分必要。实验表明，若只采用无源环路滤波器，则即使在ADF4001的最高电荷泵电压（6 V）下也无法实现45～75 MHz全频段的覆盖，因此必须采用有源环路滤波器。

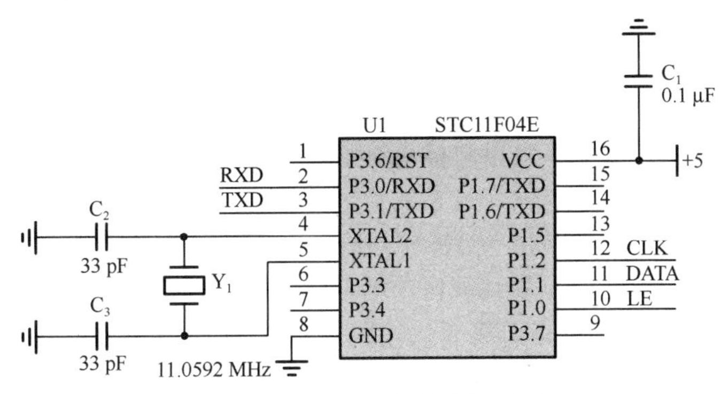

（a）由单片机控制的分频比电路

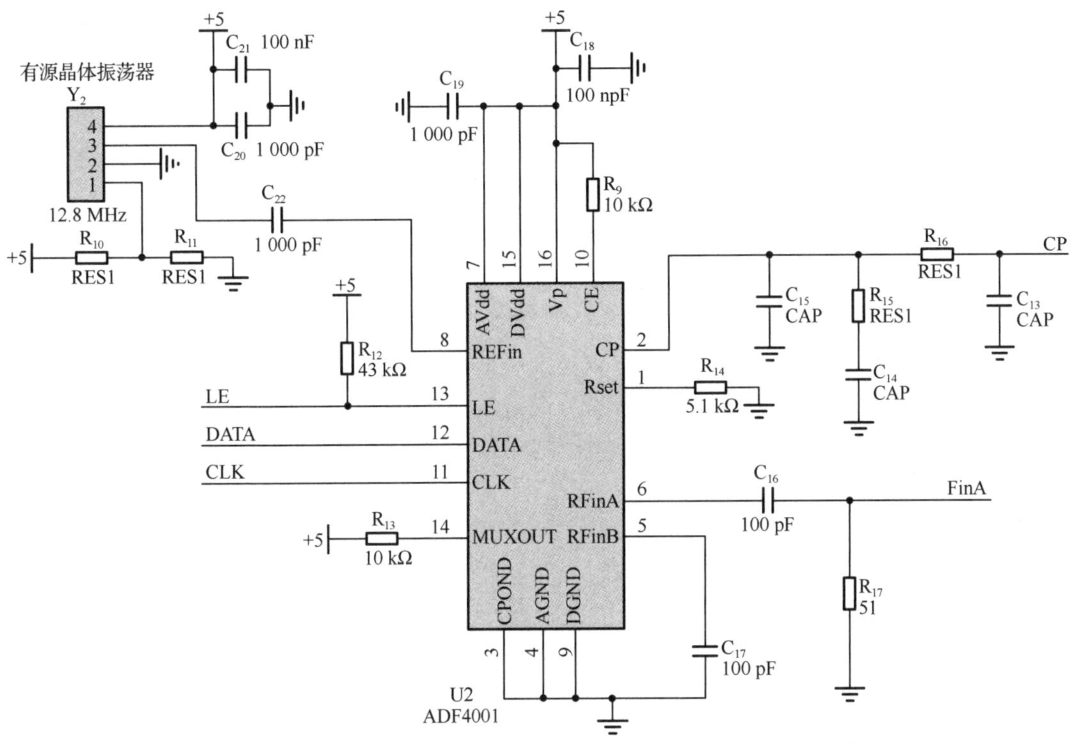

（b）由可编程锁相环芯片ADF4001构成的锁相环路频率合成器电路原理图

图 6.28　由单片机控制的分频比电路和由可编程锁相环芯片 ADF4001 构成的锁相环频率合成器

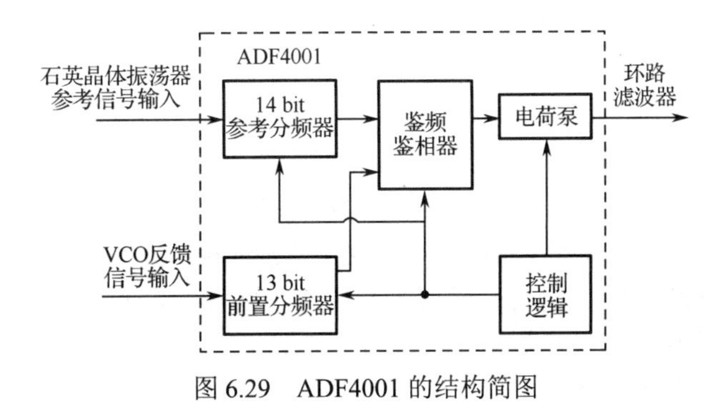

图 6.29　ADF4001 的结构简图

专业名词解析

- **反馈控制电路**：由反馈控制器和控制对象组成的自动调节系统，以实现对系统自身的调节，使输出与输入间保持某种特定的关系，从而削弱或抵消各种不利因素的影响。
- **反馈控制电路的类型**：根据控制对象参量的不同，反馈控制电路可分为 3 类：自动增益控制电路、自动频率控制电路和自动相位控制电路。
- **自动增益控制（AGC）电路**：需要比较和调节的参量为电压或电流，可以补偿由于环境变化和电路参数不稳定引起的增益不稳定，使接收设备输出端的电压几乎保持不变。
- **自动频率控制（AFC）电路**：需要比较和调节的参量为频率，自动调整压控振荡器的频率，使之稳定在某一预期的标准频率附近，常用于维持电子设备的工作频率稳定。
- **自动相位控制（APC）电路**：需要比较和调节的参量为相位，典型应用为锁相环，利用相位误差消除频率误差，当环路锁定后，虽然有剩余相位误差，但频率误差为零，从而实现无频率误差的频率跟踪。
- **锁相环（PLL）路**：一个自动相位控制系统，它利用输出量与输入量之间的相位误差来实现输出频率对输入频率的锁定，即“锁相”，实现锁相的方法称为锁相技术。
- **环路滤波器（LPF）**：实际上是一个低通滤波器，其作用是滤除鉴相器输出的误差电压中的高频分量和干扰分量，得到控制电压。常用的环路滤波器有 RC 积分滤波器、无源比例积分滤波器及有源比例积分滤波器等。
- **压控振荡器（VCO）**：产生频率随控制电压变化的振荡电压，它是一种电压-频率转换器。
- **压控特性曲线**：压控振荡器的角频率随控制电压变化的曲线。
- **锁定状态**：锁相环的输出频率与输入频率相等，无剩余频差存在。
- **环路捕捉过程**：锁相环原本处于失锁状态，经过环路的调节作用最终进入锁定状态的过程。
- **跟踪过程（同步过程）**：锁相环原本处于锁定状态，由于温度或电源电压的变化，使得 VCO 的输出信号频率或输入信号频率发生变化，因此经过环路自动相位控制作用使 VCO 的相位（或频率）不断跟踪输入信号的相位（或频率）的过程。
- **捕捉带（捕捉范围）**：环路由失锁状态进入锁定状态所允许的最大输入固有频差。
- **同步带（跟踪带）**：维持环路锁定所允许的最大输入固有频差，一般锁相环的捕捉带小于同步带。
- **频率合成器的类型**：根据实现方法的不同分为直接式频率合成器、间接式（锁相环）频率合成器和直接数字式频率合成器。
- **数字锁相环频率合成器**：一种用数字方法控制分频比的锁相环，产生相应的离散频率。它将先进的数字技术和锁相技术结合起来，赋予锁相环频率合成器良好的性能。
- **频率合成器的主要技术指标**：频率范围、频道数与频率间隔、频率转换时间、频率稳定度与频率准确度、频谱纯度等。
- **频率范围**：频率合成器输出频率的最小值和最大值之间的变化范围，也可用频率覆盖系数（最大值与最小值之比）表示。

- **频道数：** 频率合成器所能提供的频率点数。
- **频率间隔：** 两个相邻频率之间的频率差，又称分辨率。频率间隔的大小取决于不同的频率合成器。
- **频率转换时间：** 从一个频率转换到另一个频率所需的时间。频率转换时间包括电路的延迟时间和锁相环路捕捉时间。
- **频谱纯度：** 用来衡量输出信号接近正弦波的程度，常用杂波抑制度和相位噪声的功率谱密度作为频谱纯度的衡量指标。

本章小结

1．锁相技术是一种相位负反馈控制技术，锁相环具有极优良的性能。由于锁相环具有锁定后无频差的特点，并具有良好的窄带载波跟踪性能，因此在电子系统中有广泛的应用。

2．锁相环由鉴相器、环路滤波器和压控振荡器组成，利用输入信号与输出信号的相位误差通过鉴相器得到控制电压，经环路滤波器去除干扰后控制压控振荡器的频率，从而实现无频率误差的频率跟踪。环路锁定后，输出信号能在一定范围内跟踪输入信号的频率变化，实现输出频率对输入频率的锁定。

3．锁相环的应用电路包括锁相鉴频电路、调幅波的同步检波、锁相接收设备等。

4．频率合成技术可以兼顾频率稳定度和频率准确度高，且方便改变频率的特点。数字锁相环频率合成器是一种用数字方法控制分频比的锁相环，它将先进的数字技术和锁相技术结合起来，赋予锁相环频率合成器良好的性能。

思考题与习题 6

6.1　锁相环由哪些部分组成？鉴相器有什么作用？

6.2　简述频率合成器的主要技术指标。

6.3　实现频率合成的方法有哪些？

6.4　试分析图 6.30 所示的频率合成器的输出频率 f_o 与标准频率 f_i 之间的关系。

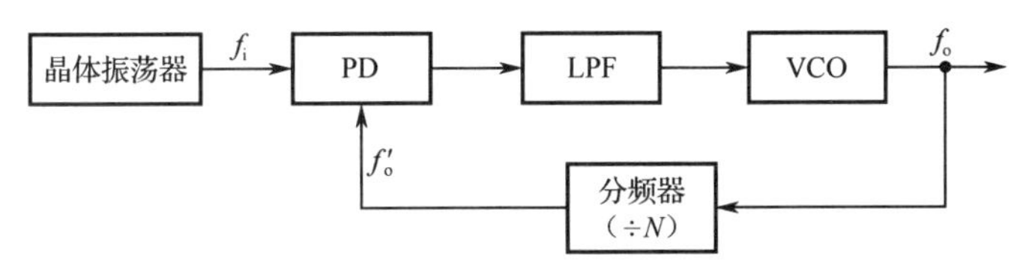

图 6.30　题 6.4 图

6.5　频率合成器电路如图 6.31 所示。其中，输入信号频率 f_i=80 Hz，输出信号频率 f_o'=160 Hz，M 分频器的分频比 M=20，求 N 分频器的分频比 N。

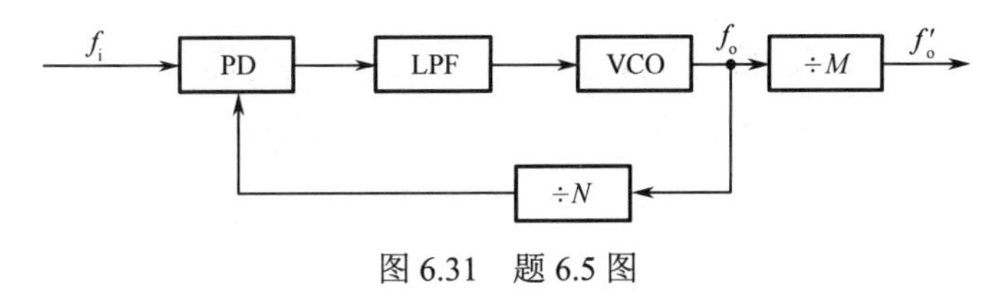

图 6.31　题 6.5 图

仿真演示 6　模拟乘法器鉴相器的基本特性测试电路

锁相环中的鉴相器电路是一个非常重要的电路，它通过比较输入与输出的相位，将相位差转换为误差控制电压，并且误差控制电压与相位差成正比。图 6.32 所示为模拟乘法器鉴相器的基本特性测试电路，模拟乘法器前面为移相电路，它把具有一定相位差的两个信号输入模拟乘法器，把输出相位差转换为控制电压。

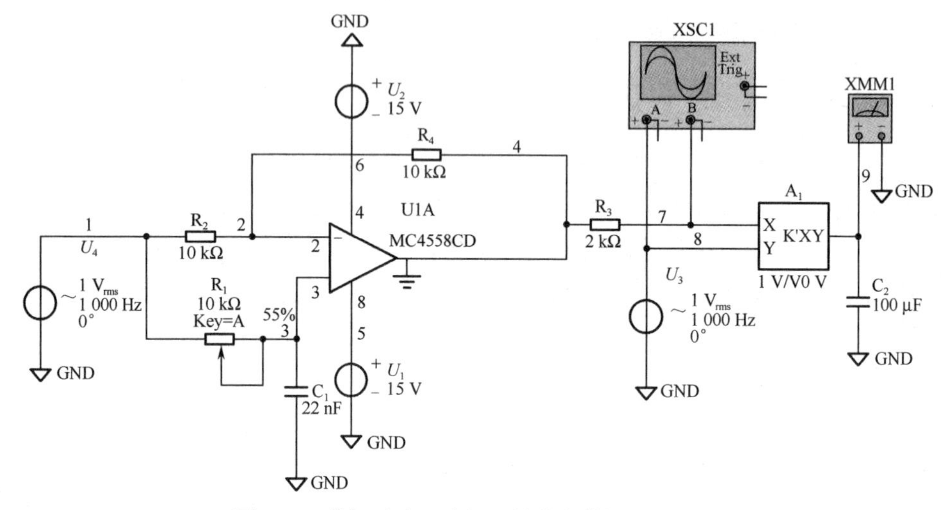

图 6.32　模拟乘法器鉴相器的基本特性测试电路

启动仿真开关，调节电位器 R_1 就可以改变移相器的相位差。图 6.33 所示为移相器电路仿真。其中，图 6.33（a）中的相位差小，图 6.33（b）中的相位差大。

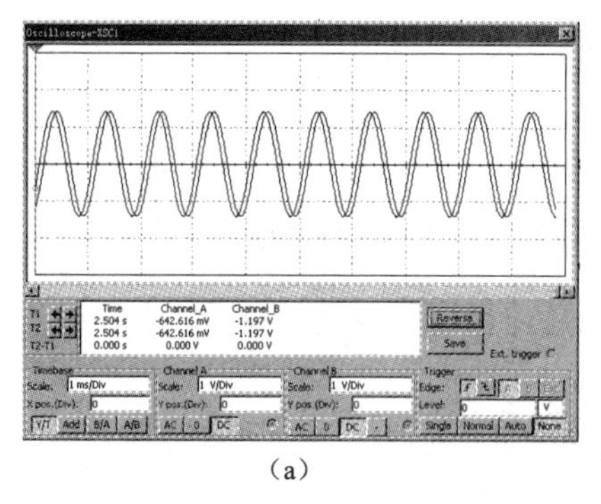

（a）

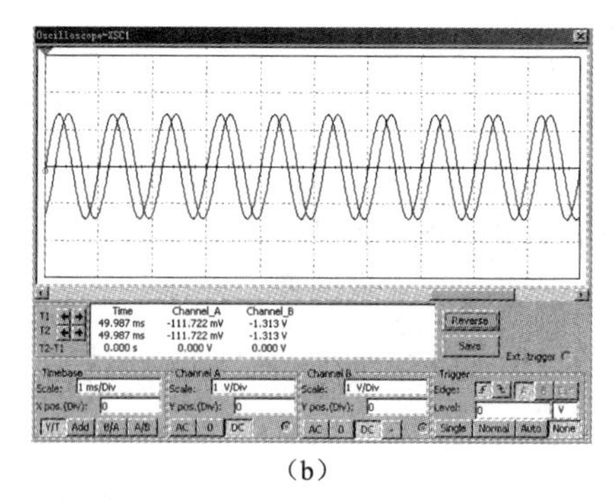

（b）

图 6.33　移相器电路仿真

图 6.34 所示为鉴相器的输出电压，用数字万用表的直流挡可测试所得到的结果。由图 6.34 可知，相位差越大，输出电压越大（与实际仿真结果相反的原因是输入信号不能正交）。

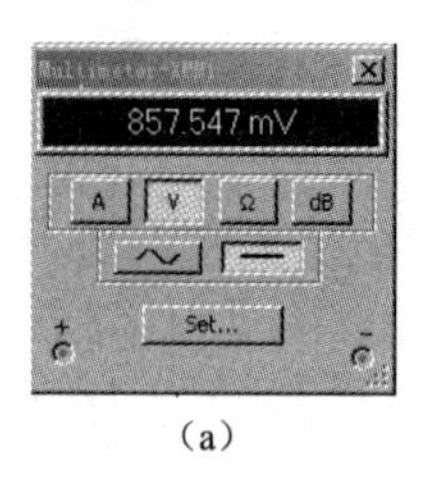

（a）

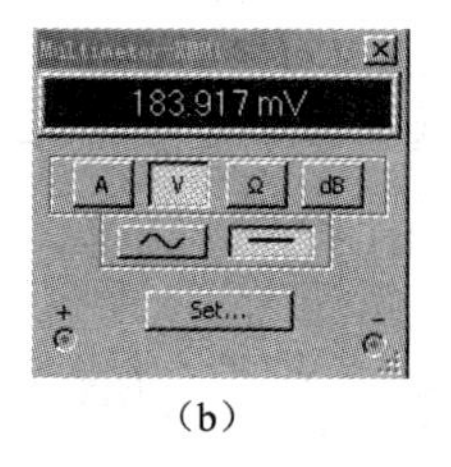

（b）

图 6.34　鉴相器的输出电压

扫一扫看测试数字频率合成器电路教学课件

扫一扫看测试数字频率合成器电路教学视频

实验 6　测试数字锁相环频率合成器电路

1. 实验目的

（1）熟悉射频电子线路实验箱的组成和电路中各电子元器件的作用。
（2）研究锁相环的基本功能。
（3）掌握数字锁相环频率合成器的工作原理和性能指标。
（4）了解频率合成器 ADF4001 的工作原理及端口特性。

2. 预备知识

（1）认真阅读仪器使用说明，明确注意事项。
（2）复习数字锁相环频率合成器的工作原理。
（3）了解 ADF4001 的工作原理及其外围电路的连接。

3. 实验仪器

仪器名称	数量
射频电子线路实验箱	1 套
数字存储示波器	1 台
频谱分析仪	1 台
数字万用表	1 个

4. 实验电路

数字锁相环频率合成器是一种用数字方法控制分频比的锁相环，产生相应的离散频率。它将先进的数字技术和锁相技术结合起来，赋予锁相环频率合成器良好的性能。

数字锁相环频率合成器电路由可编程锁相环芯片 ADF4001 电路（见图 6.35）、压控振荡器电路（见图 6.36）和单片机 STC11F04E 控制分频比电路（见图 6.37）构成。参考信号来自外部频率稳定度极高的石英晶体振荡器，其与压控振荡器的输出信号在鉴相器中进行相位比较，输出的误差电压经环路滤波后控制振荡器的频率，以不断逼近参考信号的频率，其中，单片机 STC11F04E 控制分频比，以得到不同的频率点。

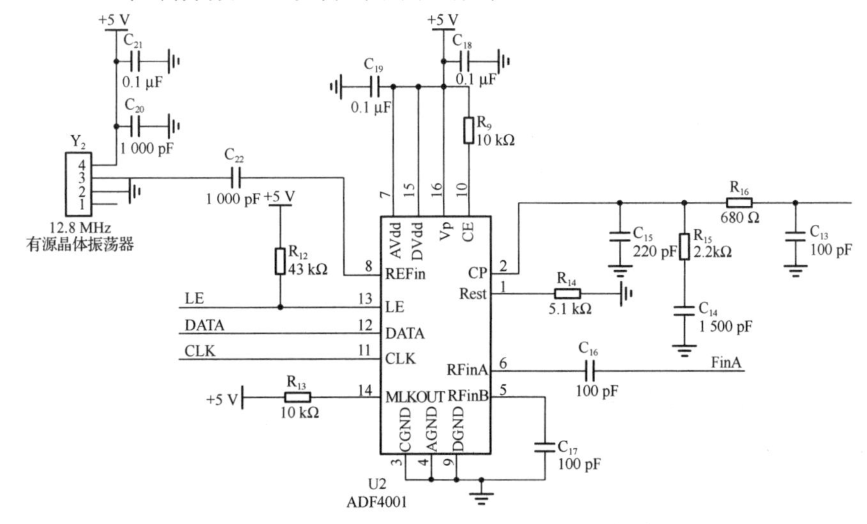

图 6.35　可编程锁相环芯片 ADF4001 电路

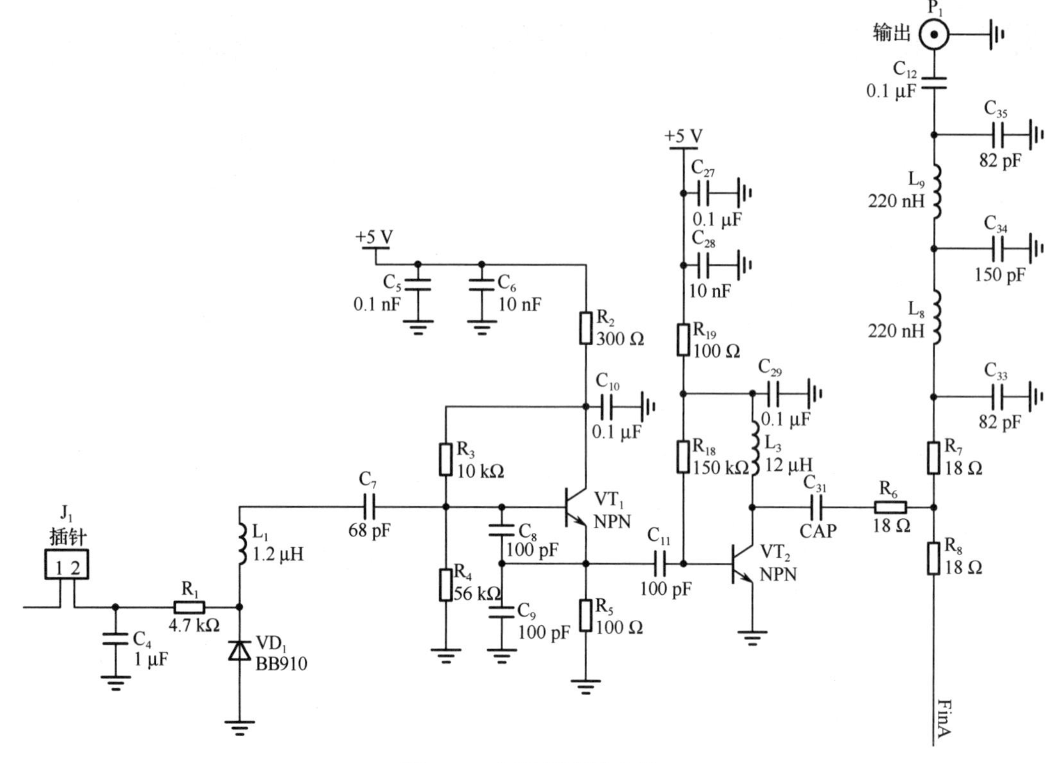

图 6.36　压控振荡器电路

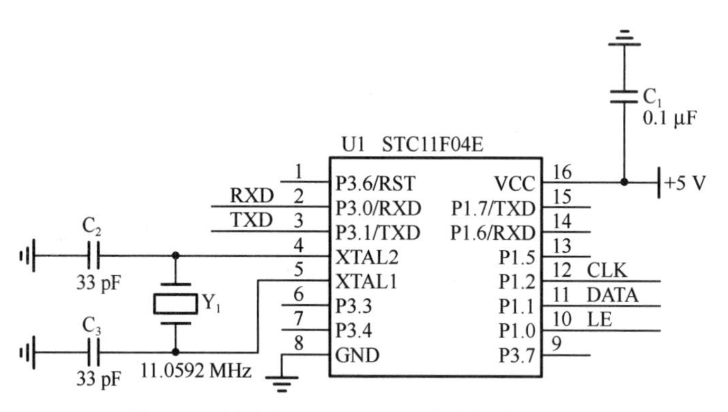

图 6.37　单片机 STC11F04E 控制分频比电路

5. 实验内容与步骤

（1）电路供电。

将射频电子线路实验箱通电，该实验箱可通过交直流切换开关将 220 V 的交流电压直接转换为+12 V 的直流电压，在分模块实验电路中利用三端稳压器 7805 将+12 V 转换为+5 V 直流电压。此时，我们只需用数字万用表测量数字锁相环频率合成器电路的供电电压是否为+5 V。

（2）三点式振荡器基本特性的测试。

① 测量静态工作点：断开插针 J_1，使振荡器自由振荡，测量三极管的静态工作点的电压，U_{BE}=________V，U_{CE}=________V，此时三极管应为放大状态。

② 用数字存储示波器观察测试点 P_1 端的输出电压波形，此时为正弦波，测量其输出频

率，并记录 f_0=________MHz，此时振荡器为自由振荡状态，频率不稳定。

③ 进一步用频谱分析仪观察信号的频谱，此时为一根谱线，该谱线在移动，说明频率________（稳定/不稳定）。

（3）频率合成器基本特性的测试。

① 接通插针 J_1 使 ADF4001、STC11F04E 和振荡电路开始工作，用频谱分析仪测量石英晶体振荡器 3 脚输出信号的频率，此时观察到标称值为 10 MHz 左右，再测试输出端 P_1 的频率 f_1=________MHz，此时电路应为________（锁定/未锁定）状态，频率很稳定，为 40.7 MHz。

② 将起始频率设置为 0 MHz，终止频率设置为 70 MHz，电压振幅设置为 0 dBm，观察杂散干扰，此时二次谐波分量最大，测量并记录二次谐波分量处的干扰信号功率，计算其与 40.7 MHz 频率处信号的功率差值 ΔP=________dBm。

③ 为进一步观察频率的稳定度，修改信号的中心频率和带宽，将 40.7 MHz 频率处信号的频谱展宽，进一步观察其相位噪声，设置 marker，计算偏离载波频率处的相位噪声 $\psi(f_{\mathrm{off}})$ = ________dBm。

（4）频率合成功能的测试（增加频率）。

将带宽设置为 10 MHz，按下开关 S_2，每按一次开关即以 0.1 MHz 的步进增加频率，用数字万用表测量 ADF4001 的 2 脚的直流电压大小 U_2 并记录，同时用频谱分析仪观察测试点 P_1 端的频谱，测量并记录信号的功率、电平和相应的振荡频率，如表 6.2 所示。

表 6.2　信号的功率、电平和相应的振荡频率

U_2/V					
P_o/dBm					
f_v/kHz					

（5）绘制压控特性曲线。

根据测试结果可知，电压越大，输出信号的频率就越大，说明其具备压控特性，可由此绘制 VCO 的压控特性曲线 $f_v \sim U_2$。

（6）计算压控灵敏度。

由压控特性曲线上的线性部分求得控制电压的单位变化量 ΔU_v 所引起的振荡频率的变化量 Δf_v，即 $K_v = \Delta f_v / \Delta U_v$，可得压控灵敏度 K_v =________。

（7）频率合成功能的测试（减小频率）。

按下开关 S_3，每按一次开关即以 0.1 MHz 的步进减小频率，重复步骤（3）～步骤（6）。

6. 实验报告要求

（1）写明实验目的。

（2）计算振荡器的固有频率，与实验测量结果比较。

（3）分析频率合成器的原理。

7. 实验反思

（1）压控振荡器可通过改变________（电流/电压）来改变其________（频率/振幅），压控特性曲线一般呈________（线性/非线性）。

（2）频率合成器的输出可产生________（多个/一个）离散的频率。

第7章 振幅调制、解调与混频

在通信系统中，频率变换是非常重要的概念。所谓频率变换，是指在电路对信号进行处理后，输出信号的频谱中产生了新的频率分量。从频谱的角度来看，调制、解调及混频均属于频率变换。其中，调幅、检波和混频属于频谱的线性搬移电路；调角及解调属于频谱的非线性变换电路。实现频率变换的关键在于非线性器件。

本章主要介绍频率变换的特性、振幅调制的分类及基本原理、调幅电路的分类与产生、振幅解调电路及混频电路。重点讨论调幅、检波及混频的作用、基本原理及电路组成。

知识点目标：

- 了解非线性器件在频率变换电路中的作用。
- 理解频谱搬移的基本原理。
- 理解普通调幅信号、双边带调幅信号和单边带调幅信号的特点。
- 了解调幅、解调、混频的含义及作用。
- 理解调幅电路、检波电路、混频电路的工作原理。

技能点目标：

- 掌握三种调幅信号的数学表达式、波形特点和频谱、功率与带宽的计算。
- 学会分析低电平调幅电路和高电平调幅电路的工作原理。
- 掌握二极管峰值包络检波器电路的原理并会分析失真现象。
- 学会分析混频干扰与失真。
- 学会借助仿真软件或实测调幅电路、检波电路和混频电路的相关性能指标。

7.1　频率变换

7.1.1　频率变换电路的特性

在通信系统中，为了有效地实现信息传输和信号处理，广泛采用频率变换电路。频率变换电路可以分为频谱的线性搬移电路和频谱的非线性变换电路。线性搬移电路包括振幅调制与解调、混频等电路；非线性变换电路包括频率调制与解调、相位调制与解调等电路，它们的共同特点是输出信号的频谱中含有不同于输入信号频率的其他频率分量，这些具有频率变换功能的电路都属于非线性电路。

在通信设备及其他电子设备中，频率变换是非常重要的概念。所谓频率变换，是指在电路对信号进行处理后，输出信号的频谱中产生了新的频率分量。广泛应用于通信系统中的调制、解调与混频电路在本质上都属于频率变换电路，其输出信号和输入信号的频谱不同，且满足一定的变换关系。

从频谱的角度来看，调制是将低频的调制信号频谱变换为高频的已调信号频谱；解调是调制的逆过程，即将高频的已调信号频谱变换为低频的调制信号频谱；混频是将高频的已调信号频谱变换为中频的已调信号频谱。调制、解调和混频电路都是通信设备中的重要组成部分。

频率变换电路的频谱特点如图 7.1 所示。其中，图 7.1（a）所示为线性频谱搬移，图 7.1（b）所示为非线性频率变换。如果在频率变换的过程中，输出信号的频谱结构不发生变化，仅仅是频谱在频域上的简单搬移，即搬移前后各频率分量的相对大小和相互间隔保持不变，那么这类电路称为频谱的线性搬移电路；而如果输出信号的频谱不再保持原来的结构，那么这类电路称为频谱的非线性变换电路。

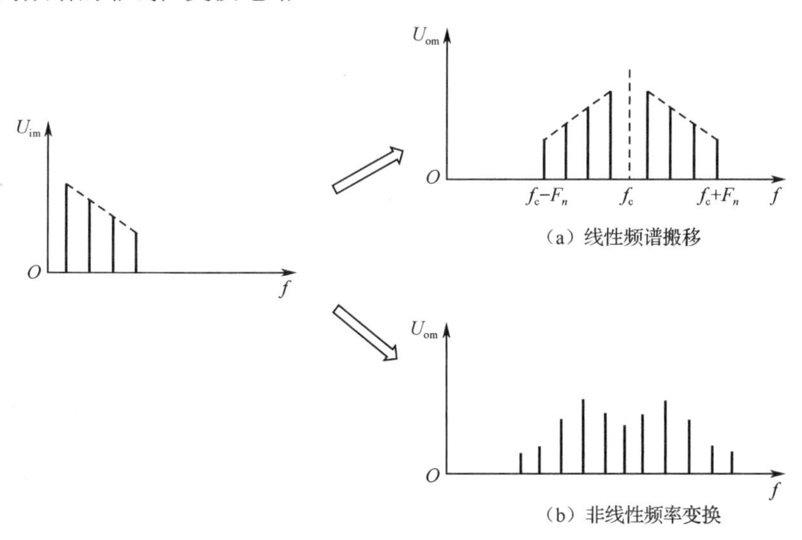

图 7.1　频率变换电路的频谱特点

频率变换后，输出信号将产生新的频率分量，由于线性电路并不产生新的频率分量，所以为了得到新的频率分量，需要采用非线性电路。因此，实现频率变换的关键在于非线性器件。

各种频率变换电路都可用图 7.2 所示的模型来表示。图中的非线性器件可以采用二极管、三极管、场效应管及模拟乘法器等。滤波器实现滤除通带外无用频率分量的作用，只有落在

通带范围内的频率分量才会产生输出电压。

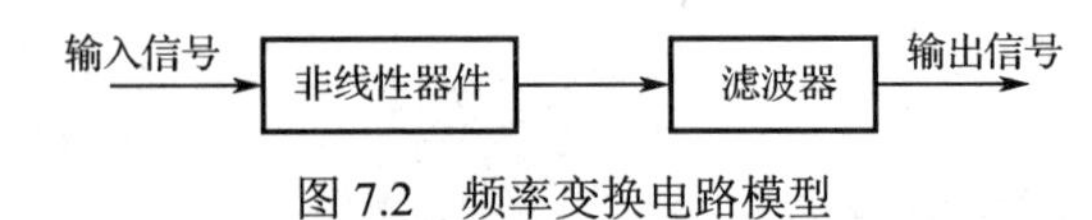

图 7.2　频率变换电路模型

非线性器件的基本特性：工作特性是非线性的，即伏安特性曲线不是直线；具有频率变换作用，可以产生新的频率分量；非线性电路不满足叠加原理，不能采用线性电路的分析方法进行分析。

7.1.2　频谱搬移的基本原理

扫一扫看模拟乘法器实现频谱搬移的原理教学课件

扫一扫看模拟乘法器实现频谱搬移的原理教学视频

1. 模拟乘法器的频谱搬移作用

频率变换电路必须通过非线性器件才能实现。由非线性器件产生的谐波与组合频率分量对线性放大器而言是一种干扰，但它们却可以应用到频谱搬移电路中。最典型的频谱搬移是混频、调制与解调电路。与一般的非线性器件相比，模拟乘法器是较为理想的实现频谱搬移电路的器件，可进一步减少无用的组合频率分量，其输出信号频谱比较干净。那么，模拟乘法器是如何实现频谱搬移的呢？下面我们就来进行具体的分析。

图 7.3 所示为模拟乘法器的符号，其中，输入信号为 $u_x(t)$ 和 $u_y(t)$，输出信号为 $u_z(t)$，理想模拟乘法器的传输特性方程可表示为

$$u_z(t) = K_m u_x(t) u_y(t) \tag{7.1}$$

式中，K_m 是模拟乘法器的比例系数或增益系数。

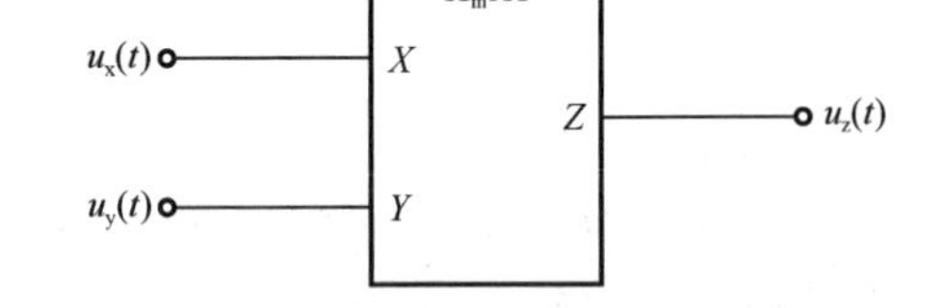

图 7.3　模拟乘法器的符号

由模拟乘法器组成的频率变换电路，其输入信号为 $u_c(t) = U_{cm}\cos\omega_c t$ 和 $u_\Omega(t)$，输出信号为 $u_o(t)$。为便于分析，假设 $K_m = 1\,\mathrm{V}^{-1}$，$U_{cm} = 1\,\mathrm{V}$，则输出

$$u_o(t) = u_\Omega(t) u_c(t) \tag{7.2}$$

下面分两种情况讨论。

① 若 $u_\Omega(t)$ 为单频信号，设 $u_\Omega(t) = U_{\Omega m}\cos\Omega t$，其中，$\Omega < \omega_c$，则输出

$$\begin{aligned} u_o(t) &= U_{\Omega m}\cos\Omega t\cos\omega_c t \\ &= \frac{1}{2}U_{\Omega m}\cos(\omega_c + \Omega)t + \frac{1}{2}U_{\Omega m}\cos(\omega_c - \Omega)t \end{aligned} \tag{7.3}$$

根据上式可画出当输入信号为单频信号时，输入信号与输出信号的频谱图，如图 7.4 所示。

② 若 $u_\Omega(t)$ 为多频信号，设 $u_\Omega(t) = U_{\Omega m1}\cos\Omega_1 t + U_{\Omega m2}\cos\Omega_2 t + \cdots + U_{\Omega mn}\cos\Omega_n t$，其中，$\Omega < \omega_1 < \omega_2 < \cdots < \omega_n < \omega_c$，则输出

$$\begin{aligned} u_o(t) &= U_{\Omega m}\cos\Omega t\cos\omega_c t \\ &= \frac{1}{2}U_{\Omega m1}\cos(\omega_c + \Omega_1)t + \frac{1}{2}U_{\Omega m1}\cos(\omega_c - \Omega_1)t + \\ &\quad \frac{1}{2}U_{\Omega m2}\cos(\omega_c + \Omega_2)t + \frac{1}{2}U_{\Omega m2}\cos(\omega_c - \Omega_2)t + \cdots + \\ &\quad \frac{1}{2}U_{\Omega mn}\cos(\omega_c + \Omega_n)t + \frac{1}{2}U_{\Omega mn}\cos(\omega_c - \Omega_n)t \end{aligned} \tag{7.4}$$

据此可画出当输入信号为多频信号时，输入信号与输出信号的频谱图，如图 7.5 所示。

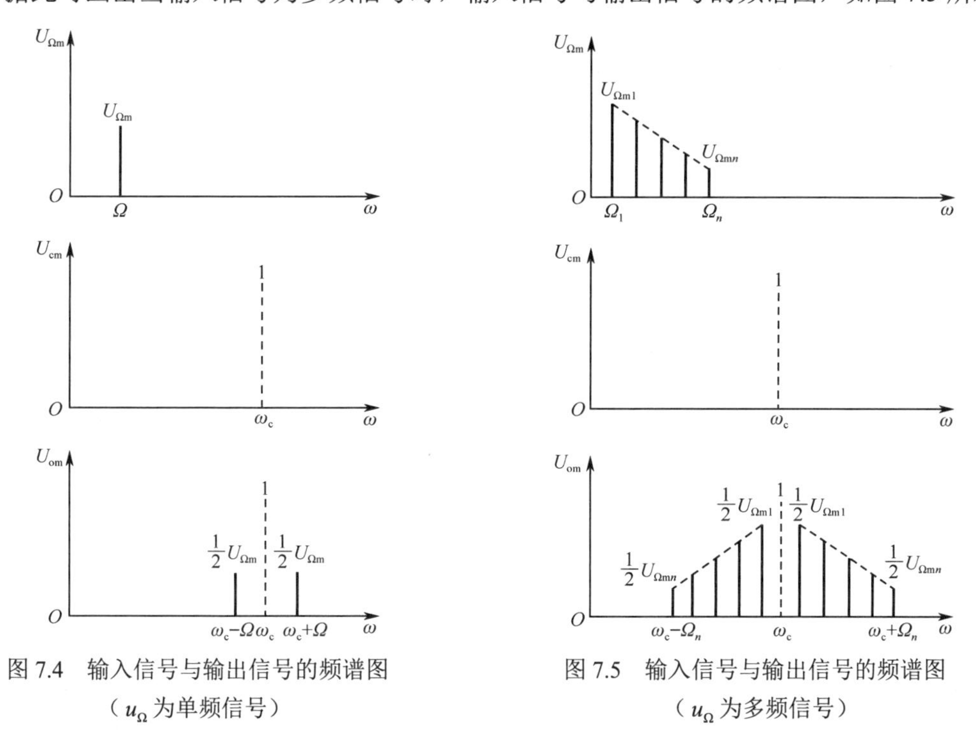

图 7.4　输入信号与输出信号的频谱图（u_Ω 为单频信号）

图 7.5　输入信号与输出信号的频谱图（u_Ω 为多频信号）

由以上分析可知，$u_o(t)$ 的频谱相当于把 $u_\Omega(t)$ 的频谱沿频率轴从低频位置搬移到高频 ω_c 的两侧，同时将谱线长度减半，这说明模拟乘法器可以实现频率变换作用。在搬移过程中频谱内部结构保持不变，只是将信号频谱无失真地在频率轴上进行搬移，这种线性的频率变换就是频谱搬移。

扫一扫看其他非线性器件实现频谱搬移的原理教学课件

扫一扫看其他非线性器件实现频谱搬移的原理教学视频

2. 非线性器件的频谱搬移作用

由前述分析可知，实现频率变换电路的核心是非线性器件，通常在非线性器件上加两个不同频率的信号来实现频谱搬移。为方便分析，假设在非线性器件上加两个输入电压 u_1 和 u_2，且忽略负载的反作用，则输出电压

$$u_o = U_Q + u_1 + u_2 \tag{7.5}$$

将上式代入幂级数展开式

$$i = a_0 + a_1(u_o - U_Q) + a_2(u_o - U_Q)^2 + \cdots + a_n(u_o - U_Q)^n + \cdots \tag{7.6}$$

可推导出

$$i = a_0 + a_1(u_1 + u_2) + a_2(u_1 + u_2)^2 + \cdots + a_n(u_1 + u_2)^n + \cdots \tag{7.7}$$

由此得到非线性器件实现频谱搬移的幂级数展开式。

由式（7.7）可以看出，电流 i 中 u_1 与 u_2 的相乘项为 $2a_2u_1u_2$，它是由幂级数展开式中的二次方项产生的。因此，凡是伏安特性的幂级数展开式中含有二次方项的非线性器件，都具有相乘的作用，即都可实现频谱搬移。例如，场效应管电压与电流满足 $i_D = I_{DSS}\left[1-\dfrac{u_{GS}}{U_{GS(off)}}\right]^2$，具有平方伏安特性。因此，场效应管具有相乘作用，可实现频谱搬移。

但在幂级数展开式中，一般非线性器件的 i 中除了包含有用的相乘项 u_1u_2，还包含 $u_1^m u_2^n$ 等

众多无用的相乘项（其中，m、n 为整数，但不同时取 1）。这些无用的相乘项将产生许多不需要的频率分量，这些频率分量必须用滤波器除去，否则将形成干扰。

下面举例进行具体说明。

假设 $u_1 = U_{m1}\cos\omega_1 t$，$u_2 = U_{m2}\cos\omega_2 t$，其中，$\omega_1 \neq \omega_2$，可推导出

$$i = \sum_{p=-\infty}^{\infty}\sum_{q=-\infty}^{\infty} C_{p,q}\cos(p\omega_1 + q\omega_2)t \tag{7.8}$$

若取幂级数展开式中的前四项，并利用三角公式进行化简，则结果表明输出电流 i 中除了含有直流分量（频率为 0 的分量），基波分量 ω_1、ω_2 及二次谐波分量 $2\omega_1$、$2\omega_2$，还产生了和频、差频分量 $\omega_1 \pm \omega_2$，以及 $3\omega_1$、$3\omega_2$、$\omega_1 \pm 2\omega_2$、$2\omega_1 \pm \omega_2$ 等众多频率分量。这些频率分量可用 $|\pm p\omega_1 \pm q\omega_2|$ 来表示，其中，p,q=0,1,2,3，且 $p+q \leqslant 3$。

这说明若采用多项式的幂级数展开式，则 i 中将含有无限多个频率分量，其组合频率的一般表达式为 $\omega_s = |\pm p\omega_1 \pm q\omega_2|$（$p$、$q$ 取整数）。其中，p=1、q=1 的组合频率分量 $\omega_s = |\pm\omega_1 \pm \omega_2|$ 来自有用相乘项，而其他的组合频率分量都来自无用相乘项，这势必会造成对有用信号的干扰。一般组合频率分量都是成对出现的，且对应的频率分量振幅相等。

为减少非线性器件产生的无用组合频率分量，可通过选择合适的静态工作点使器件工作在特性接近平方律的区域，或者选用具有平方律特性的器件，如场效应管等。

7.2 振幅调制

扫一扫下载看 AM 调制动画

扫一扫下载看振幅调制动画

7.2.1 调制的概念及分类

在无线电广播、电视、雷达等系统中，调制与解调电路是不可或缺的重要组成部分，其性能的好坏将直接影响电子系统的质量。

用需要传输的基带信号去控制高频载波信号的某一参数——振幅、角频率或相位，使其随基带信号的变化而变化，这一过程称为调制。调制的种类很多，其分类方式也不尽相同，按照调制信号的波形区分，调制可以分为模拟调制和数字调制；按照载波信号的波形区分，调制可以分为正弦波调制、脉冲调制等。

如果以单频正弦波作为载波，那么其一般数学表达式为

$$u(t) = U_m\cos\varphi(t) = U_m\cos(\omega t + \varphi_0) \tag{7.9}$$

式中，U_m 为正弦波的振幅；ω 为瞬时角频率；$\varphi(t)$ 为瞬时相位；φ_0 为初相位。

正弦波有振幅、角频率、相位三要素。用调制信号可控制载波的任一要素，分别形成振幅调制、频率调制和相位调制，简称调幅（AM）、调频（FM）和调相（PM），使它们随着调制信号的大小而变化。若以矩形脉冲为载波，以脉冲高度、脉冲宽度和脉冲位置为受控对象，则可将调制分为脉幅调制（PAM）、脉宽调制（PWM）和脉位调制（PPM）。

7.2.2 调幅的分类及方法

调幅指用调制信号控制高频载波的振幅，使高频载波的振幅按照调制信号的规律变化，并保持载波的角频率不变。根据输出已调波频谱分量的不同，调幅可分为普通调幅（标准调幅，AM）、抑制载波的双边带调幅（DSB）、抑制载波的单边带调幅（SSB）等。它们的主要区别在于其产生的方法和频谱的结构不同。

7.2.3　普通调幅信号

扫一扫看普通调幅波的分析教学课件

扫一扫看普通调幅波的分析教学视频

1. 普通调幅信号的数学表达式

普通调幅信号是载波信号振幅按调制信号$u_{\Omega}(t)$的规律变化的一种振幅调制信号。设高频载波信号为$u_{c}(t)=U_{cm}\cos\omega_{c}t$，调幅时载波的频率和相位不变，而振幅将随调制信号$u_{\Omega}(t)$呈线性变化，调幅波的振幅可写为$U_{AM}(t)=U_{cm}+k_{a}u_{\Omega}(t)$。其中，$k_{a}$是一个与调幅电路有关的比例常数。因此，普通调幅信号的数学表达式为

$$u_{AM}(t)=U_{AM}(t)\cos\omega_{c}t=[U_{cm}+k_{a}u_{\Omega}(t)]\cos\omega_{c}t \tag{7.10}$$

下面将调制信号分为两种情况进行讨论。

（1）单频调制信号。

若调制信号为单频正弦波，则

$$u_{\Omega}(t)=U_{\Omega m}\cos\Omega t=U_{\Omega m}\cos 2\pi Ft \tag{7.11}$$

式中，F为调制信号的频率，且$F<f_{c}$。

将调制信号$u_{\Omega}(t)$的表达式代入普通调幅信号的数学表达式，得到

$$\begin{aligned}u_{AM}(t)&=[U_{cm}+k_{a}u_{\Omega}(t)]\cos\omega_{c}t\\&=U_{cm}\left(1+\frac{k_{a}U_{\Omega m}}{U_{cm}}\cos\Omega t\right)\cos\omega_{c}t\\&=U_{cm}\left(1+\frac{\Delta U_{cm}}{U_{cm}}\cos\Omega t\right)\cos\omega_{c}t\\&=U_{cm}(1+m_{a}\cos\Omega t)\cos\omega_{c}t\end{aligned} \tag{7.12}$$

式中，$\Delta U_{cm}=k_{a}U_{\Omega m}$为受调后载波电压振幅的最大变化；$m_{a}=k_{a}U_{\Omega m}/U_{cm}$为调幅系数或调幅度，表示载波振幅受调制信号控制的程度，m_{a}与$U_{\Omega m}$成正比；$U_{AM}(t)=U_{cm}(1+m_{a}\cos\Omega t)$是调幅信号的振幅，称为调幅波的包络，反映了调制信号的变化规律。由此可得调幅波的最大振幅为U_{cmax}，最小振幅为U_{cmin}，则有

$$m_{a}=\frac{\Delta U_{cm}}{U_{cm}}=\frac{U_{cmax}-U_{cmin}}{U_{cmax}+U_{cmin}} \tag{7.13}$$

（2）多频调制信号。

若调制信号为多频信号，则

$$\begin{aligned}u_{\Omega}(t)&=U_{\Omega m1}\cos\Omega_{1}t+U_{\Omega m2}\cos\Omega_{2}t+\cdots+U_{\Omega mn}\cos\Omega_{n}t\\&=U_{\Omega m1}\cos 2\pi F_{1}t+U_{\Omega m2}\cos 2\pi F_{2}t+\cdots+U_{\Omega mn}\cos 2\pi F_{n}t\end{aligned} \tag{7.14}$$

式中，$\Omega<\omega_{1}<\omega_{2}<\cdots<\omega_{n}<\omega_{c}$。

则有

$$\begin{aligned}u_{AM}(t)&=U_{cm}(1+m_{a1}\cos\Omega_{1}t+m_{a2}\cos\Omega_{2}t+\cdots+m_{an}\cos\Omega_{n}t)\cos\omega_{c}t\\&=U_{cm}\left(1+\sum_{i=1}^{n}m_{ai}\cos\Omega_{i}t\right)\cos\omega_{c}t\end{aligned} \tag{7.15}$$

式中，$m_{ai}=\dfrac{k_{a}U_{\Omega mi}}{U_{cm}}$。

由此可分别推导出当调制信号为单频信号和多频信号时普通调幅信号的数学表达式。

2. 普通调幅信号的波形

根据普通调幅信号的数学表达式，进一步研究普通调幅信号的波形。图 7.6 所示为当调制信号为正弦波形时普通调幅波的形成过程（单频调制）。由图可以看出，调幅波是载波振幅按照调制信号的大小呈线性变化的高频振荡，载波频率保持不变。

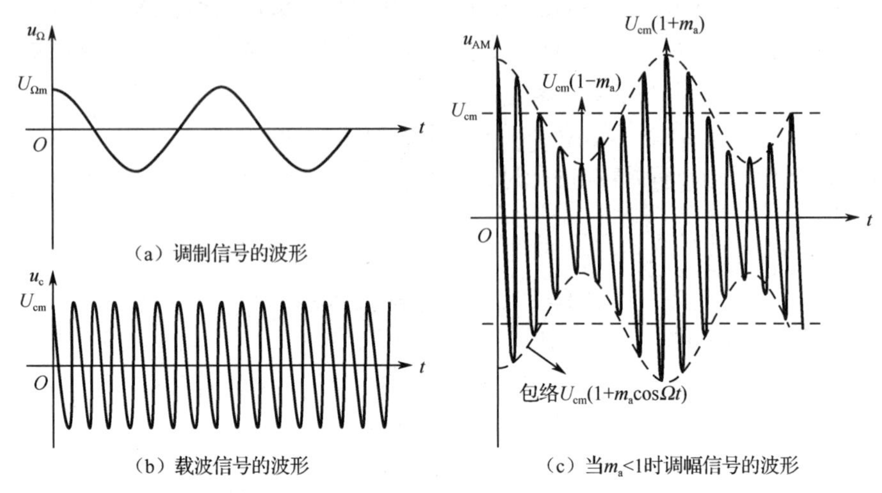

（a）调制信号的波形

（b）载波信号的波形

（c）当$m_a<1$时调幅信号的波形

图 7.6　当调制信号为正弦波形时普通调幅波的形成过程（单频调制）

实际上调制信号并非单一频率的正弦信号，而是包含众多频率分量的复杂信号。在理想情况下，复杂信号调制后的调幅信号包络与调制信号的波形相同。图 7.7 所示为复杂信号调制后的调幅信号波形，说明调幅波携带原调制信号的信息。

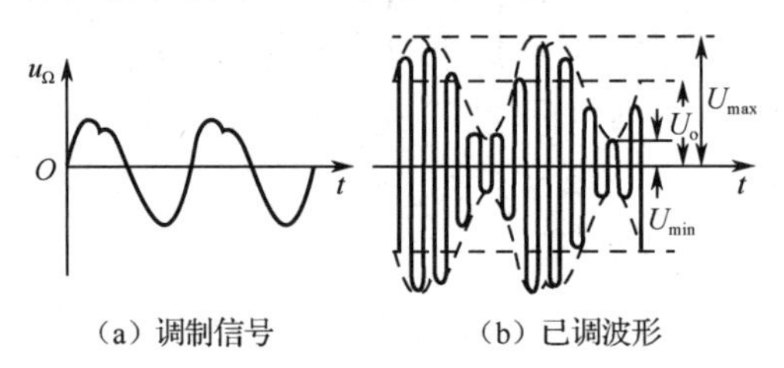

（a）调制信号　　（b）已调波形

图 7.7　复杂信号调制后的调幅信号波形

扫一扫下载看普通调幅波的产生及过调幅失真动画

3. 调幅系数对调幅波的影响

由普通调幅信号的数学表达式可知，调幅系数是一个非常重要的参数，其大小会直接影响调幅波的变化规律，甚至会引起波形失真。这里讨论调幅系数 m_a 的取值对调幅波的影响。

由图 7.6 可以看出，当调幅系数 $m_a<1$ 时，调幅波是载波振幅按照调制信号的大小呈线性变化的高频振荡。其载波频率维持不变，即每一个高频波的周期是相等的，因而波形的疏密程度均匀一致，与未调制的载波波形的疏密程度相同。这说明调幅波的包络与调制信号的波形完全相同，它反映了调制信号的变化规律。m_a 的值越大，调幅度越深。当 $m_a=1$ 时，调幅达到最大值，称为百分之百调幅，此时调幅波的波形如图 7.8 所示。m_a 继续增大会导致已调波出现过调幅，从而产生严重失真。

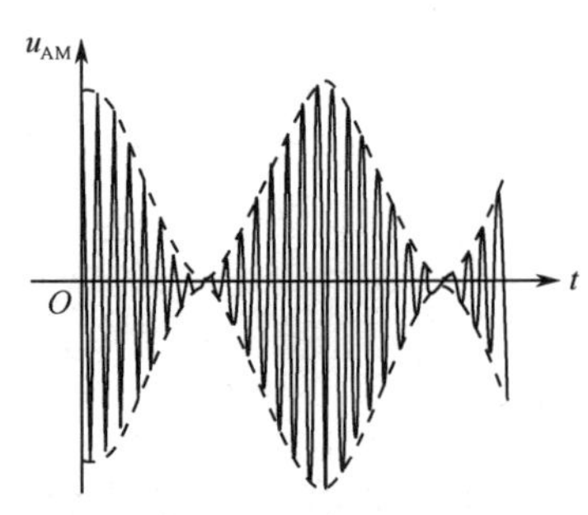

图 7.8　当 $m_a=1$ 时调幅波的波形

图 7.9 所示为在理想情况和实际情况下，当 $m_a>1$ 时的调幅波波形。可见此时调幅波包络已不能反映调制信号的变化规律。在实际调幅器中，实际情况对基极调幅来说，在 $t_1 \sim t_2$ 时间内，由于三极管的发射结加反偏电压而截止，使得 $u_{AM}(t)=0$，即出现包络部分中断，此时调幅波将产生失真，称为过调幅失真，将 $m_a>1$ 时的调幅称为过调幅。因此，为了避免出现过调幅失真，应使调幅系数 $0<m_a\leqslant 1$。

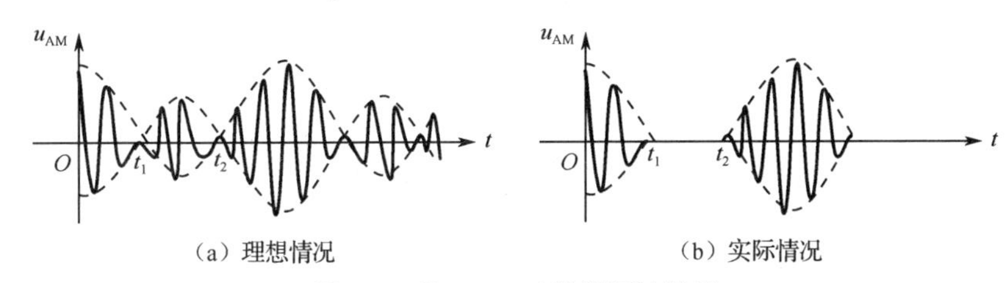

（a）理想情况　　（b）实际情况

图 7.9　当 $m_a>1$ 时的调幅波波形

因此，合理选择 m_a 的值尤其重要，在调幅波的实验中，可以选取不同调幅系数的值，观察调幅波的变化规律。

4. 普通调幅波的频谱与带宽

根据调制信号为单频调制和多频调制两种情况，分别讨论普通调幅波的频谱与带宽。

1）单频调制信号的频谱与带宽

已知普通调幅信号的数学表达式为

$$u_{AM}(t)=U_{cm}(1+m_a\cos\Omega t)\cos\omega_c t \tag{7.16}$$

利用积化和差将上式进行分解，得到

$$u_{AM}(t)=U_{cm}\cos\omega_c t+\frac{1}{2}m_aU_{cm}\cos(\omega_c+\Omega)t+\frac{1}{2}m_aU_{cm}\cos(\omega_c-\Omega)t \tag{7.17}$$

上式表明，单频正弦波调制后，普通调幅波由 3 个不同频率分量的信号组成：第一项为载波分量，其频率为 f_c，振幅为 U_{cm}；第二项为上边频分量，其频率为载波频率与调制频率之和，即 f_c+F，振幅为 $\frac{1}{2}m_aU_{cm}$；第三项为下边频分量，其频率为载波频率与调制频率之差，即 f_c-F，振幅为 $\frac{1}{2}m_aU_{cm}$。上、下边频分量是由调制产生的新频率。将这 3 个分量的振幅与频率之间的关系画出来，得到图 7.10 所示的频谱图。由于 m_a 的取值最大为 1，因此上、下边频分量的振幅最大值不超过载波分量振幅的一半。

由图 7.10 可见，上、下边频分量分布于载波分量的两侧，并且关于载波对称。普通调幅波的频谱宽度简称带宽，用 f_{bw} 表示，可求出

$$f_{bw}=(f_c+F)-(f_c-F)=2F \tag{7.18}$$

即单频正弦调幅波的带宽与调制信号的频率有关，为调制信号频率的 2 倍。

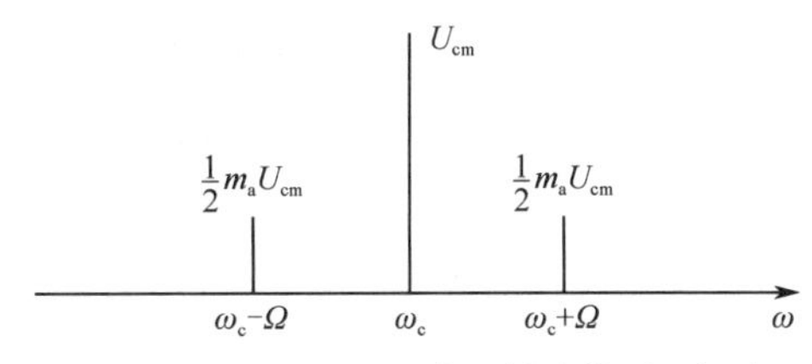

图 7.10　当单频正弦波调制时普通调幅波的频谱图

2）多频调制信号的频谱与带宽

若调制信号为包含有限带宽的多频信号，则其调幅信号的数学表达式为

$$u_{\mathrm{AM}}(t)=U_{\mathrm{cm}}(1+m_{\mathrm{a}1}\cos\Omega_1 t+m_{\mathrm{a}2}\cos\Omega_2 t+\cdots+m_{\mathrm{a}n}\cos\Omega_n t)\cos\omega_{\mathrm{c}}t$$
$$=U_{\mathrm{cm}}\left(1+\sum_{i=1}^{n}m_{\mathrm{a}i}\cos\Omega_i t\right)\cos\omega_{\mathrm{c}}t \tag{7.19}$$

此式可变换为

$$u_{\mathrm{AM}}(t)=U_{\mathrm{cm}}\cos\omega_{\mathrm{c}}t+\sum_{i=1}^{n}\frac{1}{2}m_{\mathrm{a}i}U_{\mathrm{cm}}\cos(\omega_{\mathrm{c}}+\Omega_i)t+\sum_{i=1}^{n}\frac{1}{2}m_{\mathrm{a}i}U_{\mathrm{cm}}\cos(\omega_{\mathrm{c}}-\Omega_i)t \tag{7.20}$$

上式表明，多频正弦波调制后，普通调幅波的频谱由载波分量和 n 对上、下边带组成，且上、下边带对称于载波分量的两侧。当多频正弦波调制时普通调幅波的频谱图如图 7.11 所示，其中，下边带的频率范围为 $(f_{\mathrm{c}}-F_n)\sim(f_{\mathrm{c}}-F_1)$，上边带的频率范围为 $(f_{\mathrm{c}}+F_1)\sim(f_{\mathrm{c}}+F_n)$。

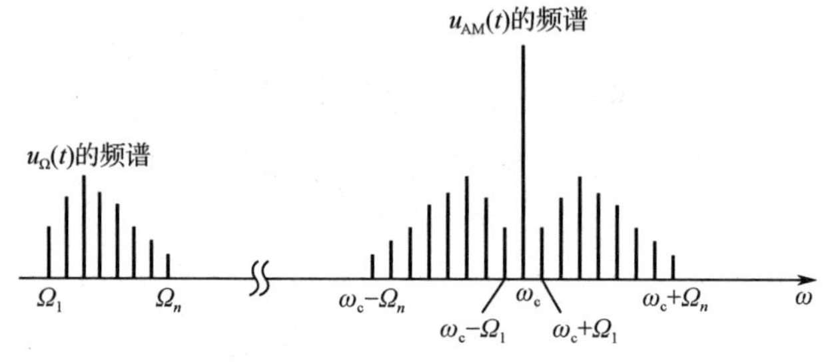

图 7.11　当多频正弦波调制时普通调幅波的频谱图

由于最低调制频率为 $F_{1\min}$，最高调制频率为 $F_{n\max}$，故当多频调制时普通调幅波的带宽为

$$f_{\mathrm{bw}}=2F_n=2F_{n\max} \tag{7.21}$$

即调幅波的带宽为调制信号最高频率的 2 倍。

综上，调幅的过程实质上是一种线性频谱搬移，反映在波形上是将调制信号 $u_{\Omega}(t)$ 不失真地搬移到高频载波信号的振幅上，而在频域上则将 $u_{\Omega}(t)$ 的频谱不失真地搬移到 f_{c} 的两侧，形成上、下边频或上、下边带。

5. 普通调幅波的功率关系

基于普通调幅信号的数学表达式、波形、频谱与带宽等基本性质，研究普通调幅波的功率关系，便于更好地分析调幅发送设备的性能指标。

假设调制信号为单频正弦波，作用于电阻为 R 的负载，则可以求出各频率分量所对应的功率。

根据普通调幅波的频谱图可知，其频谱由三个部分组成：载频、上边频和下边频。载频分量的振幅为 U_{cm}，上、下边频分量的振幅相等，都为 $\frac{1}{2}m_{\mathrm{a}}U_{\mathrm{cm}}$。要求出各分量的功率，将各分量振幅代入功率公式 $P=\frac{U^2}{2R}$ 即可。

（1）载波功率为

$$P_{\mathrm{c}}=\frac{U_{\mathrm{cm}}^2}{2R} \tag{7.22}$$

（2）上、下边频功率为

$$P_{\mathrm{sb1}}=P_{\mathrm{sb2}}=\frac{\left(\frac{1}{2}m_{\mathrm{a}}U_{\mathrm{cm}}\right)^2}{2R}=\frac{(m_{\mathrm{a}}U_{\mathrm{cm}})^2}{8R}=\frac{m_{\mathrm{a}}^2P_{\mathrm{c}}}{4} \tag{7.23}$$

（3）总边频功率为

$$P_{sb} = 2P_{sb1} = \frac{m_a^2 P_c}{2} \text{（有用功率）} \tag{7.24}$$

（4）一个周期内调幅波的平均总输出功率为

$$P_{av} = P_c + P_{sb} = \left(1 + \frac{m_a^2}{2}\right) P_c \tag{7.25}$$

（5）最大瞬时功率为

$$P_{max} = (1 + m_a)^2 P_c \tag{7.26}$$

以上为当单频调制时普通调幅波的功率关系，如果调制信号为多频信号，那么普通调幅波的平均总输出功率等于载波和各个边带分量的功率之和。

分析可知：①调幅波的平均总输出功率 P_{av} 和总边频功率 P_{sb} 随 m_a 的增大而增加，m_a 越大，调幅波的输出功率越大，因此 m_a 越大越好；②载波不包含待传输的调制信号；③所要传输的信息（调制信号）只存在于边频功率中；④在调幅波的平均总输出功率 P_{av} 中，真正有用的是总边频功率 P_{sb}，载波功率 P_c 是没有用的。

有用的边频功率占整个调幅波平均总输出功率的比例很小，发送设备的效率很低，这是调幅本身固有的缺点。考虑到普通调幅方式实现简单，且用户接收设备解调容易制作，目前该方式仍在无线电广播系统中被广泛应用。

下面举例说明普通调幅波功率关系的具体计算。

例 7.2.1　设载波功率 P_c 为 100 W，问当调幅度 m_a 分别为 1 及 0.5 时，总边频功率、平均总输出功率各为多少？

解：（1）当 m_a =1 时

总边频功率：$P_{sb}=m_a^2 P_c / 2= 50$（W）

平均总输出功率：$P_{av}=P_c+P_{sb}=(1+ m_a^2/2)P_c=150$（W）

（2）当 $m_a = 0.5$ 时

总边频功率：$P_{sb}=m_a^2 P_c / 2= 12.5$（W）

平均总输出功率：$P_{av}=P_c+P_{sb}=(1+ m_a^2/2)P_c=112.5$（W）

例 7.2.2　若单频调幅波的载波功率 P_c=1 000 W，调幅系数 m_a =0.3。求：

（1）总边频功率 P_{sb}；

（2）平均总功率（平均总输出功率）P_{av}；

（3）最大瞬时功率 P_{max}。

解：（1）总边频功率为

$$P_{sb}=m_a^2 P_c / 2= 45 \text{（W）}$$

（2）平均总功率为

$$P_{av} = P_c+P_{sb}=(1+ m_a^2 / 2)P_c=1\,045 \text{（W）}$$

（3）最大瞬时功率为

$$P_{max}= (1+m_a)^2P_c =1\,690 \text{（W）}$$

7.2.4　双边带调幅信号

扫一扫看双边带调幅波的分析教学课件

扫一扫看双边带调幅波的分析教学视频

由于载波信号不携带有用信息，因此为提高发送设备效率，考虑在调幅信号发射前抑制掉载波分量，仅传输携带调制信号信息的上、

下边频分量，这种方式称为抑制载波的调幅方式。如果在传输前将载波分量抑制掉，仅传输上、下两个边频（或边带）分量，那么该调制方式称为抑制载波的双边带调制，简称双边带调制（DSB）。下面讨论双边带调幅信号的基本性质。

1. 双边带调幅信号的数学表达式

假设调制信号为单频调制，则普通调幅信号的数学表达式为

$$u_{\mathrm{AM}}(t)=U_{\mathrm{cm}}\cos\omega_{\mathrm{c}}t+\frac{1}{2}m_{\mathrm{a}}U_{\mathrm{cm}}\cos(\omega_{\mathrm{c}}-\Omega)t+\frac{1}{2}m_{\mathrm{a}}U_{\mathrm{cm}}\cos(\omega_{\mathrm{c}}+\Omega)t \tag{7.27}$$

去掉第一项载频分量，可得双边带调幅信号的数学表达式为

$$u_{\mathrm{DSB}}(t)=\frac{1}{2}m_{\mathrm{a}}U_{\mathrm{cm}}\cos(\omega_{\mathrm{c}}-\Omega)t+\frac{1}{2}m_{\mathrm{a}}U_{\mathrm{cm}}\cos(\omega_{\mathrm{c}}+\Omega)t \tag{7.28}$$

假设调制信号为多频调制，则普通调幅信号的数学表达式为

$$u_{\mathrm{AM}}(t)=U_{\mathrm{cm}}\cos\omega_{\mathrm{c}}t+\sum_{i=1}^{n}\frac{1}{2}m_{\mathrm{a}i}U_{\mathrm{cm}}\cos(\omega_{\mathrm{c}}-\Omega_i)t+\sum_{i=1}^{n}\frac{1}{2}m_{\mathrm{a}i}U_{\mathrm{cm}}\cos(\omega_{\mathrm{c}}+\Omega_i)t \tag{7.29}$$

同样去掉第一项载频分量，可得到双边带调幅信号的数学表达式为

$$u_{\mathrm{DSB}}(t)=\sum_{i=1}^{n}\frac{1}{2}m_{\mathrm{a}i}U_{\mathrm{cm}}\cos(\omega_{\mathrm{c}}-\Omega_i)t+\sum_{i=1}^{n}\frac{1}{2}m_{\mathrm{a}i}U_{\mathrm{cm}}\cos(\omega_{\mathrm{c}}+\Omega_i)t \tag{7.30}$$

2. 双边带调幅信号的波形

图 7.12 所示为双边带调幅波的形成过程，双边带调幅信号的包络已不再反映原调制信号的变化规律。当在调制信号的负半周内时，双边带调幅信号的波形与原载频倒相，表明载波信号产生 180°相移。此外，当调制信号由正值或负值过零点时，双边带调幅信号发生 180°的相位突变。

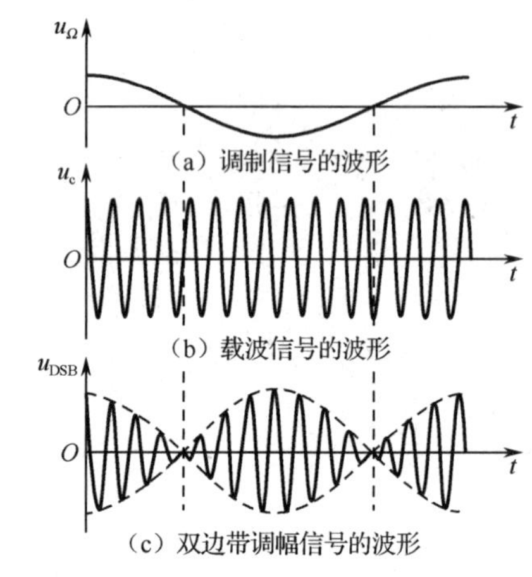

图 7.12 双边带调幅波的形成过程

3. 双边带调幅波的频谱与带宽

单频正弦调制双边带调幅波的频谱图如图 7.13 所示，与普通调幅波的频谱相比，它仅仅去掉了中间的载频分量（呈虚线），只有上、下边频分量，其带宽与普通调幅波的带宽相同，依然为

$$f_{\mathrm{bw}}=2F \tag{7.31}$$

同理，多频正弦调制双边带调幅波的频谱图如图 7.14 所示，与普通调幅波的频谱相比，同样仅去掉了中间的载频分量（呈虚线），只有上、下边带分量，其带宽仍为调制信号中最高频率的 2 倍，即

$$f_{\mathrm{bw}}=2F_{n\max} \tag{7.32}$$

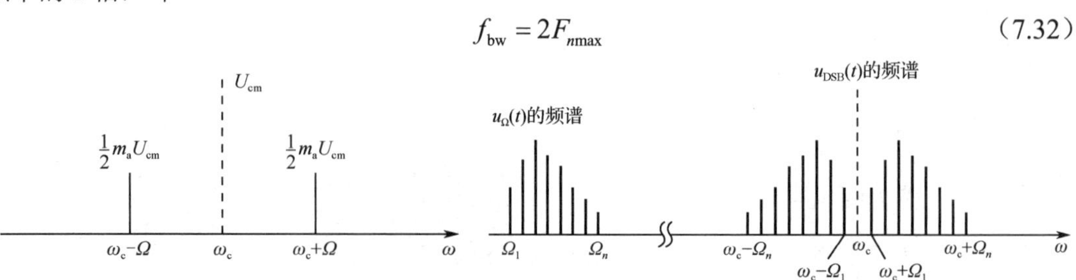

图 7.13 单频正弦调制双边带调幅波的频谱图　　图 7.14 多频正弦调制双边带调幅波的频谱图

7.2.5　单边带调幅信号

1. 单边带调幅信号的数学表达式

由于双边带调幅信号的上、下边带都包含调制信号的信息，为进一步节省发射功率，减小频谱带宽，考虑只传输一个边带信号，这种调制方式称为抑制载波的单边带调制，简称单边带调制（SSB）。

当调制信号为单频信号时，单边带调幅信号的数学表达式为

$$\begin{cases} u_{\text{SSB}}(t)=\dfrac{1}{2}m_{\text{a}}U_{\text{cm}}\cos(\omega_{\text{c}}+\Omega)t \quad \text{（上边频）} & (7.33) \\ u_{\text{SSB}}(t)=\dfrac{1}{2}m_{\text{a}}U_{\text{cm}}\cos(\omega_{\text{c}}-\Omega)t \quad \text{（下边频）} & (7.34) \end{cases}$$

当调制信号为多频信号时，单边带调幅信号的数学表达式为

$$\begin{cases} u_{\text{SSB}}(t)=\sum\limits_{i=1}^{n}\dfrac{1}{2}m_{\text{a}i}U_{\text{cm}}\cos(\omega_{\text{c}}+\Omega_i)t \quad \text{（上边带）} & (7.35) \\ u_{\text{SSB}}(t)=\sum\limits_{i=1}^{n}\dfrac{1}{2}m_{\text{a}i}U_{\text{cm}}\cos(\omega_{\text{c}}-\Omega_i)t \quad \text{（下边带）} & (7.36) \end{cases}$$

2. 单边带调幅信号的波形和频谱

图 7.15 所示为当单频调制时单边带调幅信号的波形和频谱。该调幅波相当于一个等幅的高频振荡信号，频率为 $f_{\text{c}}+F$ 或 $f_{\text{c}}-F$，频谱分量仅为一个边频分量。分析可知，单边带调幅仍为线性频谱搬移，其带宽为普通调幅波或双边带调幅波的一半，当单频调制时单边带调幅波的带宽为 $f_{\text{bw}}=F$，而当多频调制时单边带调幅波的带宽为

$$f_{\text{bw}}=F_{\max} \tag{7.37}$$

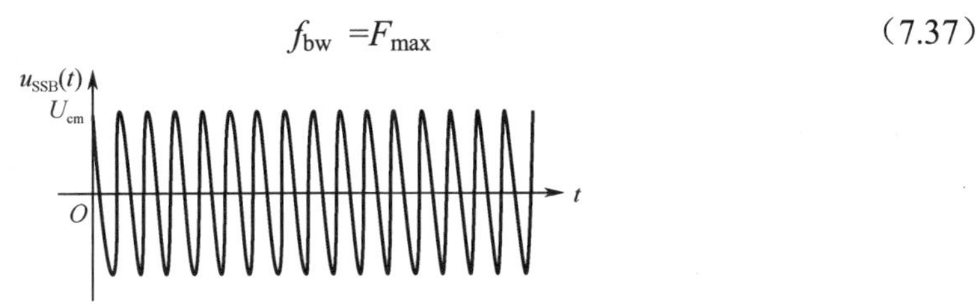

（a）单边带调幅信号的波形

（b）单边带调幅信号的频谱

图 7.15　当单频调制时单边带调幅信号的波形和频谱

单边带调制将普通调幅信号或双边带调幅信号的带宽压缩了一半，这对于提高短波波段的频带利用率具有重大的现实意义。

三种调幅方式的特点比较如表 7.1 所示。单边带调幅既节省了功率又节省了带宽，但发送设备和接收设备较为复杂。在实际应用中，可根据电路的具体要求，采用不同形式的调幅方式。

表7.1　三种调幅方式的特点比较

调幅方式	特点	应用
普通调幅（AM）	发送设备效率很低，频带较宽。但收发设备较简单，成本低	主要用于中、短波无线电广播系统
双边带调幅（DSB）	发送设备效率较高，但频带宽，收发设备较复杂	实际应用少
单边带调幅（SSB）	发送设备效率最高，频带节约一半，收发设备复杂	广泛应用于短波无线电通信

下面通过例题来研究调幅波基本参数的应用。

例7.2.3　已知调幅信号的频谱图如图7.16所示。

（1）分析该调幅信号的具体类型；

（2）求该调幅信号的调幅系数 m_a 及带宽 f_{bw}；

（3）计算在单位电阻上消耗的总边频功率和平均总功率。

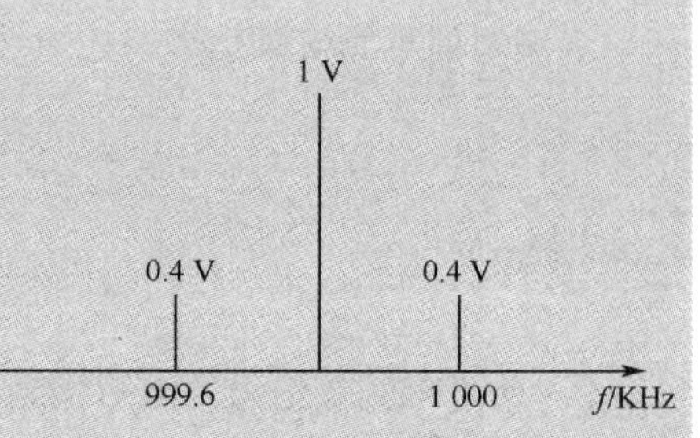

图7.16　例7.2.3调幅信号的频谱图

解：（1）观察图7.16可知，图中有3根谱线，因此该调幅信号为普通调幅信号。

（2）根据调幅波频谱的振幅可知，中间一根为载波，因此 U_{cm}=1 V，边频分量振幅 $m_aU_{cm}/2$=0.4，调幅系数为

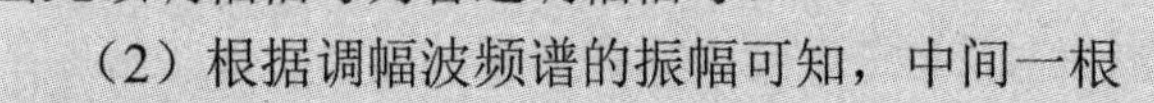

$$m_a = 0.8$$

带宽为

$$f_{bw} = 1\,000\text{ kHz} - 999.6\text{ kHz} = 0.4\text{ kHz} = 400\text{ Hz}$$

（3）载波功率为

$$P_c = \frac{U_{cm}^2}{2R} = 0.5\text{（W）}$$

总边频功率为

$$P_{sb} = \frac{m_a^2 P_c}{2} = 0.16\text{（W）}$$

平均总功率为

$$P_{av} = P_c + P_{sb} = 0.66\text{（W）}$$

7.3　调幅电路

7.3.1　调幅电路的分类

调幅电路属于频谱的线性搬移电路，其特点是将输入信号的频谱沿着频率轴进行不失真的搬移，实现将输入的调制信号和载波信号通过电路变换为高频调幅信号的功能。一般按照输出功率的高低，将调幅电路分为低电平调幅电路和高电平调幅电路两大类。

低电平调幅电路的调制过程是在低电平级进行的，一般发生在发送设备前级，经过高频功率放大器放大到所需要的功率。由于低电平调幅电路所需要的调制功率小，因此其输出功

率和效率并非重要指标，而应重点关注调制的线性度和载波抑制度，以减少无用的频率分量。属于这种类型的调幅电路有二极管平方律调幅电路、模拟乘法器调幅电路、平衡调幅电路等，一般用于产生 AM、DSB、SSB 信号等。

高电平调幅电路的调制过程在高电平级进行，位于发送设备末级，一般用调制信号控制丙类工作状态的谐振功率放大器直接产生满足发送设备功率要求的已调信号，获得大的输出功率。其优点是整机效率高。这一类型的调幅电路包括集电极调幅电路和基极调幅电路，一般用于产生 AM 信号。

7.3.2　低电平调幅电路

扫一扫看低电平振幅调制电路教学课件

扫一扫看低电平振幅调制电路教学视频

1. 二极管平方律调幅电路

图 7.17 所示为二极管平方律调幅电路，该电路中的非线性器件实现频率变换，带通滤波器选出所需要的频率分量。电路的输入信号包含载波信号和调制信号，可以利用非线性器件的幂级数展开式进行电路分析。

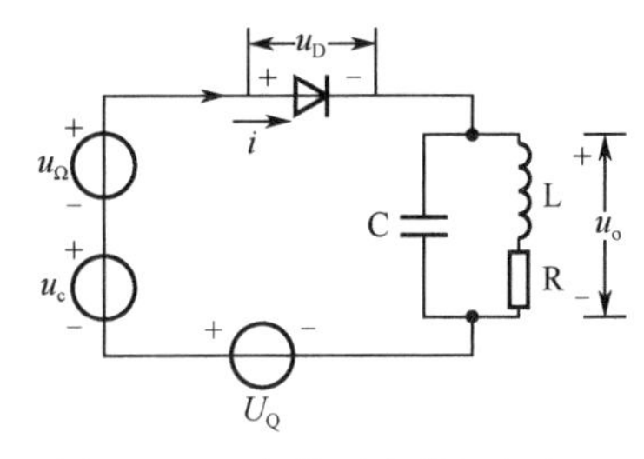

图 7.17　二极管平方律调幅电路

直流偏置电压 U_Q、调制信号 $u_\Omega(t)$和载波信号 $u_c(t)$共同作用于二极管，通过二极管的非线性变换，在流过二极管的电流 i 中产生各种组合频率分量，并联谐振电路谐振于中心频率 ω_c，仅取出 $w_c \pm \Omega$ 的频率分量。二极管两端的电压为

$$u_D(t) = U_Q + u_\Omega(t) + u_c(t) = U_Q + U_{\Omega m}\cos\Omega t + U_{cm}\cos\omega_c t \tag{7.38}$$

利用幂级数展开式进行分析，忽略输出电压对二极管的反作用，流过二极管的电流 i 为

$$i = a_0 + a_1(U_{\Omega m}\cos\Omega t + U_{cm}\cos\omega_c t)^2 + \cdots + a_n(U_{\Omega m}\cos\Omega t + U_{cm}\cos\omega_c t)^n + \cdots \tag{7.39}$$

由上式可知，经过二极管的非线性变换后，出现了许多新的频率分量，其一般表达式为

$$\omega_s = |\pm p\omega_c \pm q\Omega| \quad (p, q = 0,1,2,\cdots) \tag{7.40}$$

由于只有 ω_c、$\omega_c \pm \Omega$ 的频率分量才能构成所需要的载频及上、下边频分量，且上、下边频分量是由幂级数展开式中的平方项产生的，因此称为平方律调幅。

若幂级数展开式只取前三项，设并联谐振电路的谐振电阻为 R_L，则输出电压为

$$u_o(t) = a_1 U_{cm} R_L (1 + m_a\cos\Omega t)\cos\omega_c t \tag{7.41}$$

式中，$m_a = \dfrac{2a_2 U_{\Omega m}}{a_1}$，表明输出信号 $u_o(t)$ 为普通调幅波。

二极管平方律调幅电路具有以下特点。

（1）调幅系数 m_a 的大小由调制信号电压振幅 $U_{\Omega m}$ 及调制器的特性曲线决定，即由 a_1、a_2 决定；

（2）通常 $a_2 \ll a_1$，该电路所得到的调幅系数并不大；

（3）为了使电子元器件工作于平方律部分，电子管或三极管应工作于甲类非线性状态；

（4）电路效率不高，无用成分多，所以该调幅电路主要用于低电平调制。

2. 模拟乘法器调幅电路

扫一扫下载看模拟乘法器调幅器动画

模拟乘法器是对两个模拟信号（电压或电流）实现相乘功能的有源非线性器件，主要功能是实现两个信号相乘，即输出信号与两个输入信号的乘积成正

比。设输入信号为$u_x(t)$和$u_y(t)$，输出信号为$u_o(t)$，则理想模拟乘法器的传输特性方程可表示为

$$u_o(t)=K_m u_x(t)u_y(t) \tag{7.42}$$

式中，K_m是模拟乘法器的比例系数或增益系数。

1）普通调幅电路

普通调幅电路由模拟乘法器和运算放大器组成。模拟乘法器普通调幅电路如图 7.18 所示。图中，若输入信号为$u_\Omega(t)$、$u_c(t)$，则模拟乘法器的输出信号$u_{o1}(t)$为

$$u_{o1}(t)=K_m u_\Omega(t)u_c(t) \tag{7.43}$$

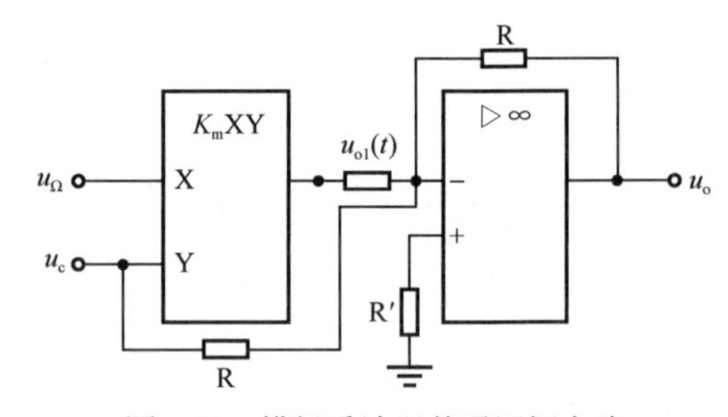

图 7.18　模拟乘法器普通调幅电路

假设单频调制信号为$u_\Omega(t)=U_{\Omega m}\cos\Omega t$，载波信号为$u_c(t)=U_{cm}\cos\omega_c t$，则输出电压

$$\begin{aligned}u_o(t)&=-[u_c(t)+u_{o1}(t)]\\&=-U_{cm}(1+K_m U_{\Omega m}\cos\Omega t)\cos\omega_c t\\&=-U_{cm}(1+m_a\cos\Omega t)\cos\omega_c t\end{aligned} \tag{7.44}$$

式中，$m_a=K_m U_{\Omega m}$，一般要求$|K_m U_{\Omega m}|<1$，以保证输出信号不失真。

上述数学表达式符合普通调幅信号的数学表达式，说明该电路的输出信号为普通调幅信号。

2）双边带调幅电路

模拟乘法器也可以用来产生抑制载波的双边带调幅信号。图 7.19 所示为模拟乘法器实现双边带调幅的模型，输入端加入的载波信号$u_c(t)$和调制信号$u_\Omega(t)$相乘，为提高输出信号的频谱纯净度，可接入带通滤波器。

扫一扫下载看 DSB 调制动画

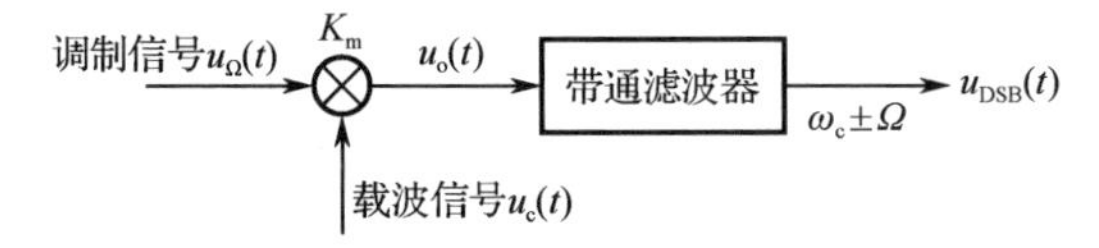

图 7.19　模拟乘法器实现双边带调幅的模型

设调制信号$u_\Omega(t)=U_{\Omega m}\cos\Omega t$，载波信号$u_c(t)=U_{cm}\cos\omega_c t$，当$U_{\Omega m}$和$U_{cm}$都不太大，模拟乘法器工作在线性动态范围时，其输出电压为

$$u_o(t)=K_m u_\Omega(t)u_c(t)=K_m U_{\Omega m}U_{cm}\cos\Omega t\cos\omega_c t \tag{7.45}$$

上式说明输出信号$u_o(t)$为双边带调幅信号，可见，模拟乘法器可以实现双边带调幅功能。

3）单边带调幅电路

单边带调幅电路广泛用于短波通信，具有节省带宽和功率的特点，且不易受传播条件的影响，因其只有一个边带分量，故不容易产生选择性衰落现象。但其缺点是实现调制的通信设备较为复杂、成本高，收发设备需要很高的频率稳定度。

基于抑制载波的双边带调幅信号，采用滤波法滤除一个边带或采用相移法可以得到单边带调幅信号。

扫一扫下载看 SSB 调制动画

（1）滤波法。

基于抑制载波的双边带调幅信号，可以先通过带通滤波器滤除双

边带调幅信号中的一个边带，获得单边带调幅信号，再通过已调波放大后发送出去。图 7.20 所示为用滤波法实现单边带调幅的原理框图。

用调制信号 $u_{\Omega}(t)$ 与载波信号 $u_{c}(t)$ 相乘可以实现双边带调幅电路。图 7.21 所示为双边带调幅信号的频谱。其频谱为抑制载波的上、下边带信号。双边带调幅信号经过带通滤波器后滤除下边带或上边带，得到单边带调幅信号，单边带调幅信号的频谱分别如图 7.22 和图 7.23 所示。

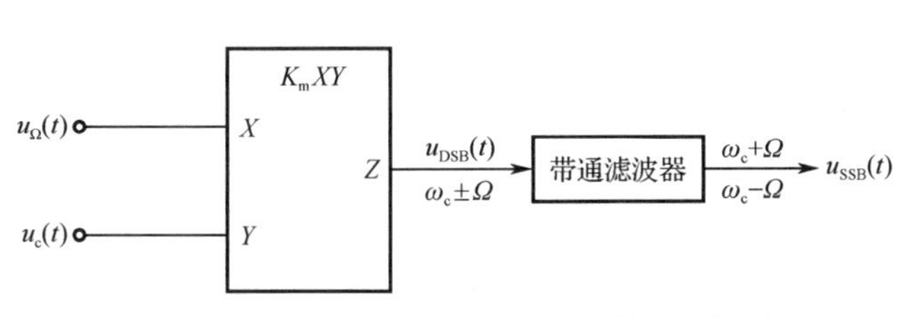

图 7.20　用滤波法实现单边带调幅的原理框图

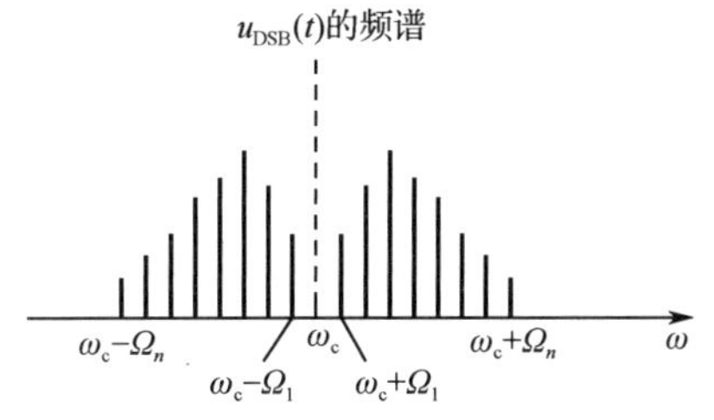

图 7.21　双边带调幅信号的频谱

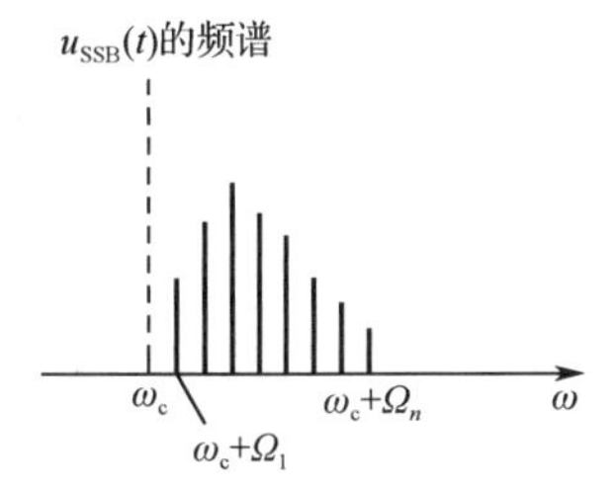

图 7.22　单边带调幅信号的频谱（上边带）

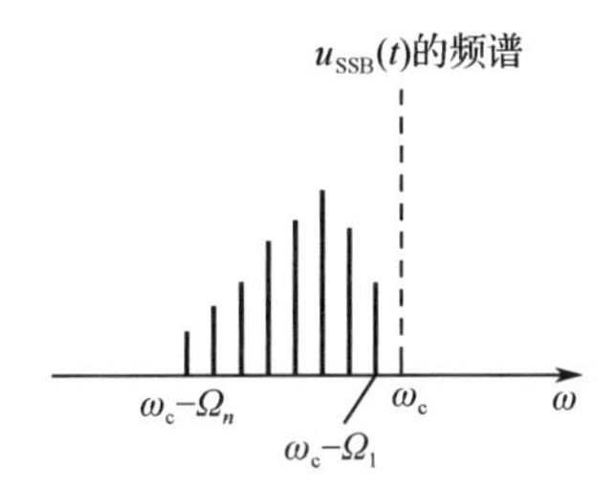

图 7.23　单边带调幅信号的频谱（下边带）

（2）相移法。

滤波法在实现单边带调制时对滤波器的要求很高，一般上、下边带之间的距离很近，在高频上设计优良性能的滤波器来滤除一个边带，实现起来非常困难。在实际应用中也考虑相移法，利用移相的方法消去其中一个边带，得到所需要的单边带信号。

图 7.24 所示为用相移法实现单边带调幅的原理框图。

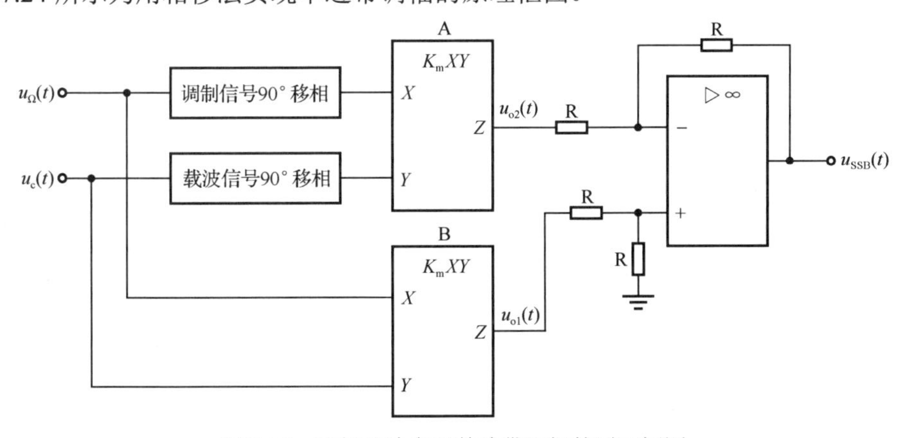

图 7.24　用相移法实现单边带调幅的原理框图

调制信号和载波信号直接进入模拟乘法器 B，经过 90°移相网络后进入模拟乘法器 A，两个模拟乘法器的输出 $u_{o1}(t)$ 和 $u_{o2}(t)$ 在运算放大器中相减得到单边带输出信号。$u_{o1}(t)$ 和 $u_{o2}(t)$ 分别表示为

$$u_{o1}(t) = K_m U_{\Omega m} U_{cm} \cos \Omega t \cos \omega_c t \tag{7.46}$$

$$u_{o2}(t)=K_{m}U_{\Omega m}U_{cm}\sin\Omega t\sin\omega_{c}t \tag{7.47}$$

输出的单边带调幅信号 $u_{SSB}(t)$ 为

$$\begin{aligned}u_{SSB}(t)&=u_{o1}(t)-u_{o2}(t)\\&=K_{m}U_{\Omega m}U_{cm}\cos(\omega_{c}+\Omega)t\\&=K_{m}U_{m}\cos(\omega_{c}+\Omega)t\end{aligned} \tag{7.48}$$

式中，K_m 为电路的电压传输系数；U_m 为输出电压振幅，与 $U_{\Omega m}$ 和 U_{cm} 成正比。

相移法的优点在于可将距离相近的上、下边带分开，无须多次调制复杂的滤波器，但前提是调制信号和载波信号的移相网络能够实现精准移相 90°。

7.3.3 高电平调幅电路

扫一扫看高电平振幅调制电路教学课件

扫一扫看高电平振幅调制电路教学视频

高电平调幅电路需要考虑输出功率、效率及调制线性的要求，其原理是利用调制信号控制高频功率放大器的输出功率以实现调幅。根据调制信号控制方式的不同，高电平调幅电路分为集电极调幅电路和基极调幅电路。高电平调幅电路一般置于大功率发送设备的末级，既可利用丙类谐振功率放大器进行放大，又可实现调幅。

1. 集电极调幅电路

扫一扫下载看集电极调幅电路的工作原理动画

集电极调幅电路利用三极管的非线性特性，用调制信号来改变丙类谐振功率放大器的集电极偏压，从而实现调幅。

集电极调幅电路如图 7.25 所示，高频载波 $u_c(t)$ 通过高频变压器 T_{r1} 加到三极管的基极，调制信号 $u_\Omega(t)$ 通过低频变压器 T_{r2} 加到集电极电路中，C_1 和 C_2 均为旁路电容。集电极所加电压 $U_{CC}(t)=U_{CC}+u_\Omega(t)$ 随着调制信号 $u_\Omega(t)$ 的变化而变化，LC 单振荡电路谐振在载频 f_c 上。

根据图 7.26 所示的集电极调制特性可知，当放大器工作在过压状态时，集电极电流的基波分量振幅 I_{cm1} 随集电极偏压 $U_{CC}(t)$ 做线性变化，经过 LC 电路的选频作用，输出电压 $u_o(t)$ 的振幅随着调制信号成正比变化，输出 $u_o(t)$ 为普通调幅波。因此，集电极调幅电路工作在过压状态，能量转换效率较高，适用于较大功率的调幅发送设备。

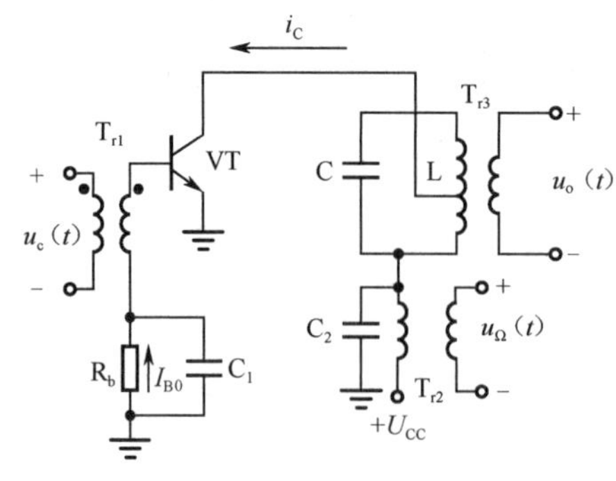

图 7.25 集电极调幅电路

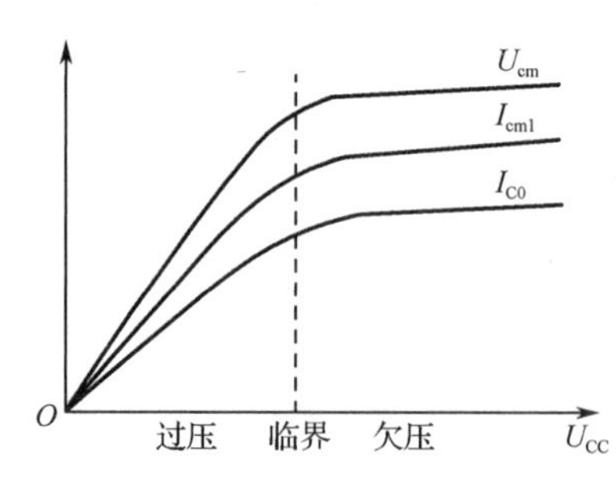

图 7.26 集电极调制特性

2. 基极调幅电路

扫一扫下载看基极调幅电路的工作原理动画

图 7.27 所示为基极调幅电路，该电路利用三极管的非线性特性，用调制信号来改变丙类谐振功率放大器的基极偏压，从而实现调幅。

在图 7.27 中，载波信号 $u_c(t)$ 通过高频变压器 T_{r1} 加到三极管的基极，调制信号 $u_\Omega(t)$ 通过

低频变压器 T_{r2} 加到基极电路中；C_1、C_2 和 C_e 均为旁路电容。

根据图 7.28 所示的基极调制特性可知，当放大器工作在欠压状态时，集电极电流 i_C 的基波分量振幅 I_{cm1} 随基极偏压 $U_{BB}(t)=U_{BB}+u_{\Omega}(t)$ 做线性变化，将 LC 构成的谐振电路调谐在载频 f_c 上，输出电压 $u_o(t)$ 的振幅随着调制信号成正比变化，即 $u_o(t)$ 为普通调幅波。因此，基极调幅电路工作在欠压状态，调制信号所需的功率小，但效率比较低。

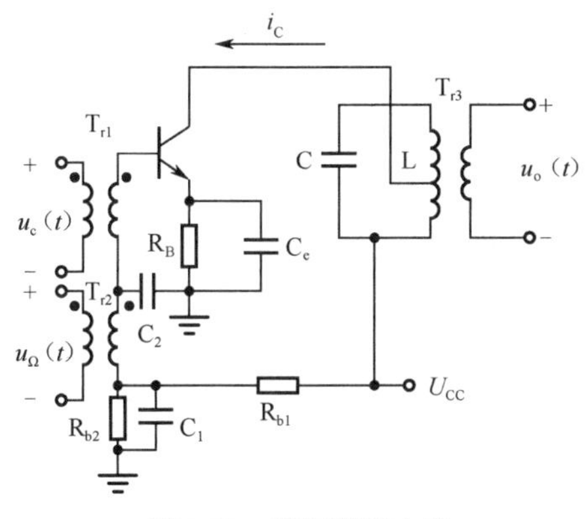

图 7.27 基极调幅电路

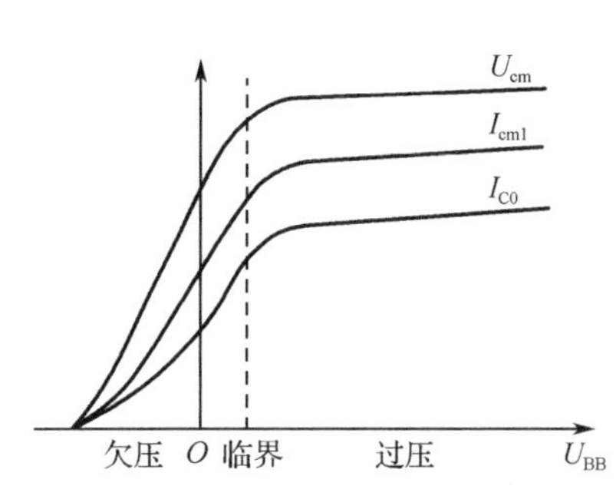

图 7.28 基极调制特性

7.4 调幅信号的解调

扫一扫看检波的基本概念和分类教学课件

扫一扫看检波的基本概念和分类教学视频

7.4.1 检波的作用及分类

检波器在超外差式无线电接收设备中占据着非常重要的地位，其目的是对调幅信号进行解调。振幅解调（又称检波）是振幅调制的逆过程。其作用是从已调制的高频振荡信号中恢复出原来的调制信号。检波器输入和输出信号的波形如图 7.29 所示，输入为一个普通调幅波，输出为调制信号，从波形上来看，检波就是将调幅波的包络检出来。

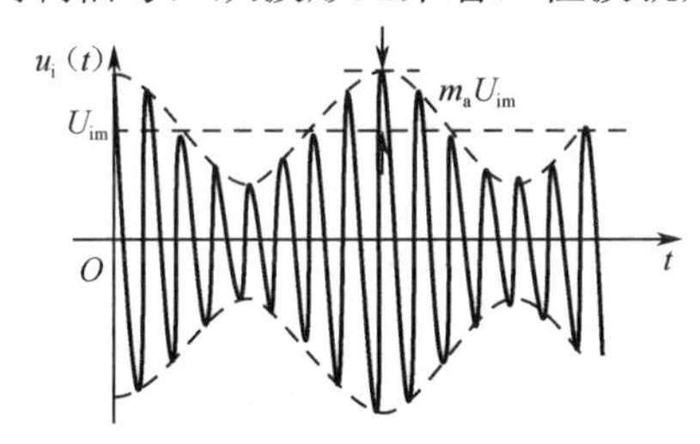

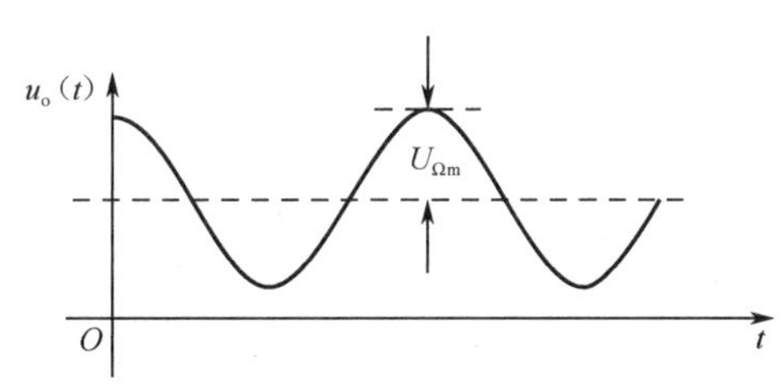

图 7.29 检波器输入和输出信号的波形

图 7.30 所示为检波前后的频谱变化。由图可知，检波就是将调幅波中的边带信号不失真地从载波频率附近搬移到零频率附近，因此，检波器电路也属于频谱搬移电路。观察图 7.30 可知，检波后的频谱由原来的三根谱线变为一根，且处于低频位置，说明得到的调制信号为低频信号。

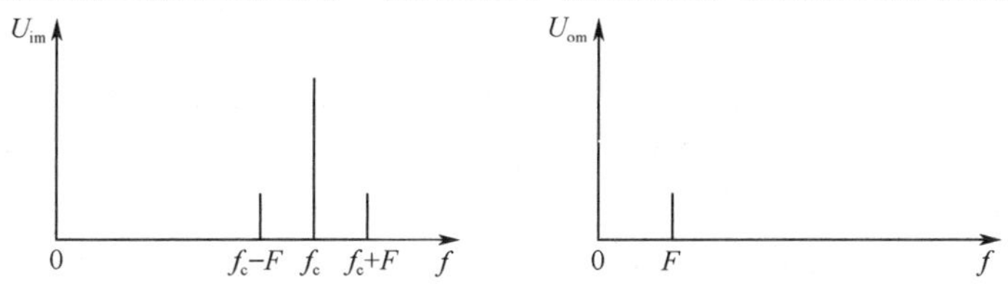

图 7.30 检波前后的频谱变化

检波可分为包络检波和同步检波两大类。包络检波是指解调器的输出电压与输入已调波的包络成正比。由于AM信号的包络与调制信号呈线性关系，所以包络检波只适用于AM波。同步检波可以对所有调幅信号进行解调，适用于AM、DSB和SSB信号的解调。

7.4.2 二极管峰值包络检波器

扫一扫看二极管包络检波电路的原理教学课件

扫一扫看二极管包络检波电路的原理教学视频

包络检波器的组成电路较为简单，其原理框图如图7.31所示，由非线性器件和低通滤波器（LPF）组成，两部分模块的作用与其在同步检波器中的作用相似。其中，非线性器件可以是二极管也可以是三极管，这里主要介绍二极管峰值包络检波器。

图7.31 包络检波器的原理框图

扫一扫下载看AM的非相干解调（包络检波法）动画

1. 电路组成

二极管峰值包络检波器电路如图7.32所示，该电路由三个部分组成：输入电路、二极管VD及RC低通滤波器。其中，R是负载电阻，往往较大，并且大于二极管的导通电阻r_d，C是负载电容，R和C构成低通滤波器，它们的等效阻抗可以用Z_L来表示。对低频信号而言，电容C的容抗远远大于R的阻值，电容C相当于开路；而对高频载波信号来说，电容C的容抗却远远小于R的阻值，此时的电容C相当于短路。因此，在理想情况下，RC低通滤波网络所呈现的阻抗，对低频信号表现为电阻R的阻值，对高频信号表现为0。

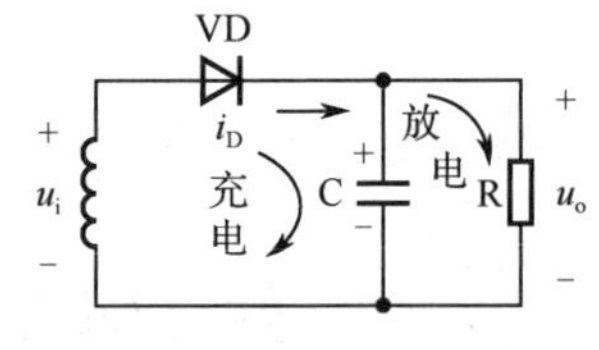

图7.32 二极管峰值包络检波器电路

2. 工作原理

下面主要分析二极管峰值包络检波器的工作原理。将二极管峰值包络检波器的输入信号称为大信号，它是有一定工作条件的，也就是说，此时的检波器要求输入信号大于U_{th}（二极管的开启电压，对硅管来说是0.5 V），即当满足一定的开启电压时，二极管才能导通。二极管VD上的电压$u_D=u_i-u_o$。当二极管两端的电压$u_D>U_{th}$，信号处于正半周时，二极管导通，输入信号可以通过二极管对电容充电，此时的充电时间常数r_dC非常小，因此充电非常快，从而电容两端的电压迅速增加，输出信号的电压也迅速增加，输出信号的电压可以很快达到一个峰值，当其达到峰值时会慢慢下降，当二极管两端的电压$u_D<U_{th}$时，二极管截止。电容C把导通期间储存的电荷通过R进行放电，由于放电时间常数RC很大，所以放电非常慢。就在这一快一慢之间，电容充、放电交替进行，如此循环，直到电容上的充、放电达到平衡。输出信号的波形随输入信号包络的变化而变化，此时就可以将输入信号的包络提取出来了。

图7.33所示为二极管峰值包络检波器的波形。输入信号为普通调幅波，从输出信号中提取出来的是调幅波信号的包络。仔细观察可知，输出信号包括3个部分：低频调制信号、直流电压及纹波电压。当这个电路的参数选择合适时，其中的纹波电压可以忽略不计，因此电路的实际输出电压只有两个量。考虑到电容有隔直通交的作用，在实际应用电路中可以采用

在电路的后面加上一级，如加上一个电容，将直流电压滤掉，这样就可以得到只有低频调制信号的输出信号。

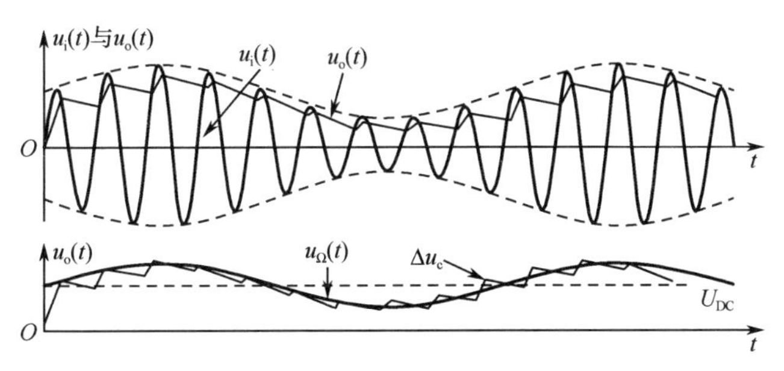

图 7.33　二极管峰值包络检波器的波形

输入信号 $u_i(t)$为单频普通调幅波，设 $u_i(t)=U_{im}(1+m_a\cos\Omega t)\cos\omega_c t$，则输出信号为调幅波的包络，其数学表达式为 $u_o(t)\approx U_{im}(1+m_a\cos\Omega t)$。分析可知，该电路利用二极管的单向导电性和检波负载电阻、电容的充、放电过程来完成检波任务。

综上所述，二极管峰值包络检波的过程，实际上是二极管在其端电压 $u_D=u_i-u_o$ 的作用下，依次导通、截止，使得流过的电流为尖顶余弦脉冲，其中，含有直流分量、低频调制分量、高频基波分量及各次谐波分量，由低通滤波器滤除高频基波分量和各次谐波分量，保留与包络变化规律相对应的低频电压信号。

3. 性能指标

1）电压传输系数（检波效率）

检波器的电压传输系数又称检波效率，定义为输出调制电压的振幅与输入调幅波包络的振幅之比。即

$$K_d=\frac{\text{输出调制电压的振幅}U_\Omega}{\text{输入调幅波包络振幅}m_a U_{im}} \tag{7.49}$$

式中，U_{im} 为调幅波的载波振幅；K_d 总是小于 1，并且越接近 1 越好。

2）输入电阻

检波器输入电阻的定义为

$$R_i=\frac{U_{im}}{I_{im}} \tag{7.50}$$

式中，U_{im} 为高频输入电压的振幅；I_{im} 为高频输入电流的基波分量振幅。一般二极管峰值包络检波器的输入电阻为负载电阻的一半。

3）失真

在理想情况下，检波器的输出波形应与调幅波包络线的形状完全相同。但实际上二者总会有一些差别，即检波器的输出波形存在某些失真。产生的失真主要有惰性失真、负峰切割失真、非线性失真和频率失真。

扫一扫下载看惰性失真现象动画

（1）惰性失真。

为提高检波器的效率和滤波性能，RC 值应尽可能大，但 RC 太大易使电容 C 上的电荷无法跟随调幅波的包络变化。通过 RC 放电规律变化，这种由于电容放电速度太慢而引起的失真称为惰性失真，又称对角线切割失真，其波形如图 7.34 所示。当调

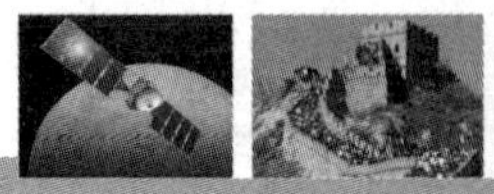

幅波包络下降时，由于时间常数 RC 太大，因此在 t_1～t_2 时间内，输入信号电压 u_i 总是低于电容 C 上的电压 u_c，二极管始终处于截止状态，输出电压不受输入信号电压控制，而是取决于 RC 的放电，只有当输入信号电压的振幅再次超过输出电压时，二极管才重新导通。

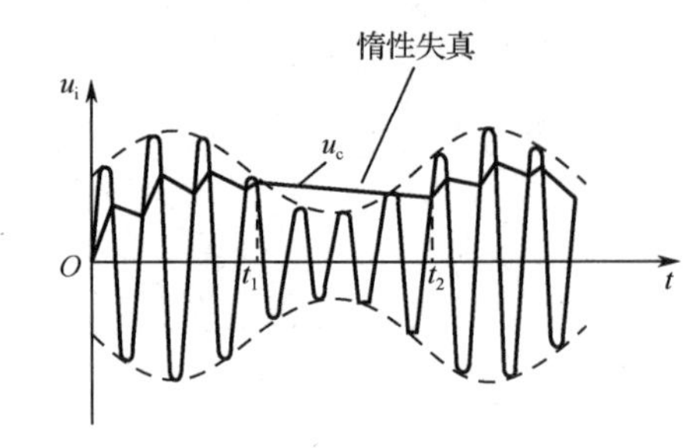

图 7.34　惰性失真波形

为防止惰性失真，只要适当选择 R、C 的数值，使电容的放电速度加快，能跟上高频信号电压包络的变化即可。若输入高频调幅波，经分析可得，为了保证在调制信号的角频率 $\Omega = \Omega_{max}$ 时也不产生惰性失真，则必须满足以下条件

$$RC \leqslant \frac{\sqrt{1-m_a^2}}{m_a \Omega_{max}} \tag{7.51}$$

式中，m_a 为调幅系数；Ω_{max} 为被检信号的最高调制角频率。

当 m_a=0.8 时，由上式可求得

$$\Omega_{max} RC \leqslant 0.75 \tag{7.52}$$

通常，对应最高调制角频率的调幅系数很少能达到 0.8，因此在工程上可按下式进行计算

$$\Omega_{max} RC \leqslant 1.5 \tag{7.53}$$

由式（7.51）可知，若 m_a 越大，则时间常数 RC 应选择得越小。由于 m_a 越大，高频信号的包络变化越快，所以时间常数 RC 需要小一些，以缩短放电时间，只有这样才能跟得上包络的变化。同样，当最高调制角频率 Ω_{max} 增大时，高频信号包络的变化也加快，因此时间常数 RC 也应相应地缩短。

扫一扫下载看负峰切割失真现象动画

（2）负峰切割失真。

考虑隔直电容和低频放大器输入电阻后的检波器如图 7.35 所示。在实际电路中，检波器的输出通过一个隔直电容 C_C 与下级电路相连。在图 7.35 中，r_{i2} 为下级低频放大器电路的输入电阻，C_C 的容量较大，对低频信号阻抗很小，因此检波器的直流负载为 R，而交流负载为 $R' \approx \dfrac{R \cdot r_{i2}}{R + r_{i2}}$，且 $R' < R$，这说明检波器的直流负载电阻与交流负载电阻不相等。

由于交、直流负载电阻相差较大，且调幅系数 m_a 也比较大，因此有可能会使检波器低频输出电压的负峰被切割，这种失真称为负峰切割失真，又称底边切割失真，其波形如图 7.36 所示。

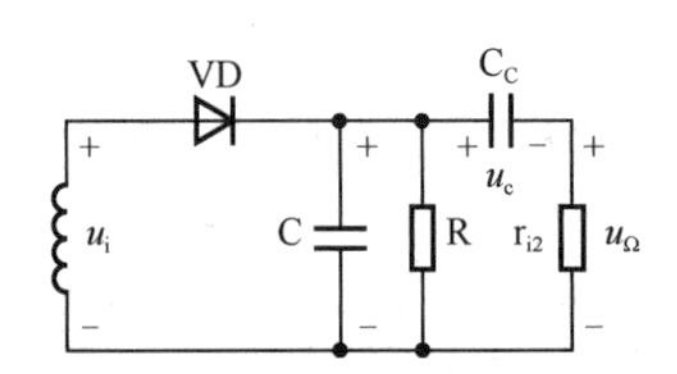

图 7.35　考虑隔直电容和低频放大器输入电阻后的检波器

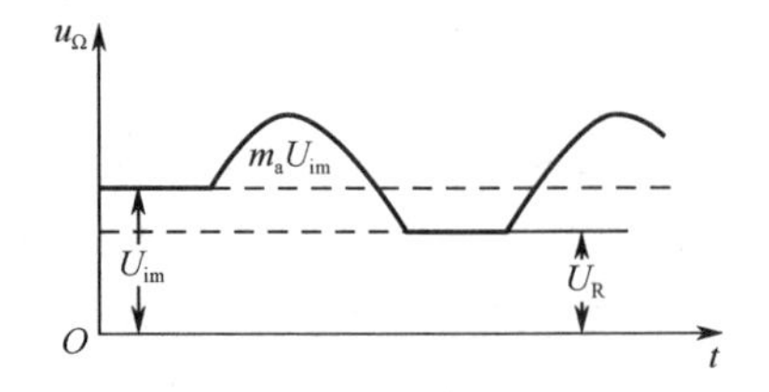

图 7.36　负峰切割失真波形

在稳定状态下，C_C 上有一个大小近似为高频输入电压振幅 U_{im} 的直流电压，在电阻 R 和 r_{i2} 上产生分压，电阻 R 上所分的电压为

$$U_R = U_{im}\frac{R}{R+r_{i2}} \tag{7.54}$$

当输入调幅波的调幅系数 m_a 较小时，该电压的存在不至于影响二极管的工作。但当调幅系数 m_a 较大时，输入调幅波低频包络的负半周可能低于 U_R，二极管将截止，输出电压不能跟随输入电压的包络而变化，出现负峰切割失真。

由分析可知，要避免产生负峰切割失真，必须满足

$$(U_{im} - m_a U_{im}) \geqslant \frac{R}{R+r_{i2}}U_{im} \tag{7.55}$$

即

$$m_a \leqslant \frac{r_{i2}}{R+r_{i2}} = \frac{R'}{R} \tag{7.56}$$

可见，检波器交流负载与直流负载的比值应不小于调幅系数。此外，r_{i2} 越小，U_R 分压值越大，负峰切割失真越易产生；m_a 越大，调幅波振幅 $m_a U_{im}$ 越大，负峰切割失真也越易产生。在实际应用中，合理选择电路的参数值，可尽量减少惰性失真和负峰切割失真现象的产生。

（3）非线性失真。

检波二极管伏安特性曲线的非线性会引起非线性失真，表现为输出电压不能完全与调幅波包络成正比。应尽量选择阻值足够大的负载电阻，以减小非线性失真。

（4）频率失真。

检波电路中的两个电容会引起频率失真，其中，隔直电容 C_C 主要影响检波下限频率 Ω_{min}，其应满足 $\frac{1}{\Omega_{min}C_C} \ll r_{i2}$；检波电容 C 应在上限频率 Ω_{max} 时不产生旁路作用，满足 $\frac{1}{\Omega_{max}C} \gg R$。

7.4.3　同步检波器

扫一扫下载看拓展知识：二极管平衡同步检波电路动画

1. 同步检波器模型

以上讨论的包络检波器只能用于解调普通调幅信号，对于抑制载波的双边带和单边带信号，其波形包络不再反映原调制信号的变化规律，且频谱中不含有载频分量，在解调时必须在检波器的输入端加一个与发射载波同频同相的参考信号，此信号与输入调幅信号共同作用于非线性器件，经过频率变换后，恢复出原来的调制信号。这种检波方式称为同步检波。

同步检波可以由模拟乘法器完成相乘作用的乘积检波电路，也可以将输入信号与载波信号相加后再用二极管完成包络检波。同步检波器模型如图 7.37 所示。

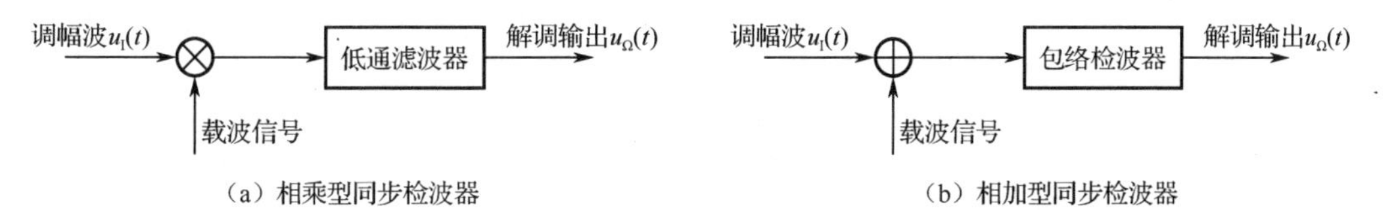

图 7.37　同步检波器模型

这里主要介绍模拟乘法器乘积检波器，即相乘型同步检波器，其原理图如图 7.38 所示。

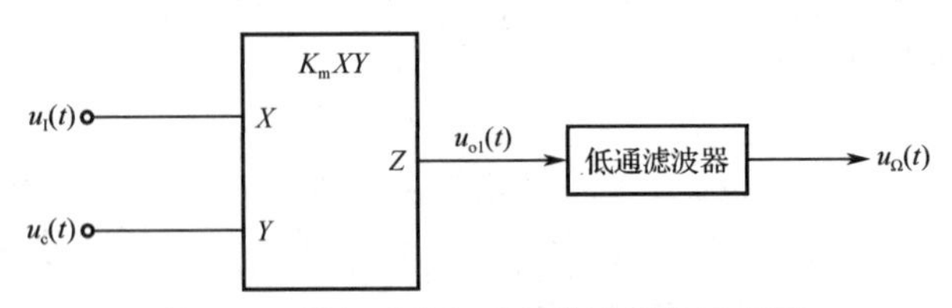

图 7.38　模拟乘法器乘积检波器的原理图

2. 相乘型同步检波器的工作原理

扫一扫看同步检波器的工作原理教学课件

扫一扫看同步检波器的工作原理教学视频

下面讨论三种不同调幅波的同步检波原理。

设$u_I(t)$为单频正弦信号调制的调幅波，本地载波电压$u_c(t)=U_{cm}\cos\omega_c t$。

（1）输入信号$u_I(t)$为普通调幅波。

扫一扫下载看 AM 的相干解调（同步检波法）动画

设$u_I(t)=U_{im}(1+m_a\cos\Omega t)\cos\omega_c t$，则模拟乘法器的输出电压为

$$\begin{aligned}u_{o1}(t)&=K_m u_I(t)u_c(t)=K_m U_{cm}U_{im}(1+m_a\cos\Omega t)\cos^2\omega_c t\\&=\frac{1}{2}K_m U_{cm}U_{im}+\frac{1}{2}m_a K_m U_{cm}U_{im}\cos\Omega t+\frac{1}{2}m_a K_m U_{cm}U_{im}\cos 2\omega_c t+\\&\quad\frac{1}{4}m_a K_m U_{cm}U_{im}\cos(2\omega_c+\Omega)t+\frac{1}{4}m_a K_m U_{cm}U_{im}\cos(2\omega_c-\Omega)t\end{aligned}\tag{7.57}$$

可见，$u_{o1}(t)$中含有 0、F、$2f_c$、$2f_c\pm F$频率分量，经过低通滤波器（LPF）滤除$2f_c$、$2f_c\pm F$分量，再阻隔直流后，就得到$u_\Omega(t)=\frac{1}{2}m_a K_m U_{cm}U_{im}\cos\Omega t=U_{\Omega m}\cos\Omega t$。式中，$U_{\Omega m}=\frac{1}{2}m_a K_m U_{cm}U_{im}$。可见，$u_\Omega(t)$已恢复出原调制信号，低频信号的输出振幅与$\cos\varphi$成正比。当$\varphi=0$时，低频信号电压最大，随着相位差$\varphi$的增大，输出电压减弱。

普通调幅波同步检波器的电压传输系数为

$$K_d=\frac{U_{\Omega m}}{m_a U_{im}}=\frac{1}{2}K_m U_{cm}\tag{7.58}$$

（2）输入信号$u_I(t)$为双边带调幅波。

扫一扫下载看 DSB 相干解调动画

设$u_I(t)=m_a U_{im}\cos\Omega t\cos\omega_c t$，则模拟乘法器的输出电压为

$$\begin{aligned}u_{o1}(t)&=K_m u_I(t)u_c(t)=K_m U_{cm}U_{im}m_a\cos\Omega t\cos^2\omega_c t\\&=\frac{1}{2}m_a K_m U_{cm}U_{im}\cos\Omega t+\frac{1}{4}m_a K_m U_{cm}U_{im}\cos(2\omega_c+\Omega)t+\\&\quad\frac{1}{4}m_a K_m U_{cm}U_{im}\cos(2\omega_c-\Omega)t\end{aligned}\tag{7.59}$$

可见，$u_{o1}(t)$中含有F、$2f_c\pm F$频率分量，经过低通滤波器（LPF）滤除$2f_c\pm F$分量后，得到

$$u_\Omega(t)=\frac{1}{2}m_a K_m U_{cm}U_{im}\cos\Omega t=U_{\Omega m}\cos\Omega t\tag{7.60}$$

式中，$U_{\Omega m}=\frac{1}{2}m_a K_m U_{cm}U_{im}$。说明输出$u_\Omega(t)$已经恢复出原调制信号。

双边带调幅波同步检波器的电压传输系数

$$K_d=\frac{U_{\Omega m}}{m_a U_{im}}=\frac{1}{2}K_m U_{cm}\tag{7.61}$$

分析可知，$u_\Omega(t)$与K_d的表达式与普通调幅波相同。

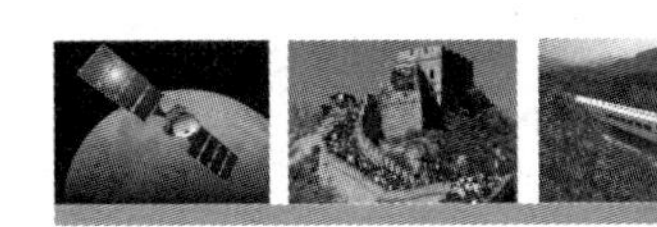

（3）输入信号 $u_{\mathrm{I}}(t)$ 为单边带调幅波。

设 $u_{\mathrm{I}}(t)$ 为上边带调幅信号，即 $u_{\mathrm{I}}(t)=\frac{1}{2}m_{\mathrm{a}}U_{\mathrm{im}}\cos(\omega_{\mathrm{c}}+\Omega)t$，则模拟乘法器的输出电压为

$$\begin{aligned}u_{\mathrm{o1}}(t)&=K_{\mathrm{m}}u_{\mathrm{I}}(t)u_{\mathrm{c}}(t)=\frac{1}{2}K_{\mathrm{m}}U_{\mathrm{cm}}U_{\mathrm{im}}m_{\mathrm{a}}\cos(\omega_{\mathrm{c}}+\Omega)t\cos\omega_{\mathrm{c}}t\\&=\frac{1}{4}m_{\mathrm{a}}K_{\mathrm{m}}U_{\mathrm{cm}}U_{\mathrm{im}}\cos\Omega t+\frac{1}{4}m_{\mathrm{a}}K_{\mathrm{m}}U_{\mathrm{cm}}U_{\mathrm{im}}\cos(2\omega_{\mathrm{c}}+\Omega)t\end{aligned} \tag{7.62}$$

可见，$u_{\mathrm{o1}}(t)$ 中含有 F、$2f_{\mathrm{c}}+F$ 频率分量，经过低通滤波器（LPF）滤除 $2f_{\mathrm{c}}+F$ 分量后，得到检波器的输出为

$$u_{\Omega}(t)=\frac{1}{4}m_{\mathrm{a}}K_{\mathrm{m}}U_{\mathrm{cm}}U_{\mathrm{im}}\cos\Omega t=U_{\Omega\mathrm{m}}\cos\Omega t \tag{7.63}$$

式中，$U_{\Omega\mathrm{m}}=\frac{1}{4}m_{\mathrm{a}}K_{\mathrm{m}}U_{\mathrm{cm}}U_{\mathrm{im}}$。说明输出 $u_{\Omega}(t)$ 已经恢复出原调制信号。

单边带调幅波同步检波器的电压传输系数为

$$K_{\mathrm{d}}=\frac{U_{\Omega\mathrm{m}}}{m_{\mathrm{a}}U_{\mathrm{im}}}=\frac{1}{4}K_{\mathrm{m}}U_{\mathrm{cm}} \tag{7.64}$$

综上所述，同步检波器可用于各种调幅信号的检波。对于不同的应用场合，可以根据其要求和调幅信号的特点，选择合适的检波器。

7.5　混频电路

混频电路又称变频电路，其作用是将已调信号的载频变换成另一个载频，变换后的载频已调波的调制类型和调制参数均保持不变。在超外差式无线电接收设备中，混频电路是一个非常重要的组成部分。

为何不能直接将高频放大器的输出送入检波器进行检波，而要先进行混频呢？基于两个方面的因素。一是考虑接收设备的工作稳定性和一致性，这是因为接收设备要接收不同载波频道的信号，且信号在经过远距离传输到达接收设备时已经非常微弱了，一般来说，在接收设备中需要高频放大器来进行选频，但通常进行放大是不够的，对多级放大器而言，每一级放大，接收设备对不同载波频率的一致性和稳定性就较差。二是考虑接收设备的选择性，为了满足增益的要求，通常需要多级高频放大，那么每一级放大电路都要有谐振电路来进行选频。当接收信号的频率发生变化时，每一级放大器也需要重新进行调整，这难以保证接收设备的选择性和通频带的要求。解决的方法就是将高频信号变成中频已调信号，这样不仅满足了工作稳定性的要求，而且降低了解调的难度。

下面讨论混频原理、混频器的性能指标和组成，以及混频干扰。

7.5.1　混频原理

混频可以将输入信号的载频变换为某一固定中频，以实现频率变换。图 7.39 所示为混频前后的波形及频谱图。分析可知，输入高频调幅波载频 f_{s} 的范围为 1.7～6 MHz，与本振频率为 f_{L} 的信号完成频率变换后，混频器输出中

频为$f_i=f_L-f_s$=465 kHz 的已调幅信号，且输出中频调幅波与输入高频调幅波的调制规律完全相同。从频谱上看，混频将调幅信号的频谱从高频位置搬移到中频位置，且保持频谱内部结构不变，这说明混频电路也是一种频谱搬移电路。

分析可知，本振信号的频率和高频载波的频率都是变化的，但通过混频器所得到中频信号的频率都是 465 kHz。由此可见，虽然混频器的输入载波频率随着电台的变化而变化，但输出载波的频率是一个固定不变的中频信号，既降低了解调的难度，又便于谐振电路的设计和选频。

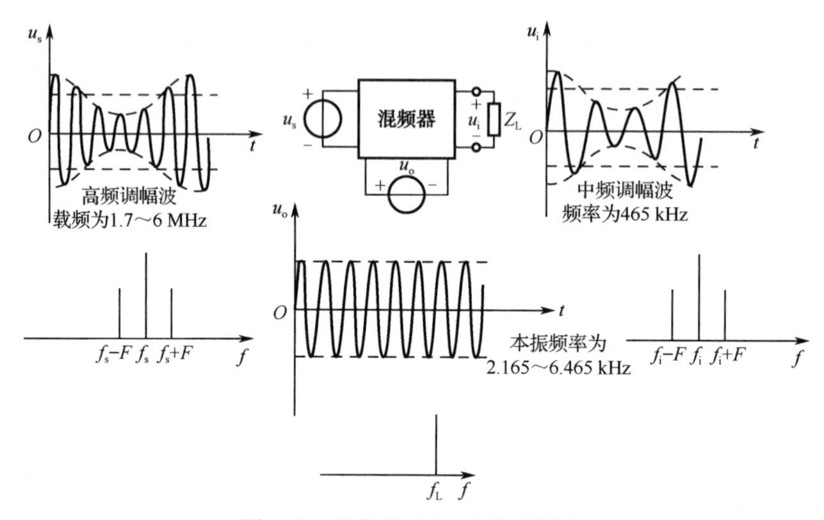

图 7.39　混频前后的波形及频谱图

7.5.2　混频器的性能指标

1. 变频增益

混频器的中频输出电压振幅 U_{Im} 与高频输入信号电压振幅 U_{sm} 的比值称为变频电压增益或变频放大系数 A_{uc}，即

$$A_{uc}=\frac{U_{Im}}{U_{sm}} \tag{7.65}$$

若以功率分贝表示，则变频功率增益 A_{pc} 为

$$A_{pc}\,(\mathrm{dB})=10\lg\frac{P_i}{P_s}\,(\mathrm{dB}) \tag{7.66}$$

显然，变频增益高有利于提高接收设备的灵敏度。

2. 噪声系数

混频器的噪声系数为高频输入信号的信噪比与中频输出信号信噪比的比值。混频器的前级噪声电平的高低对接收设备的总噪声系数影响很大，降低混频器的噪声尤其重要。这就要求合理选择所用器件和工作点电流。

3. 选择性

混频器的输入、输出电路应具有良好的选择性，即选出中频信号，抑制中频以外的干扰信号。

4. 失真和干扰

为了进行混频，混频器必须工作在非线性状态，在实现混频的同时，由于信号电压与本振电压、外来干扰电压与本振电压、信号电压与干扰电压之间的相互作用，产生的组合频率如果落在混频器输出电路的中频通带内，那么就会形成各种失真和干扰。要求混频器不仅能够完成频率变换任务，而且非线性产生的各种失真和干扰要小。

扫一扫下载看二极管平衡混频电路动画

7.5.3　混频器的组成

混频的实现需要本地振荡信号的加持，在此将混频的过程比拟为表演魔术的过程。魔术师将两副牌混在一起，需要选出预想的某张牌。同样地，混频也要经过混和选的过程。混频器的组成框图如图 7.40 所示，其由非线性器件、本地振荡器和带通滤波器三部分组成。各部分功能如下。

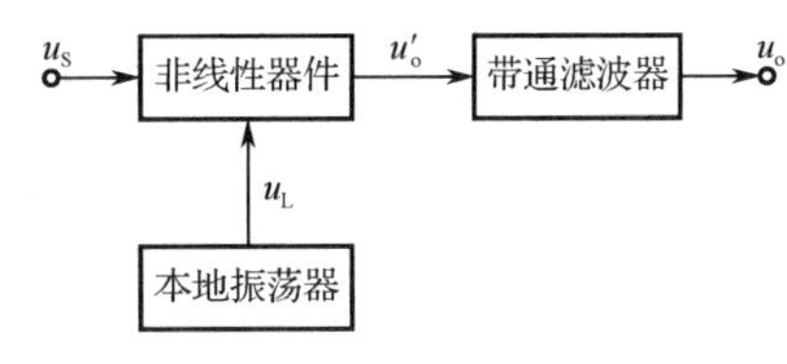

图 7.40　混频器的组成框图

（1）非线性器件：非线性器件的作用是产生众多频率分量。非线性器件可以是二极管、三极管、场效应管和模拟乘法器等。

（2）本地振荡器：本振信号可以由非线性器件或额外电路产生，前者对应的混频器称为自激式混频器，应用于要求不高的接收设备；后者对应的混频器称为他激式混频器，适用于要求高的场合。

（3）带通滤波器：从各种频率分量中选出所需要的中频分量。

7.5.4　混频干扰

在超外差式无线电接收设备中，混频的目的是保证接收设备获得较高的灵敏度、足够的放大量和适当的通频带，同时能稳定地工作。

由于混频器中有源器件的非线性作用，混频器将产生各种干扰和失真。如组合频率、交叉调制与互相调制、阻塞和倒易混频等干扰。这些是混频器产生的特有干扰，了解各种干扰产生的原因及特点，以采取有效措施减小干扰。

混频器的干扰包括自身干扰和外来干扰。有用信号和本振信号的各次谐波之间、干扰信号与本振信号之间、干扰信号与有用信号之间及多个干扰信号之间，经非线性器件的相互作用会产生很多频率分量。其中，有用信号和本振信号之间产生的干扰称为组合频率干扰。

1. 有用信号和本振信号产生的组合频率干扰

在混频电路中，当有用信号和本振信号同时作用于三极管的发射结时，集电极电流按照幂级数展开式展开，除需要的差频（中频）电流外，还包含各次谐波频率及和频、差频等组合频率，如 $f_L \pm f_s$、$2f_L \pm f_s$、$f_L \pm 2f_s$ 等，组合频率 f_k 可以写成以下通式

$$f_k = \left| \pm pf_L \pm qf_s \right| \tag{7.67}$$

式中，p 和 q 为任意正整数，分别代表本振频率和信号频率的谐波次数。

如果这些组合频率接近中频 $f_i=f_L-f_s$，并落在中频放大器的通频带内，那么其就能与有用的中频信号 f_i 一起进入中频放大器，并被放大后加到检波器上。通过检波器的非线性效应，这些接近中频的组合频率与有用信号频率产生差拍，在耳机中以哨叫声的形式出现，形成有

害的干扰，使得收听者在听到有用信号的同时听到差拍哨声。这种组合频率干扰也称为哨声干扰。当转动接收设备调谐旋钮时，哨声音调也跟着变化，这是哨声干扰区别于其他干扰的标志。

$$\begin{cases} pf_{\mathrm{L}} - qf_{\mathrm{s}} = f_{\mathrm{i}} \pm F \\ qf_{\mathrm{s}} - pf_{\mathrm{L}} = f_{\mathrm{i}} \pm F \end{cases} \tag{7.68}$$

式中，F为可听音频频率；$f_{\mathrm{i}} = f_{\mathrm{L}} - f_{\mathrm{s}}$ 为中频频率。将 f_{i} 代入上式化简后（$f_{\mathrm{i}} \gg F$）得到有用信号的频率为

$$f_{\mathrm{s}} = \frac{p \pm 1}{q - p} f_{\mathrm{i}} \tag{7.69}$$

式中，f_{s} 为产生干扰哨声的有用信号频率，说明当有用信号频率为f_{i}的整数倍或分数倍，并接近根据上式算出来的数值时，可能会产生干扰哨声。因此，在设计实际电台发射频率时，应避开这些频率。此外，能够产生明显干扰哨声的是 p 与 q 较小值的组合，其较大值组合产生的干扰哨声一般可忽略。

2. 干扰信号与本振信号产生的干扰

1）组合副波道干扰

如果混频器之前的输入电路和高频放大器的选择性不够好，除要接收的有用信号外，干扰信号也会进入混频器。它们与本振频率的谐波同样可以形成接近中频频率的组合频率干扰，产生干扰哨声。这种组合频率干扰也称为组合副波道干扰。

将有用信号与本振信号变换为中频信号的通道称为主通道，而同时存在的其余变换通道称为寄生通道。混频器的组合副波道干扰又称寄生通道干扰，即为干扰信号与本振信号产生的干扰。

当干扰频率f_{n}与本振频率f_{L}满足下列关系时，会产生组合副波道干扰。

$$\begin{cases} pf_{\mathrm{L}} - qf_{\mathrm{n}} \approx f_{\mathrm{i}} \\ -pf_{\mathrm{L}} + qf_{\mathrm{n}} \approx f_{\mathrm{i}} \end{cases} \tag{7.70}$$

式中，p、q 为正整数；f_{n}为干扰频率。

由上式可以求出接收设备调谐在信号频率f_{s}=f_{L}-f_{i}时，产生组合副波道干扰的干扰频率为

$$f_{\mathrm{n}} \approx \frac{1}{q}(pf_{\mathrm{L}} \pm f_{\mathrm{i}}) \tag{7.71}$$

2）副波道干扰

在组合副波道干扰中，某些特定频率形成的干扰称为副波道干扰。典型的副波道干扰包括中频干扰和镜像频率干扰。

在式（7.71）中取p=0，q=1，此时$f_{\mathrm{n}} \approx f_{\mathrm{i}}$，称为中频干扰。即当干扰频率等于或接近中频频率$f_{\mathrm{i}}$时，干扰信号将被混频器和各级中频放大器放大，并加至检波器输入端，在差拍检波后以干扰哨声的形式出现。

在式(7.71)中取p=1，q=1，此时$f_{\mathrm{n}} \approx f_{\mathrm{s}}+2f_{\mathrm{i}}$，称为镜像频率干扰。因为通常本振频率$f_{\mathrm{L}}$=$f_{\mathrm{s}}$+$f_{\mathrm{i}}$，所以这时$f_{\mathrm{n}} \approx f_{\mathrm{L}}+f_{\mathrm{i}}$，即信号频率$f_{\mathrm{s}}$比本振频率$f_{\mathrm{L}}$低一个$f_{\mathrm{i}}$，干扰频率$f_{\mathrm{n}}$则比$f_{\mathrm{L}}$高一个$f_{\mathrm{i}}$。二者对称地分布在$f_{\mathrm{L}}$两侧，因此$f_{\mathrm{n}}$称为镜像频率干扰，它与$f_{\mathrm{L}}$差拍产生$f_{\mathrm{i}}$，成为干扰信号。

镜像频率干扰如图 7.41 所示，其中，干扰信号 $f_n=f_L+f_i$。

产生各种干扰的主要原因有前端电路选择性不好、器件的非线性、动态范围小、中频选择不当等。因此，在实际应用中可以通过提高前端电路的选择性、合理选择中频、合理选用电子器件与工作点等措施克服干扰。

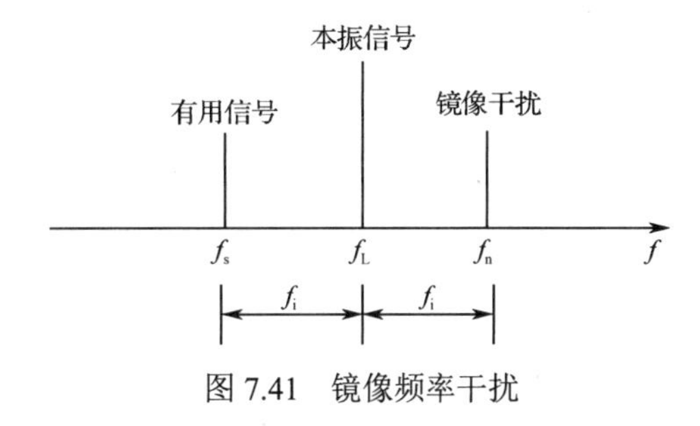

图 7.41　镜像频率干扰

3. 其他类型的干扰

上述讨论的混频器的组合频率干扰和副波道干扰都是由混频器的自身特性所产生的。此外，当干扰信号与有用信号同时进入混频器后，经过非线性变换也会产生接近中频频率 f_i 的分量，从而引起干扰。除混频器可产生这类干扰外，混频器之前的高频放大器也可能产生这类干扰。这类干扰包括交调干扰、互调干扰、阻塞干扰和相互混频等。

1）交调干扰（交调失真）

如果接收设备前端电路的选择性不够好，使有用信号与干扰信号同时加到接收设备输入端，并且这两种信号都是受音频调制的，那么就会产生交叉调制干扰现象。混频器电流的中频分量振幅不仅包含了有用信号的振幅，而且包含了干扰信号的振幅。中频电流分量的包络是在有用信号的包络上叠加了干扰信号的包络，因而产生了失真。这种失真是将干扰信号的包络交叉地转移到输出有用中频信号上去的一种非线性失真，故称为交叉调制失真，简称交调失真。

交调失真主要表现出的现象如下。

（1）当接收设备调谐在有用信号的频率上时，干扰电台的调制信号听得清楚；

（2）当接收设备对有用信号的频率失谐时，干扰电台调制信号的可听度减弱，并随着有用信号的消失而完全消失。这种现象就像干扰电台的调制信号转移到了有用信号的载波上。

交调失真是危害性较大的一种干扰形式，一般情况下，交调失真是由混频器非线性特性的三次或更高次非线性项产生的。因此，抑制交调失真的措施包括：提高混频器前端电路的选择性，尽量减小干扰的振幅；选用合适的器件和合适的工作状态，使混频器的非线性高次方项尽可能减小，可采用抗干扰能力较强的平衡混频器和模拟相乘器混频电路。

2）互调干扰（互调失真）

两个（或多个）干扰信号同时加到混频器输入端，由于混频器的非线性作用，两个（或多个）干扰信号与本振信号相互混频，若产生的组合频率分量接近中频，则它就能顺利地通过中频放大器，经检波器检波后产生干扰。这种与两个（或多个）干扰信号有关的干扰称为互调干扰。

举例说明互调干扰现象：当接收设备接收 4.2 MHz 的有用信号时，另有两个电台，一个工作于 2.4 MHz，另一个工作于 1.8 MHz。

如果接收设备前端电路选择性不好，这两个干扰频率都进入了接收设备的输入端，那么由于高频放大器（或混频器）的非线性特性，会在(1.8+2.4)MHz=4.2 MHz 上产生互调分量，与有用信号同时进入接收设备，产生啸叫声。

设两个干扰信号的频率分别为 f_{n1} 和 f_{n2}，若两个干扰信号形成的新的组合频率 $\left|\pm pf_{n1}\pm qf_{n2}\right|$ 接近有用信号的频率 f_s，则容易产生互调干扰。该条件也可以写成

$$f_L - \left| \pm pf_{n1} \pm qf_{n2} \right| = f_i \tag{7.72}$$

式中，$p+q$ 为干扰阶数；f_i 为中频信号频率。

互调干扰由高频放大器（或混频器）的二次、三次和更高次非线性项产生，而且干扰信号振幅越大，互调干扰分量也越大。

在实际电路中，需要采用有效措施来抑制互调干扰。如提高混频器前端电路的选择性，尽量减小干扰的振幅；选用合适的器件和合适的工作状态，使混频器的非线性高次方项尽可能减小，可采用抗干扰能力较强的平衡混频器和模拟相乘器混频电路；用倍频程带通滤波器抑制二阶互调干扰的产生。

案例分析5　调幅电路

下面以集成模拟乘法器MC1496为例，说明由模拟乘法器构成的实际调幅电路。

图7.42所示为MC1496芯片内部的电路图，它是一个四象限模拟乘法器的基本电路。电路采用了两组差分对（由VT_1～VT_4组成），以反极性方式相连，而且两组差分对的恒流源又组成了一对差分电路，即VT_5与VT_6，因此恒流源的控制电压可正可负，以此实现四象限工作。VD、VT_7、VT_8为差分放大器，为VT_5、VT_6的恒流源。在进行调幅时，载波信号加在VT_1～VT_4的输入端，即引脚8、10；调制信号加在差分放大器VT_5、VT_6的输入端，即引脚1、4，引脚2、3外接1 kΩ电阻，以扩大调制信号动态范围，已调制信号取自双差分放大器的两个集电极（引脚6、12）。

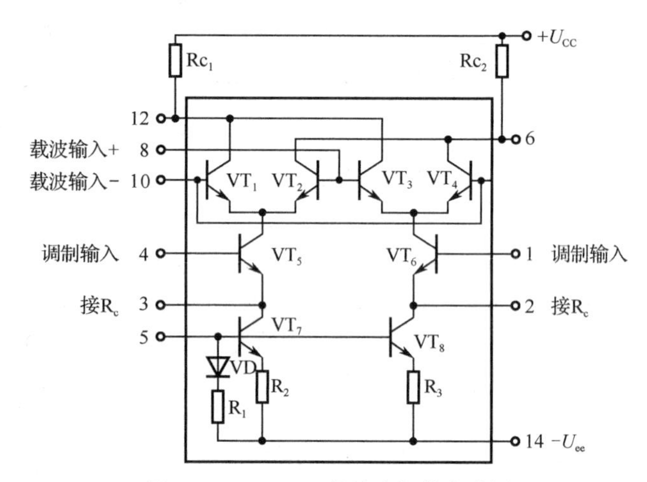

图7.42　MC1496芯片内部的电路图

用MC1496集成电路构成的调幅电路如图7.43所示，R_{P1}用来调节引脚1、4之间的平衡；R_{P2}用来调节引脚8、10之间的平衡；三极管VT为射极跟随器，用来提高调幅电路带负载的能力。

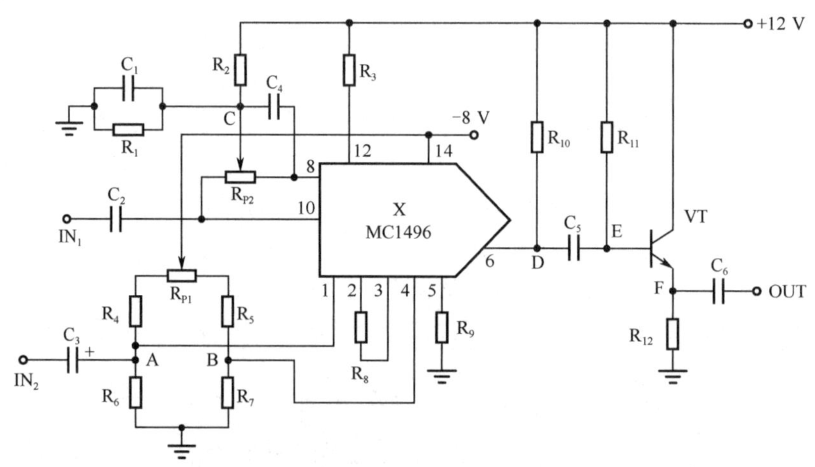

图7.43　用MC1496集成电路构成的调幅电路

案例分析 6 检波电路

检波电路中的检波器包括二极管峰值包络检波器和同步检波器两种。

1. 二极管峰值包络检波器

二极管峰值包络检波器适合于解调含有较大载波分量的大信号的检波过程，它具有电路简单、易于实现的优点。其实际电路如图 7.44 所示，主要由二极管 VD 及 RC 低通滤波器组成，它利用二极管的单向导电特性和检波负载 RC 的充、放电过程实现检波。如前如述，时间常数 *RC* 的选择很重要，若时间常数 *RC* 过大，则会产生对角切割失真；若时间常数 *RC* 太小，则高频分量会滤不干净。

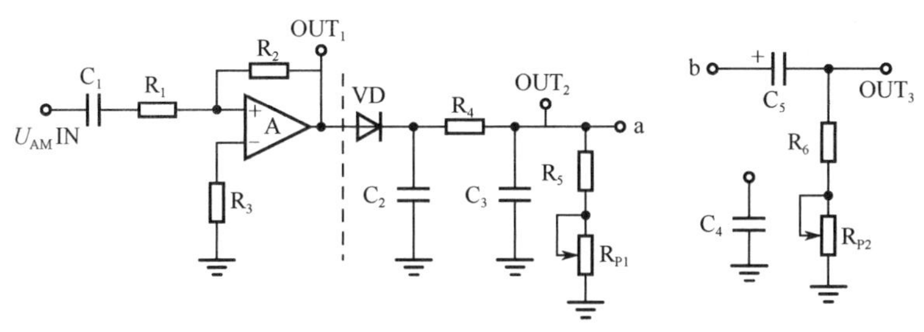

图 7.44 二极管峰值包络检波器的实际电路

图 7.44 中的运算放大器 A 对输入的调幅波进行振幅放大（满足大信号的要求）；VD 是检波二极管；R_4、C_2、C_3 滤掉残余的高频分量；R_5 和 R_{P1} 为可调检波直流负载；C_5、R_6、R_{P2} 为可调检波交流负载。改变 R_{P1} 和 R_{P2} 可观察负载对检波效率和波形的影响。

2. 同步检波器

采用 MC1496 集成电路构成的解调器如图 7.45 所示，载波信号 U_C 经过电容 C_1 加在引脚 8、10 之间；调幅信号 U_{AM} 经过电容 C_2 加在引脚 1、4 之间，U_C 和 U_{AM} 相乘后的信号由引脚 12 输出，再经 C_4、C_6、R_6 组成的低通滤波器，在解调输出端提取调制信号。

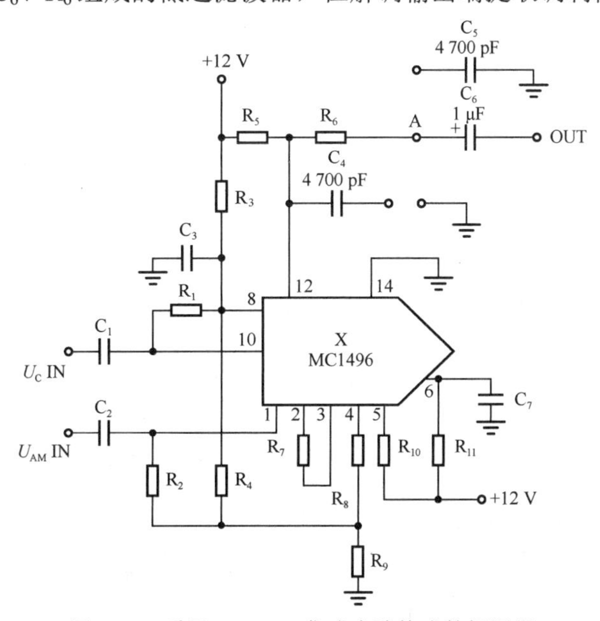

图 7.45 采用 MC1496 集成电路构成的解调器

案例分析7　混频电路

图7.46所示为某调幅通信设备所采用的混频电路。

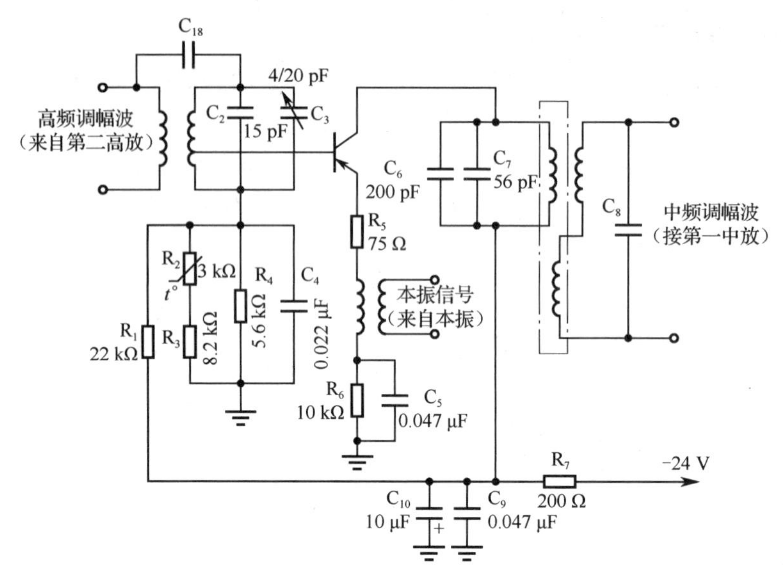

图7.46　某调幅通信设备所采用的混频电路

高频调幅波（载频为1.7～6 MHz）由第二高放输出电路的次级加至混频管的基极；本振电压（频率为2.165～6.465 MHz）经电感耦合加至混频管的发射极；集电极负载电路输出频率为465 kHz的中频调幅波；电阻R_1、R_2、R_3、R_4和R_6共同组成混频管的偏置电路；R_2为具有负温度系数的补偿电阻；R_5为发射极交流负反馈电阻，用来改善混频管的非线性特性和扩大动态范围，以提高抗干扰的能力；R_7、C_9和C_{10}组成电源去耦电路。第二高放的次级电路调谐在高频信号的频率上，它与初级电路除互感耦合外，还存在电容耦合（耦合电容为C_{18}）。

图7.47所示为混频电路，或者称为自激式混频器。图中的三极管除完成混频外，本身还构成一个自激振荡器。信号电压加至三极管的基极，振荡电压加至三极管的发射极，在输出调谐电路中得到中频电压。在三极管的发射极和地之间（发射极和基极之间）接有调谐电路（调谐于本振频率f_L），集电极和发射极之间通过变压器T_{r2}的正反馈作用完成耦合，因此，适当选择T_{r2}的匝数比和连接的极性，能够产生并维持振荡。电阻R_1、R_2和R_3组成变频管的偏置电路；C_7为耦合电容，振荡电路除T_{r2}的次级和主调电容C_2外，还有串联电容C_5和并联电容C_4共同组成的调谐电路，以达到统一调谐的目的。

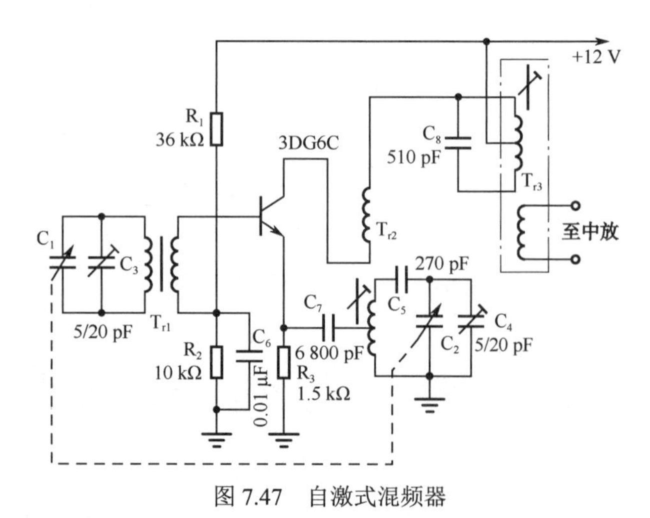

图7.47　自激式混频器

专业名词解析

- **频率变换**：电路对信号进行处理后，输出信号的频谱中产生了新的频率分量。广泛应用于通信系统中的调制、解调与混频电路在本质上都属于频率变换电路，其输出信号和输入信号的频谱不同，且满足一定的变换关系。
- **频谱的线性搬移**：在频率变换的过程中，输出信号的频谱结构不发生变化，仅仅是频谱在频域上的简单搬移，即搬移前后各频率分量的相对大小和相互间隔保持不变。
- **频谱的非线性变换**：在频率变换的过程中，输出信号的频谱不再保持原来的结构。
- **非线性器件的特性**：工作特性是非线性的，即伏安特性曲线不是直线；具有频率变换作用，可以产生新的频率分量；非线性电路不满足叠加原理，不能采用线性电路的分析方法进行分析。
- **调制**：用需要传输的基带信号去控制高频载波信号的某一参数——振幅、角频率或相位，使其随基带信号的变化而变化。
- **振幅调制**：用调制信号控制高频载波的振幅，使高频载波的振幅按照调制信号的规律变化，并保持载波的角频率不变。
- **调幅的分类**：根据输出已调波频谱分量的不同，调幅可分为普通调幅（标准调幅，AM）、抑制载波的双边带调幅（DSB）、抑制载波的单边带调幅（SSB）和残留边带调幅（VSB）。
- **调幅系数（调幅度）**：反映载波振幅受调制信号控制的程度。
- **下边频分量**：载波频率与调制频率之差。
- **上边频分量**：载波频率与调制频率之和。
- **普通调幅波的带宽**：普通调幅波的频谱宽度，用 f_{bw} 表示。单频正弦调幅波的带宽主要取决于低频调制信号的频率，为调制信号频率的 2 倍。
- **双边带调幅（DSB）**：仅传输上、下两个边带分量的调幅方式称为抑制载波的双边带调幅。
- **单边带调幅（SSB）**：仅传输一个边带（上边带或下边带）分量的调幅方式称为抑制载波的单边带调幅。
- **调幅电路的分类**：按照输出功率的高低，分为低电平调幅电路和高电平调幅电路。
- **低电平调幅电路**：调制过程是在低电平级进行的，它所需的调制功率小，输出的功率也小，当需要输出大功率时，该电路后面必须接线性功率放大器来达到所需的发射功率。
- **高电平调幅电路**：调制过程是在高电平级进行的，它所需的调制功率大，输出的功率也大，可满足发送设备输出功率的要求，常位于发送设备末级，是调幅发送设备常采用的调幅电路。
- **平方律调幅电路**：利用电子元器件的伏安特性曲线平方律部分的非线性作用进行调幅。
- **集电极调幅电路**：属于高电平调幅电路，工作在过压状态，利用三极管的非线性特性，用调制信号来改变丙类谐振功率放大器的集电极偏压，从而实现调幅。

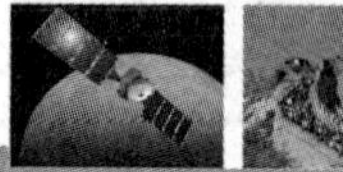

- **基极调幅电路**：属于高电平调幅电路，工作在欠压状态，利用三极管的非线性特性，用调制信号来改变丙类谐振功率放大器的基极偏压，从而实现调幅。
- **振幅解调（又称检波）**：振幅调制的逆过程。其作用是从已调制的高频振荡信号中恢复出原来的调制信号。
- **检波器的性能指标**：电压传输系数（检波效率）、输入电阻、失真等。
- **包络检波**：解调器输出电压与输入已调波的包络成正比的检波方法。由于 AM 信号的包络与调制信号呈线性关系，因此包络检波只适用于 AM 波。
- **同步检波**：在工作时，需给非线性器件输入一个与原载波同频同相的本地参考电压。外加载波信号电压加入同步检波器常用的方法是将它与接收信号在检波器中相乘，常由模拟乘法器作为非线性器件。同步检波可以对所有调幅信号进行解调，主要用于 DSB 和 SSB 信号。
- **二极管峰值包络检波**：主要利用二极管的单向导电特性和检波负载 RC 的充、放电过程完成对调制信号的解调。
- **惰性失真（对角线切割失真）**：这种失真是由于负载电阻 R 与负载电容 C 的时间常数 *RC* 太大而引起的。这时电容 C 上的电荷不能很快地随调幅波的包络变化。
- **负峰切割失真（底边切割失真）**：由于交、直流负载电阻不同，因此有可能产生失真。这种失真通常使检波器低频输出电压的负峰被切割。
- **混频电路**：又称变频电路，其作用是将已调信号的载频变换成在某一固定的中频频率上保持原信号的特征不变的电路。
- **混频器的性能指标**：变频增益、噪声系数、选择性、失真和干扰等。
- **混频器的类型**：根据所用非线性器件的不同，分为二极管混频器、三极管混频器、场效应管混频器和模拟乘法器混频器等。
- **混频器的干扰**：包括自身干扰和外来干扰。有用信号和本振信号的各次谐波之间、干扰信号与本振信号之间、干扰信号与有用信号之间及多个干扰信号之间，经非线性器件的相互作用会产生很多频率分量。
- **组合频率干扰**：有用信号和本振信号之间产生的干扰。
- **组合副波道干扰**：干扰信号与本振频率的谐波同样形成接近中频频率的组合频率干扰，产生干扰哨声。
- **副波道干扰**：在组合副波道干扰中，某些特定频率所形成的干扰。典型的副波道干扰包括中频干扰和镜像频率干扰。
- **交调干扰（交调失真）**：如果接收设备前端电路的选择性不够好，使有用信号与干扰信号同时加到接收设备输入端，并且这两种信号都是受音频调制的，那么就会产生交叉调制干扰现象。
- **互调干扰（互调失真）**：两个（或多个）干扰信号同时加到混频器输入端，产生的组合频率分量接近中频，并通过中频放大器经检波器检波后产生干扰。

本章小结

1．在通信系统中，为了有效地实现信息传输和信号处理，广泛采用频率变换电路。频率变换电路可以分为频谱的线性搬移电路和频谱的非线性变换电路。前者包括振幅调制与解调、

混频等电路；后者包括频率调制与解调、相位调制与解调等电路。它们的共同特点是输出信号的频谱中含有不同于输入信号频率的其他频率分量，这些具有频率变换功能的电路都属于非线性电路。

2. 振幅调制指用调制信号控制高频载波的振幅，使高频载波的振幅按调制信号的规律变化。调幅可分为普通调幅（AM）、抑制载波的双边带调幅（DSB）和抑制载波的单边带调幅（SSB）等，这 3 种调幅方式各有优缺点。

3. 调幅电路属于频谱的线性搬移电路，其特点是将输入信号的频谱沿着频率轴进行不失真的搬移，实现将输入的调制信号和载波信号通过电路变换为高频调幅信号的功能。一般按照输出功率的高低，将调幅电路分为低电平调幅电路和高电平调幅电路两大类。

4. 检波是对调幅波的解调过程，可分为包络检波和同步检波。包络检波只适用于 AM 波；同步检波可以对所有调幅信号进行解调，适用于对 AM、DSB 和 SSB 信号的解调。

5. 混频电路又称变频电路，主要用于接收设备，其作用是将已调信号的载频变换成另一载频（通常为固定中频），变换后的载频已调波的调制类型和调制参数均保持不变。

6. 混频器的干扰包括自身干扰和外来干扰。有用信号和本振信号的各次谐波之间、干扰信号与本振信号之间、干扰信号与有用信号之间及多个干扰信号之间，经非线性器件的相互作用会产生很多频率分量。其中，有用信号和本振信号之间产生的干扰称为组合频率干扰。

思考题与习题 7

7.1　已知某普通调幅波的最大振幅为 10 V，最小振幅为 6 V，求其调幅系数 m_a。

7.2　某调幅广播电台的载频为 1 200 kHz，音频调制信号的频率为 100 Hz～3 kHz，求调幅信号的频率分布范围和带宽。

7.3　已知调幅波表达式为

$$u(t)=\cos 10^5\pi t+0.4\cos(8\times10^4\pi t)+0.4\cos(12\times10^4\pi t)\ \text{(V)}$$

（1）求调幅波的类型。

（2）试求此调幅波在单位电阻上消耗的平均总功率及相应的带宽。

（3）绘出该调幅波的幅频图。

7.4　某非线性器件的伏安特性为 $i=a_1u+a_3u^3$，试问它能否实现调幅？为什么？非线性器件的伏安特性应为什么形式才能实现调幅？

7.5　在用模拟乘法器实现同步检波时，对本地同步信号有怎样的要求？

7.6　分析二极管峰值包络检波器产生惰性失真及负峰切割失真的原因。

仿真演示 7　模拟乘法器实现 AM 调制

扫一扫看仿真模拟乘法器 AM 电路教学课件

扫一扫看仿真模拟乘法器 AM 电路教学视频

模拟乘法器在完成两个输入信号相乘的同时，不会产生其他无用组合频率分量，因此输出信号中的失真最小。调制信号叠加直流分量后与载波信号相乘，可以得到普通调幅信号。打开 NI Multisim 仿真软件，放置元器件，实现 AM 调制的电路如图 7.48 所示。

启动仿真开关后，观察到模拟乘法器的输出波形如图 7.49 所示，该波形为普通调幅波，波形的包络为调制信号波形。

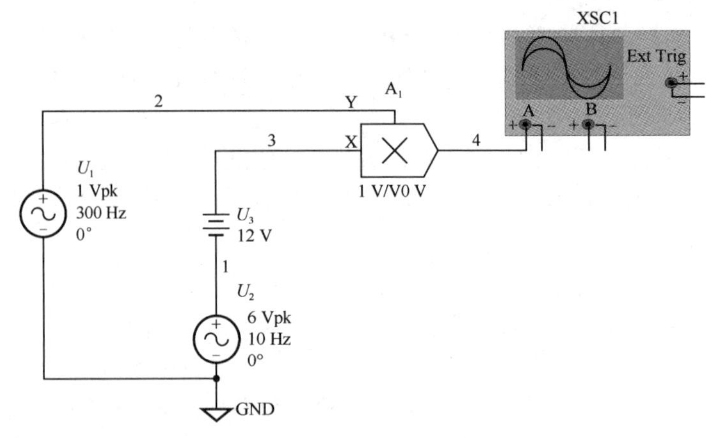

图 7.48　实现 AM 调制的电路

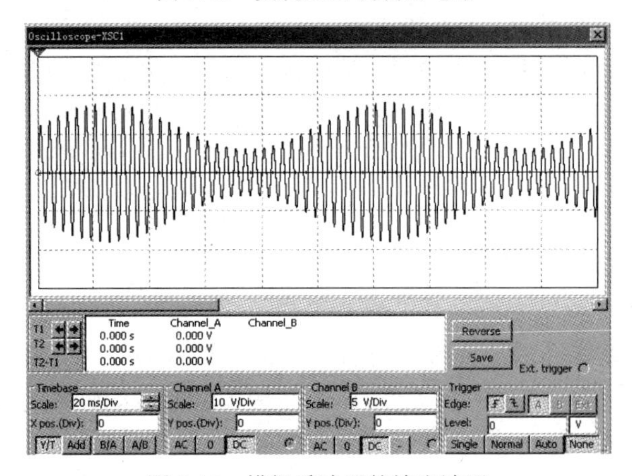

图 7.49　模拟乘法器的输出波形

仿真演示 8　模拟乘法器实现 DSB 调制

由于 DSB 信号可以用调制信号与载波信号直接相乘得到，因此可以通过模拟乘法器获得 DSB 信号。打开 NI Multisim 仿真软件，放置元器件，实现 DSB 调制的电路如图 7.50 所示。

扫一扫看仿真模拟乘法器 DSB 电路教学课件

扫一扫看仿真模拟乘法器 DSB 电路教学视频

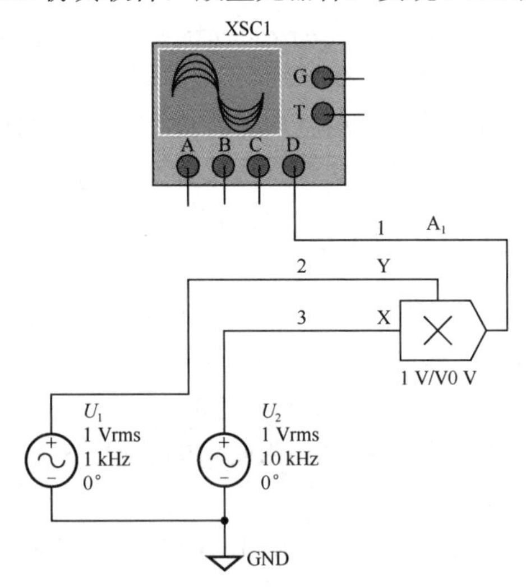

图 7.50　实现 DSB 调制的电路

启动仿真开关，可见其输出波形如图 7.51 所示。该波形为双边带调幅波。

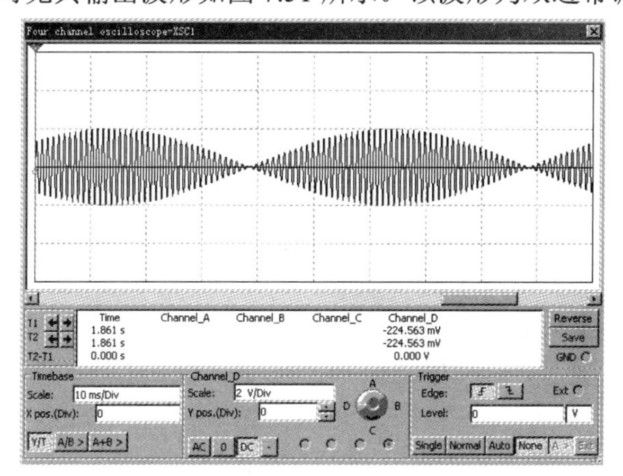

图 7.51　模拟乘法器实现 DSB 调制的输出波形

仿真演示 9　二极管峰值包络检波电路

在二极管峰值包络检波电路中，二极管为非线性器件，可以变换出很多频率分量，因此，要加低通滤波器滤除其他频率分量，只让低频信号通过。打开 NI Multisim 仿真软件，放置元器件，实现包络检波的电路如图 7.52 所示。

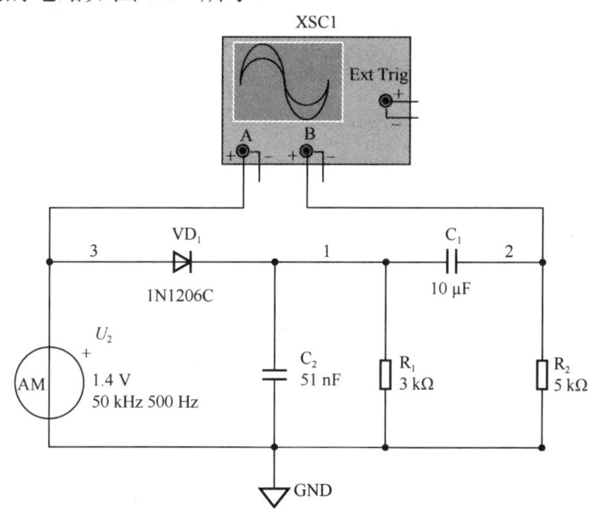

图 7.52　实现包络检波的电路

启动仿真开关，可得到二极管峰值包络检波电路的输出波形，如图 7.53 所示，其中，下面的波形为调幅信号，上面的波形为解调输出的低频调制信号。

扫一扫看仿真模拟乘法器同步检波电路教学课件

仿真演示 10　模拟乘法器实现同步检波电路

扫一扫看仿真模拟乘法器同步检波电路教学视频

在同步检波电路中，第一个模拟乘法器的输出为一个 DSB 信号，该信号作为输入信号送入第二个模拟乘法器，与本地参考信号（与载波同频同相）相乘，第二个模拟乘法器的输出经过低通滤波器解调出原来的调制信号。打开 NI Multisim 仿真软件，放置元器件，实现同步检波的电路如图 7.54 所示。

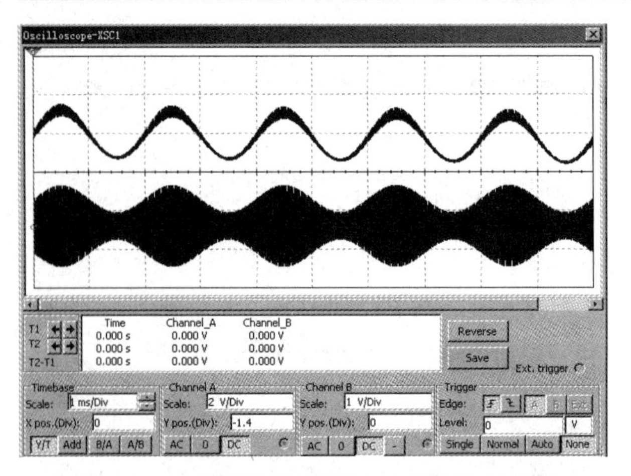

图 7.53　二极管峰值包络检波电路的输出波形

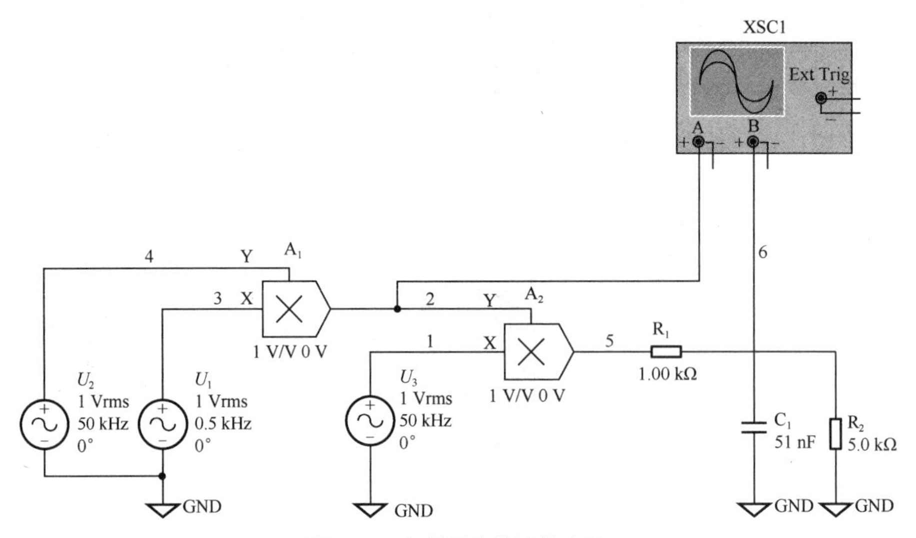

图 7.54　实现同步检波的电路

启动仿真开关，可得到同步检波电路的解调输出波形，如图 7.55 所示。其中，上面的波形为双边带调幅信号，下面的波形为解调输出的低频调制信号。

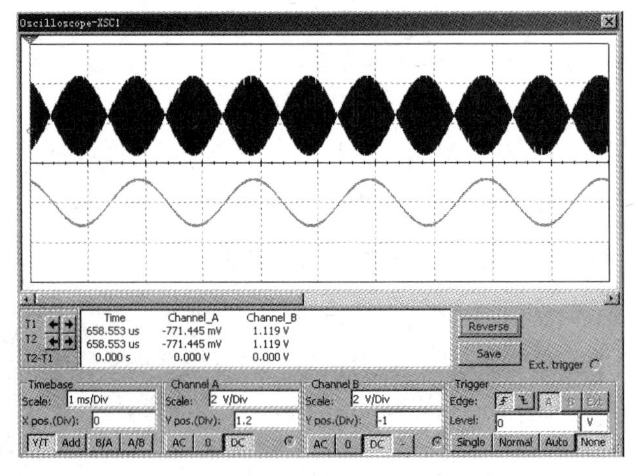

图 7.55　同步检波电路的解调输出波形

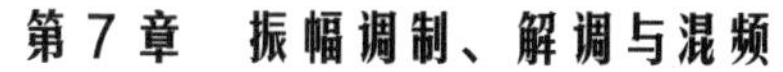

仿真演示 11　模拟乘法器实现混频电路

扫一扫看仿真模拟乘法器混频电路教学课件

扫一扫看仿真模拟乘法器混频电路教学视频

打开 NI Multisim 仿真软件，放置元器件，模拟乘法器混频电路如图 7.56 所示。电路中第一个模拟乘法器的输出为 DSB 信号，该信号作为输入信号送入第二个模拟乘法器与本振信号相乘，第二个模拟乘法器的输出经 LC 单振荡电路的带通滤波器取出后，载波频率发生变化。混频前后的波形变化如图 7.57 所示。

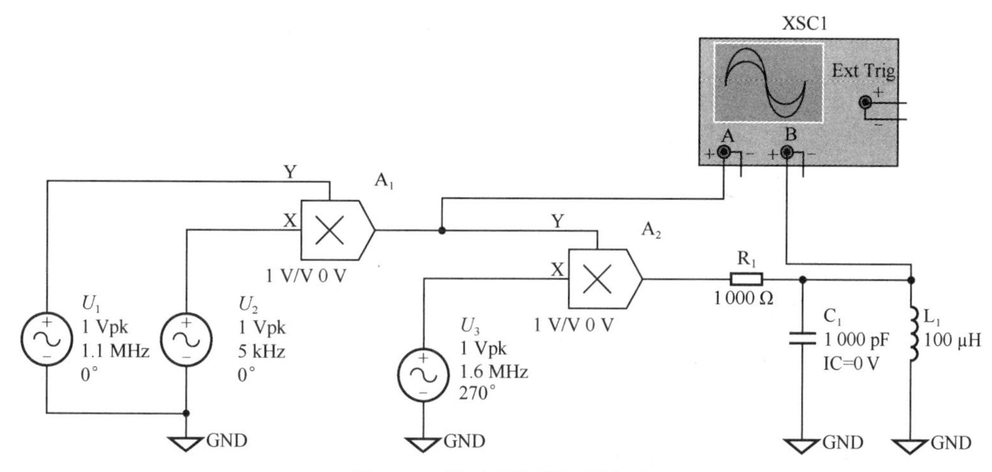

图 7.56　模拟乘法器混频电路

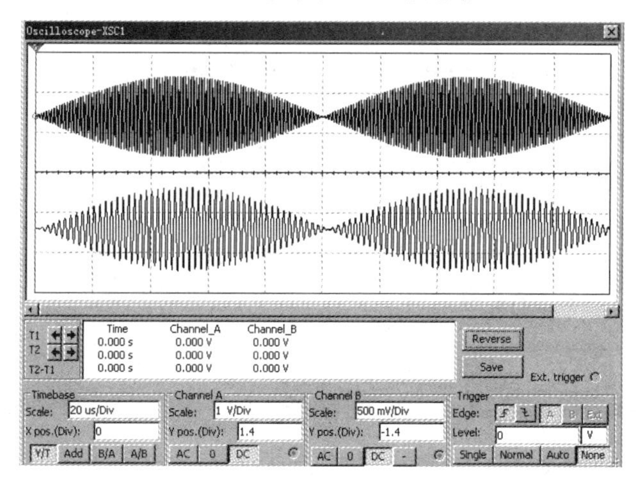

图 7.57　混频前后的波形变化

实验 7　测试调幅电路

扫一扫看测试调幅电路教学课件

扫一扫看测试调幅电路教学视频

1. 实验目的

（1）熟悉射频电子线路实验箱的组成和电路中各电子元器件的作用。

（2）掌握用集成模拟乘法器实现调幅的方法。

（3）研究已调波与调制信号及载波信号的关系，掌握调幅系数的测量与计算方法。

（4）了解模拟乘法器（MC1496）的工作原理。

（5）掌握调整与测量调幅电路特性参数的方法。

2. 预备知识

（1）认真阅读仪器使用说明，明确注意事项。

（2）复习模拟乘法器（MC1496）的功能。

（3）复习普通调幅波、双边带调幅波和单边带调幅波的波形和频谱。

3. 实验仪器

仪器名称	数量
射频电子线路实验箱	1 套
DDS 函数信号发生器	2 台
数字存储示波器	1 台
频谱分析仪	1 台
数字万用表	1 个

4. 实验电路

调幅指用调制信号控制高频载波的振幅，使高频载波的振幅按调制信号的规律变化。图 7.58 所示为调幅波生成电路，该电路产生普通调幅波、双边带调幅波和单边带调幅波，由模拟乘法器 MC1496 集成电路构成调幅电路，产生普通调幅波和双边带调幅波，且可以通过带通滤波器滤掉一个边带生成单边带调幅波。

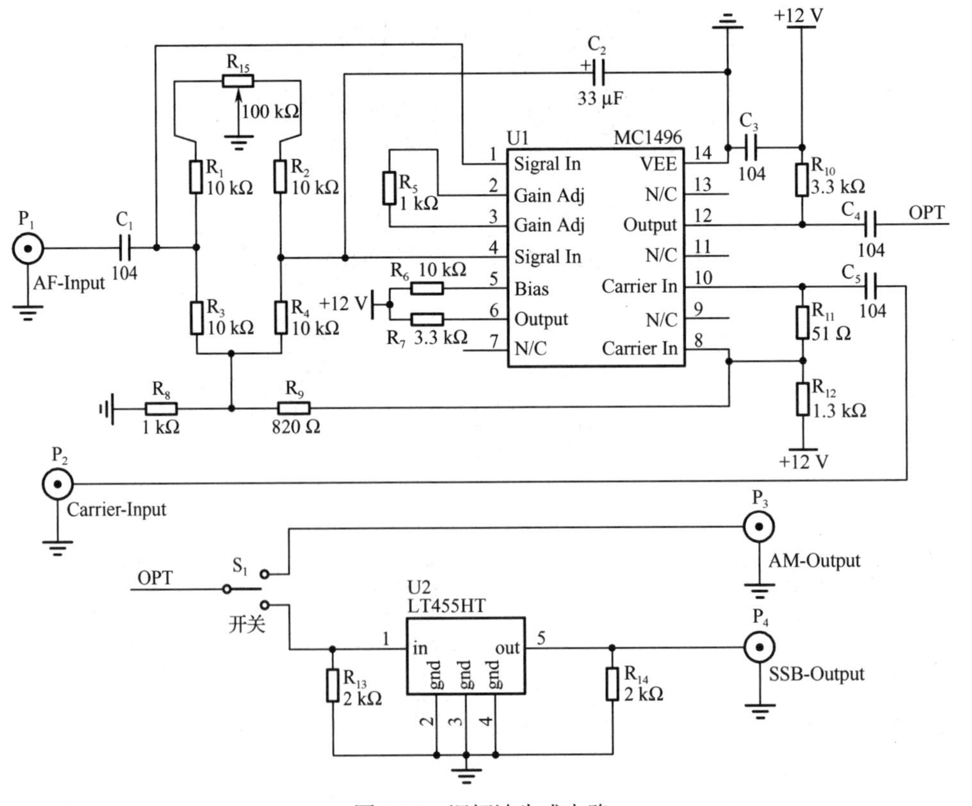

图 7.58 调幅波生成电路

5. 实验内容与步骤

（1）电路供电。

将射频电子线路实验箱通电，该实验箱可通过切换交、直流开关将 220 V 的交流电压直接转换为+12 V 的直流电压。此时，我们只需用数字万用表测量调幅波生成电路的供电电压是否为+12 V。

（2）普通调幅波的特性测量。

① 在调制信号输入端 P_1 加峰值电压为 100 mV，频率为 20 kHz 的正弦波信号 $u_s(t)$，在载波输入端 P_2 加峰值电压为 700 mV，频率为 475 kHz 的正弦波信号 $u_c(t)$，按下开关 S1，用频谱分析仪观察并记录输出端 P_3 的振幅与频谱。

② 此时观察到________根谱线，说明电路输出为____________（普通调幅波/双边带调幅波/单边带调幅波），可以设置频标测量各谱线的参数指标，分别记录载波信号的功率 P_{cm}=_________dBm，频率 f_c=_________kHz；上边频信号的功率 P_{sb1}=_________dBm，频率 f_{sb1}=________kHz；下边频信号的功率 P_{sb2}=________dBm，频率 f_{sb2}=________kHz。

③ 频率最高的为________，其值为载频与调制信号的________（和/差）；频率第二高的为________；频率最低的为________，其值为载频与调制信号的________（和/差）。

④ 根据以上数据，上边频分量或下边频分量的值对应为 $m_a U_{cm}/2$，可以进一步求出调幅系数 m_a=________。

⑤ 用数字存储示波器观察输出端 P_3 的波形，可以看出符合________波形特点。

⑥ 用数字万用表测量并记录 MC1496 的 1 脚和 4 脚之间的电压 U_{AB}，发现此时电压为________（非零值/零），说明模拟乘法器的输入信号中叠加了直流分量，输出信号的包络反映原调制信号的变化规律。

（3）观察过调幅现象。

不断加大调制信号的振幅，观察调幅波的波形情况。若波形凹陷，则说明调幅系数过大，即 m_a________（>1/<1），会产生过调幅现象。

（4）双边带调幅波的特性测量。

① 将输出信号重新调整至普通调幅波，一边调节电位器 R_{15}，一边用频谱分析仪观察输出端 P_3 的频谱，等到中间一根谱线即载频慢慢变小直至消失，此时只剩下左、右两根谱线，停止调节电位器，改用数字存储示波器观察，此时为________（普通调幅波/双边带调幅波/单边带调幅波），其波形在过零点处产生了相位突变。

② 用数字万用表测量并记录 MC1496 的 1 脚和 4 脚之间的电压 U_{AB}，发现此时电压为________（非零值/零），说明直流分量为 0，模拟乘法器只是实现了两个输入信号的相乘，输出信号的包络不再反映原调制信号的变化规律。

（5）单边带调幅波的特性测量。

① 保持输出端 P_3 为双边带调幅波，弹出开关 S_1，用频谱分析仪观察并记录输出端 P_4 的频谱，此时只剩下________（一根/两根）谱线，说明双边带调幅波通过带通滤波器滤掉一个边带，输出________（普通调幅波/双边带调幅波/单边带调幅波）。

② 进一步用数字存储示波器观察波形，单边带调幅波呈现单频正弦波的波形，与理论分析一致。

6. 实验报告要求

（1）写明实验目的。

（2）整理实验数据，说明普通调幅波、双边带调幅波和单边带调幅波的波形及频谱特点。

（3）分析过调幅现象产生的原因。

7. 实验反思

（1）_________（普通调幅波/双边带调幅波/单边带调幅波）携带载波信息。

（2）调幅系数与_________（调制信号/载波信号）的振幅成正比。

实验8 测试检波电路

扫一扫看测试检波电路教学课件

扫一扫看测试检波电路教学视频

1. 实验目的

（1）熟悉射频电子线路实验箱的组成和电路中各电子元器件的作用。

（2）掌握用二极管峰值包络检波电路实现调幅波解调的方法。

（3）研究已调波与调制信号的波形关系。

2. 预备知识

（1）认真阅读仪器使用说明，明确注意事项。

（2）复习二极管峰值包络检波器的电路组成和工作原理。

（3）复习普通调幅波的波形特点。

3. 实验仪器

仪器名称	数量
射频电子线路实验箱	1套
DDS函数信号发生器	1台
数字存储示波器	1台
数字万用表	1个

4. 实验电路

检波电路是超外差式接收设备中的核心，可实现对已调制信号的解调，如图7.59所示。二极管峰值包络检波电路由运算放大器、二极管、RC低通滤波器组成。该电路主要将放大后的信号利用二极管的单向导电特性和检波负载RC的充、放电过程实现对普通调幅波的解调。

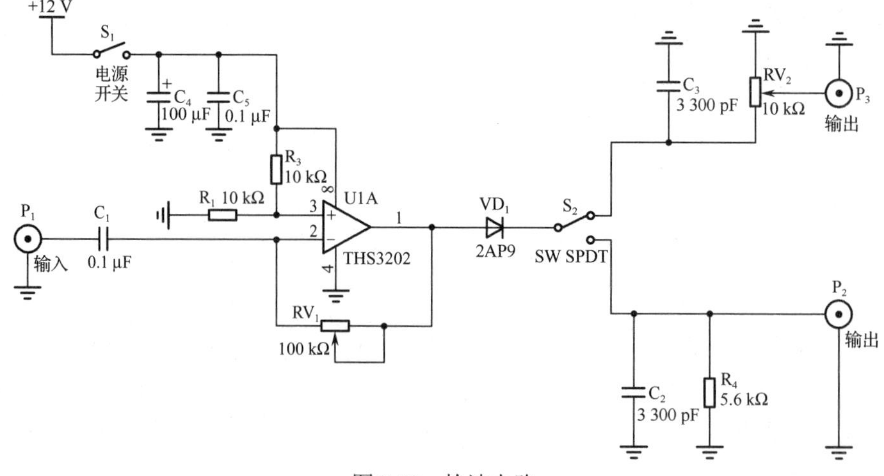

图7.59 检波电路

5. 实验内容与步骤

（1）电路供电。

将射频电子线路实验箱通电，该实验箱可通过切换交、直流开关将 220 V 的交流电压直接转换为+12 V 的直流电压。此时，只需用数字万用表测量检波电路的供电电压是否为+12 V。

（2）检波性能测试。

① 在信号输入端 P_1 加 DDS 函数信号发生器产生的峰峰值电压为 5 V、频率为 3 MHz、调制信号频率为 1 kHz、调幅系数 m_a=50%的调幅信号，用数字存储示波器观察 THS3202 放大器 1 脚的波形。此时信号的振幅________（变大/变小）。

② 进一步调节电位器 RV_1 的大小，观察放大器 1 脚的电压振幅变化，当其幅值变为最大时，停止调节 RV_1。

③ 按下开关 S_2，用数字存储示波器观察输出端 P_2 输出信号的波形记录。

④ 此时可以得到________（普通调幅信号/调制信号），说明该电路实现了对调幅波的解调。但波形________（较粗/较细），这是因为输出信号中含有高频分量。

（3）电路参数对检波波形影响的测试。

弹出开关 S_2，进一步调节电位器 RV_2 的大小，观察输出端 P_3 输出信号的波形，此时输出波形会________（变粗/变细）且清晰，说明改变低通滤波电路中电阻的大小，可改变信号的截止频率，从而将________（低频分量/高频分量）滤除得更干净。

6. 实验报告要求

（1）写明实验目的。

（2）整理实验数据，说明包络检波器的工作原理和频谱搬移的原理。

（3）分析负峰切割失真和惰性失真现象产生的原因。

7. 实验反思

包络检波器适用于对________（普通调幅波/双边带调幅波/单边带调幅波）的解调，其输出信号为________（调制信号/载波信号）。

实验 9　测试混频电路

扫一扫看测试混频电路教学课件

扫一扫看测试混频电路教学视频

1. 实验目的

（1）熟悉射频电子线路实验箱的组成和电路中各电子元器件的作用。

（2）掌握利用混频器实现混频的方法，研究非线性器件频率变换的作用。

（3）掌握混频器的工作原理和性能指标。

（4）了解混频器 ADE-1 的工作原理，掌握调整与测量其特性参数的方法。

2. 预备知识

（1）认真阅读仪器使用说明，明确注意事项。

（2）复习混频器的电路组成及工作原理。

（3）了解混频器的性能指标。

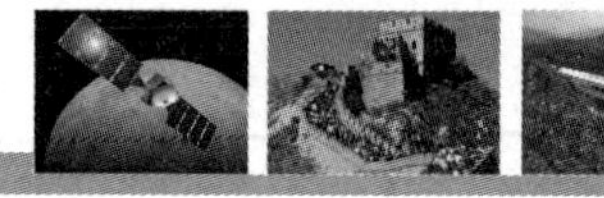

3. 实验仪器

仪器名称	数量
射频电子线路实验箱	1套
DDS 函数信号发生器	2台
频谱分析仪	1台

4. 实验电路

在超外差式接收设备电路中，混频电路如图 7.60 所示，其作用是将高频调幅波变换成中频调幅波。该电路由集成块混频器 ADE-1、两级晶体滤波电路组成。该实验主要测试电路是否具有混频功能，为了便于观察，电路的两路信号均采用高频单载波信号，混频后通过带通滤波器取出中频信号。

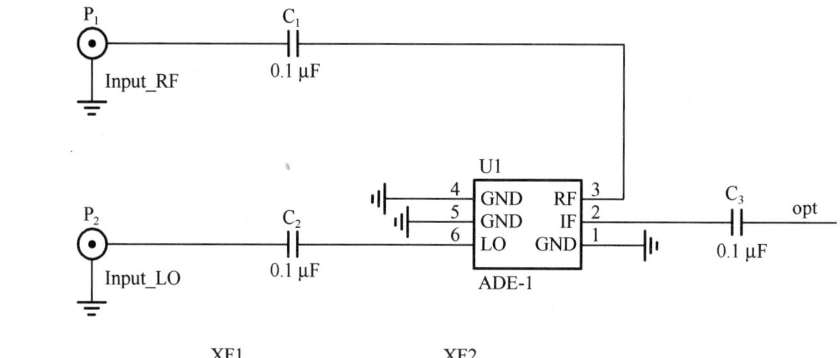

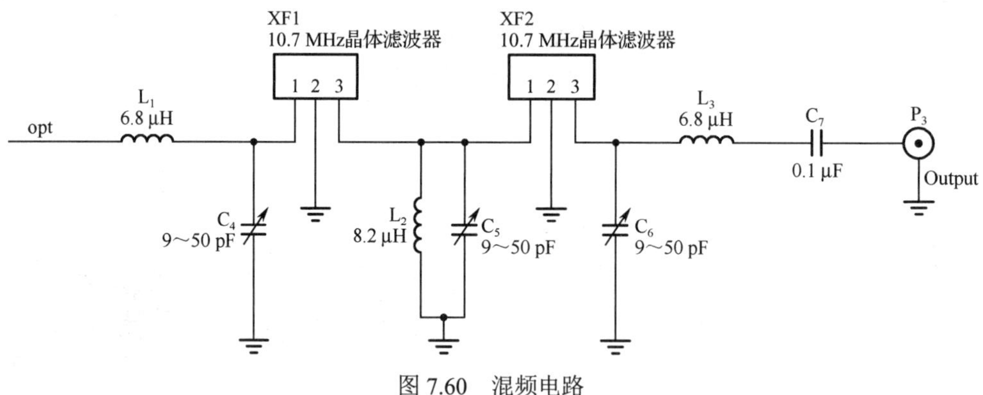

图 7.60　混频电路

5. 实验内容与步骤

（1）混频功能测试。

利用两台 DDS 函数信号发生器产生两路信号，P_1 端接入峰峰值电压为 1 V、载波频率为 30 MHz 的信号，P_2 端接入高频正弦波作为本振信号，频率为 40.7 MHz、峰峰值电压为 4 V，用频谱分析仪观察混频器 ADE-1 的 2 脚输出和混频电路 P_3 端口的信号频谱。比较发现，ADE-1 的 2 脚输出信号的频谱有和频、差频等，经过带通滤波器后 P_3 端口得到的信号只剩下________（和频/差频）。

（2）中频信号的性能测试。

将带宽设置减小为 1 MHz，用频谱分析仪测量混频电路 P_3 端口的信号频谱参数，其频率为 f_I=________，是输入信号频率与本振信号频率的________（和频/差频），一边调节可变电

容 C_4、C_5 和 C_6 的大小，一边观察该谱线，当谱线变化到最高时，停止调节。此时，记录其功率值 P_i=________dBm。

（3）变频损耗测试。

将输入频率为 30 MHz 的载波信号振幅折算为功率值 P_s=________dBm，计算出变频损耗 $L_m = 10\lg\frac{P_s}{P_i} =$ ________dB。

6. 实验报告要求

（1）写明实验目的。

（2）整理实验数据，说明频谱搬移的原理。

7. 实验反思

混频器可实现________和________信号的相减，其本质是一种________（线性频谱搬移/非线性频率变换）电路。

与频谱的线性搬移不同，角度调制属于频谱的非线性变换，即已调信号的频谱结构不再保持原调制信号频谱的内部结构，且调制后的信号的带宽比原调制信号带宽大得多。角度调制是用调制信号去控制载波信号的频率或相位变化的一种信号变换方式，广泛应用于广播、电视、通信及遥测等方面。

本章主要介绍调角信号的基本性质、调角的方法及实现电路、调角波的解调方法。重点讨论调频信号的基本性质、调频和鉴频的方法及实现电路。

知识点目标：

- 了解角度调制的优点。
- 理解调角信号的基本性质。
- 理解调频信号与调相信号的关系。
- 了解调频和鉴频的方法及实现电路。
- 了解调频电路和鉴频电路的性能指标。

技能点目标：

- 掌握调角信号的数学表达式及参数的计算。
- 掌握调角信号的频谱特点及有效频带宽度的计算。
- 学会分析变容二极管直接调频电路。
- 掌握直接鉴频法和间接鉴频法的工作原理。
- 借助实验理解调频波的解调方法。

8.1 角度调制

角度调制（简称调角）是用调制信号去控制载波信号角度（频率或相位）变化的一种信号变换方式。若受控的是载波信号的频率，则称为频率调制，简称调频，用 FM 表示；若受控的是载波信号的相位，则称为相位调制，简称调相，用 PM 表示。无论是 FM 还是 PM，载波信号的振幅都不受调制信号的影响。

与频谱的线性搬移不同，角度调制属于频谱的非线性变换，即已调信号的频谱结构不再保持原调制信号频谱的内部结构，且调制后的信号带宽比原调制信号的带宽大得多。调频波的解调称为鉴频或频率检波，调相波的解调称为鉴相或相位检波。与调幅波的检波一样，鉴频和鉴相也是从已调信号中还原出原调制信号。

与普通的调幅方式相比，调角方式广泛应用于广播、电视、通信及遥测等方面。角度调制具有其自身的优点：调角比调幅的抗干扰能力强。外来的各种干扰如工业和天线干扰等，对已调波的影响主要表现为产生寄生调幅，形成噪声。调角方式可以采用限幅的方法消除干扰所引起的寄生调幅。而调幅方式中已调幅信号的振幅是变化的，因而不能采用限幅，也就很难消除外来的干扰。

此外，信号的信噪比越大，抗干扰能力就越强。而解调后获得信号的信噪比与调幅系数有关，调幅系数越大，信噪比越大。由于调角系数远大于调幅系数，因此，调角波的信噪比高，在广播中的干扰噪声小。

8.2 调频信号和调相信号

8.2.1 调频信号的基本性质

扫一扫看调频信号分析教学视频

1. 调频信号的数学表达式

设调制信号为单频信号 $u_\Omega(t)$，高频振荡载波信号为 $u_c(t)=U_{cm}\cos\omega_c t$，根据调频信号的定义，调频信号的瞬时角频率 $\omega(t)$ 随调制信号 $u_\Omega(t)$ 线性变化，即

$$\omega(t)=\omega_c+\Delta\omega(t)=\omega_c+k_f u_\Omega(t) \tag{8.1}$$

从上式可以看出，调频信号的中心频率为ω_c，其瞬时角频率 $\omega(t)$ 是在ω_c的基础上叠加了角频偏$\Delta\omega(t)$，其值与调制信号 $u_\Omega(t)$ 成正比。k_f 为比例常数，表示单位调制电压变化所产生的频率偏移量，又称调频灵敏度，单位为 rad/s·V。

由瞬时相位与角频率之间的关系可知，$\varphi(t)$是瞬时角频率$\omega(t)$对时间的积分，设初始相位为 0，即

$$\varphi(t)=\int_0^t[\omega_c+k_f u_\Omega(t)]\mathrm{d}t=\omega_c t+k_f\int_0^t u_\Omega(t)\mathrm{d}t=\omega_c t+\Delta\varphi(t) \tag{8.2}$$

调频信号的数学表达式为

$$\begin{aligned}u_{FM}(t)&=U_{cm}\cos\varphi(t)=U_{cm}\cos[\omega_c t+\Delta\varphi(t)]\\&=U_{cm}\cos[\omega_c t+k_f\int_0^t u_\Omega(t)\mathrm{d}t]\end{aligned} \tag{8.3}$$

若设调制信号为单频信号 $u_\Omega(t)=U_{\Omega m}\cos\Omega t$，则

$$\Delta\omega(t)=k_{\rm f}U_{\Omega{\rm m}}\cos\Omega t=\Delta\omega_{\rm fm}\cos\Omega t \tag{8.4}$$

$$\omega(t)=\omega_{\rm c}+\Delta\omega(t)=\omega_{\rm c}+k_{\rm f}u_{\Omega}(t) \tag{8.5}$$

$$\varphi(t)=\int_0^t[\omega_{\rm c}+k_{\rm f}u_{\Omega}(t)]{\rm d}t=\omega_{\rm c}t+\frac{\Delta\omega_{\rm fm}}{\Omega}\sin\Omega t=\omega_{\rm c}t+m_{\rm f}\sin\Omega t \tag{8.6}$$

由此可得单频调频信号的数学表达式为

$$u_{\rm FM}(t)=U_{\rm cm}\cos(\omega_{\rm c}t+m_{\rm f}\sin\Omega t) \tag{8.7}$$

式中

$$\Delta\omega_{\rm fm}=k_{\rm f}U_{\Omega{\rm m}} \tag{8.8}$$

$$m_{\rm f}=\frac{\Delta\omega_{\rm fm}}{\Omega}=\frac{k_{\rm f}U_{\Omega{\rm m}}}{\Omega}=\frac{\Delta f_{\rm m}}{F} \tag{8.9}$$

$$\Delta\varphi(t)=\int_0^t\Delta\omega(t){\rm d}t=\frac{\Delta\omega_{\rm fm}}{\Omega}\sin\Omega t=m_{\rm f}\sin\Omega t \tag{8.10}$$

其中，$\Delta\omega_{\rm fm}$是$\Delta\omega(t)$的最大值，称为最大角频偏，与调制信号的振幅$U_{\Omega{\rm m}}$成正比。与$\Delta\omega_{\rm fm}$对应的$\Delta f_{\rm m}=\dfrac{\Delta\omega_{\rm fm}}{2\pi}=\dfrac{k_{\rm f}U_{\Omega{\rm m}}}{2\pi}$称为最大频偏，它是衡量信号频率受调制程度的重要参数，也是衡量调频信号质量的重要指标。$\Delta\varphi(t)$是调频信号的瞬时附加相位偏移，简称相移。$m_{\rm f}$是调频指数，表示调频信号的最大相位偏移（简称最大相偏）。

2. 调频波的波形

若调制信号为单频余弦波，则调频波的波形如图 8.1 所示。图 8.1（a）所示为调制信号的波形，图 8.1（b）所示为调频信号的波形。图 8.1（c）所示为调频波瞬时角频率的变化规律，即在载频的基础上叠加受调制信号控制的变化部分。当$u_{\Omega}(t)$为波峰时，瞬时角频率$\omega(t)$最大，波形最密；当$u_{\Omega}(t)$为负峰时，瞬时角频率$\omega(t)$最小，波形最疏。因此，调频波是波形疏密变化的等幅波。图 8.1（d）所示为调频波的附加相位变化，其与调制信号的相位相差 90°。

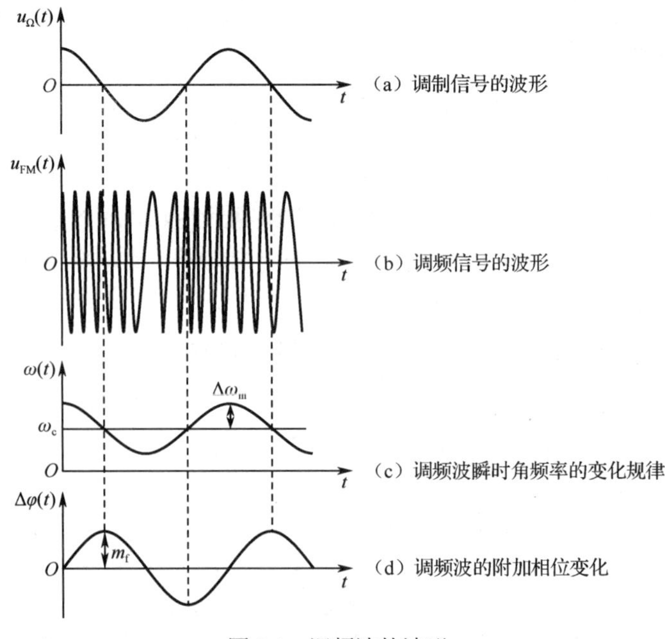

图 8.1　调频波的波形

分析可知，调频将信息搭载在频率上而不是振幅上，即调频信号中的消息蕴藏于单位时间内的波形数目中。由于各种干扰作用主要表现在振幅上，而在调频系统中可以通过限幅器来消除这种干扰，所以 FM 波的抗干扰能力较强。

8.2.2　调相信号的基本性质

扫一扫看调相信号分析教学课件

扫一扫看调相信号分析教学视频

1. 调相信号的数学表达式

调相信号的载波振幅不变，但瞬时相位随调制信号做线性变化。设调制信号为单频信号 $u_\Omega(t)=U_{\Omega m}\cos\Omega t$，高频振荡载波信号为 $u_c(t)=U_{cm}\cos\omega_c t$，根据调相信号的定义，调相信号的瞬时相位 $\varphi(t)$ 随调制信号 $u_\Omega(t)$ 线性变化，即

$$\varphi(t)=\omega_c t+k_p U_{\Omega m}\cos\Omega t=\omega_c t+m_p\cos\Omega t \tag{8.11}$$

式中，ω_c 为载波角频率；k_p 为调相灵敏度，表示单位调制信号振幅引起的相位变化，单位为 rad/V；m_p 为调相指数，表示调相信号的最大相位偏移，即调相信号相位摆动的振幅，$m_p=k_p U_{\Omega m}$，单位为 rad。

由于瞬时角频率 $\omega(t)$ 是瞬时相位 $\varphi(t)$ 对时间的微分，即

$$\begin{aligned}\omega(t)&=\mathrm{d}\varphi(t)/\mathrm{d}t\\&=\omega_c-m_p\Omega\sin\Omega t\\&=\omega_c-\Delta\omega_{pm}\sin\Omega t\end{aligned} \tag{8.12}$$

式中，$\Delta\omega_{pm}=m_p\Omega=k_p U_{\Omega m}\Omega$ 为调相信号的最大角频偏，表示在调相时瞬时角频率偏离载波角频率的最大值。

调相指数

$$m_p=\frac{\Delta\omega_{pm}}{\Omega}=\frac{\Delta f_m}{F} \tag{8.13}$$

调相信号的数学表达式为

$$\begin{aligned}u_{PM}(t)&=U_{cm}\cos\varphi(t)\\&=U_{cm}\cos(\omega_c t+m_p\cos\Omega t)\end{aligned} \tag{8.14}$$

由以上分析可知，调相信号的瞬时角频率与调制信号的微分呈线性关系，其瞬时相位与调制信号呈线性关系。

2. 调相波的波形

与调频类似，调相将信息搭载在相位上而不是振幅上。调相波的波形如图 8.2 所示，图 8.2（a）所示为调制信号的波形，图 8.2（b）所示为调相信号的波形，其波形表现为等幅疏密波。图 8.2（c）所示为调相波瞬时角频率的变化规律。图 8.2（d）所示为调相波的附加相位变化，与调制信号的变化规律一致。

8.2.3　调频信号与调相信号的关系

调频信号和调相信号都属于调角信号，且均为等幅疏密波，这里讨论两种信号的联系与区别。

分析调频信号和调相信号的数学表达式，设调制信号为单频信号 $u_\Omega(t)$，高频振荡载波信号为 $u_c(t)=U_{cm}\cos\omega_c t$，则调频信号的数学表示式为

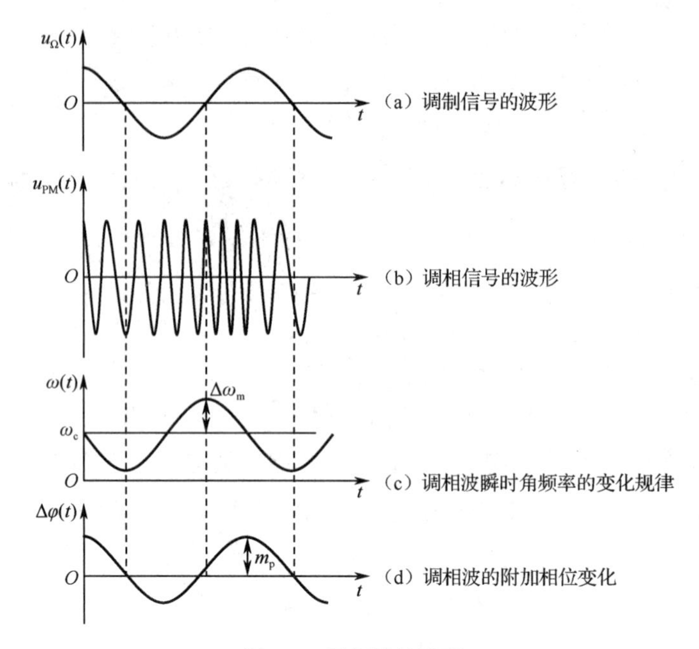

图 8.2　调相波的波形

$$u_{FM}(t)=U_{cm}\cos\left(\omega_c t+\frac{k_f U_{\Omega m}}{\Omega}\sin\Omega t\right)=U_{cm}\cos(\omega_c t+m_f\sin\Omega t) \tag{8.15}$$

而调相信号的数学表达式为

$$u_{PM}(t)=U_{cm}\cos(\omega_c t+k_p U_{\Omega m}\cos\Omega t)=U_{cm}\cos(\omega_c t+m_p\cos\Omega t) \tag{8.16}$$

可见，调频信号可看作调制信号为$\int_0^t u_\Omega(t)\mathrm{d}t$的调相信号，而调相信号可看作调制信号为$\frac{\mathrm{d}u_\Omega(t)}{\mathrm{d}t}$的调频信号。

调频信号的调频指数为

$$m_f=\frac{k_f U_{\Omega m}}{\Omega} \tag{8.17}$$

调相信号的调相指数为

$$m_p=k_p U_{\Omega m} \tag{8.18}$$

调频信号的最大角频偏为

$$\Delta\omega_{fm}=k_f U_{\Omega m} \tag{8.19}$$

调相信号的最大角频偏为

$$\Delta\omega_{pm}=m_p\Omega=k_p U_{\Omega m}\Omega \tag{8.20}$$

由以上分析可知，调频信号的调频指数与调制信号角频率Ω成反比；最大角频偏与调制信号角频率Ω无关，与调制信号振幅$U_{\Omega m}$成正比。调相信号的调相指数与调制信号角频率Ω无关；最大角频偏与调制信号角频率Ω、调制信号振幅$U_{\Omega m}$都成正比。这是两种调制方式的根本区别。两种信号的参数与调制信号角频率的关系如图 8.3 所示。

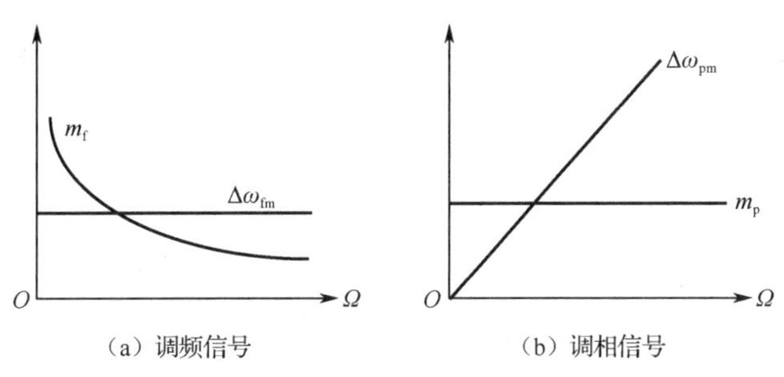

（a）调频信号　　（b）调相信号

图 8.3　两种信号的参数与调制信号角频率的关系

二者的相同点在于，载波的振幅不变，调角指数 m 与最大角频偏的关系相同，都可以用下式表示

$$m=\frac{\Delta\omega_m}{\Omega}=\frac{\Delta f_m}{F} \tag{8.21}$$

区别于调幅方式，调幅系数 m_a 的取值应小于或等于 1，以避免产生过调幅失真，而调频指数和调相指数的值均可以大于 1。

综上，设调制信号为单频信号 $u_\Omega(t)$，高频振荡载波信号为 $u_c(t)=U_{cm}\cos\omega_c t$，调频信号和调相信号的各参数比较如表 8.1 所示。

表 8.1　调频信号和调相信号的各参数比较

参数	调频信号	调相信号
数学表达式	$u_{FM}(t)=U_{cm}\cos(\omega_c t+m_f\sin\Omega t)$	$u_{PM}(t)=U_{cm}\cos(\omega_c t+m_p\cos\Omega t)$
瞬时角频率	$\omega(t)=\omega_c+k_f u_\Omega(t)$	$\omega(t)=\omega_c+k_p\dfrac{du_\Omega(t)}{dt}$
瞬时相位	$\varphi(t)=\omega_c t+k_f\int_0^t u_\Omega(t)dt$	$\varphi(t)=\omega_c t+k_p u_\Omega(t)$
调角指数	$m_f=\dfrac{k_f U_{\Omega m}}{\Omega}$	$m_p=k_p U_{\Omega m}$
最大角频偏	$\Delta\omega_{fm}=k_f U_{\Omega m}$	$\Delta\omega_{pm}=m_p\Omega=k_p U_{\Omega m}\Omega$

从表 8.1 中可以看出，无论是调频还是调相，瞬时角频率和瞬时相位都在同时随着时间发生变化。在调频时，瞬时角频率的变化与调制信号呈线性关系，瞬时相位的变化与调制信号的积分呈线性关系。在调相时，瞬时相位的变化与调制信号呈线性关系，瞬时角频率的变化与调制信号的微分呈线性关系。

此外，调频和调相在实际通信系统中的应用有所区别。在模拟通信中，当系统带宽相同时，调频系统接收设备输出端的信噪比明显优于调相系统，故广泛采用调频制。在数字通信中，相位键控的抗干扰能力优于频率键控和振幅键控，因而调相制被广泛应用。

下面举例说明调频信号的参数计算。

例 8.2.1　设载波频率 f_c=15 MHz，载波振幅 U_{cm}=6 V，调制信号 $u_\Omega(t)$=2sin6280t（V），调频灵敏度 k_f=20 kHz/V，试推导出调频信号的数学表达式，并求：

（1）调制信号频率和调频波中心频率；

（2）最大频偏、调频指数和最大相偏；

（3）当调制信号频率减半时的最大频偏和最大相偏；

（4）当调制信号振幅加倍时的最大频偏和最大相偏。

解：（1）由题意可知，调制信号为 $u_\Omega(t)=2\sin6280t=U_{\Omega m}\sin\Omega t$，载波频率 $f_c=15$ MHz，因此调制信号频率为

$$F=\frac{\Omega}{2\pi}\approx\frac{6280}{6.28}=1\text{（kHz）}$$

调频波中心频率就是载波频率 $f_c=15$ MHz，可以推出瞬时角频率

$$\omega(t)=\omega_c+\Delta\omega(t)=\omega_c+k_f U_{\Omega m}\sin\Omega t$$

瞬时相位为

$$\varphi(t)=\int_0^t[\omega_c+k_f u_\Omega(t)]\mathrm{d}t=\omega_c t+k_f\int_0^t u_\Omega(t)\mathrm{d}t=\omega_c t+\Delta\varphi(t)$$

调频信号的数学表达式为

$$\begin{aligned}u_{FM}(t)&=U_{cm}\cos[\omega_c t+k_f\int_0^t u_\Omega(t)\mathrm{d}t]\\&=U_{cm}\cos(\omega_c t-\frac{k_f U_{\Omega m}}{\Omega}\cos\Omega t)\\&=6\cos(30\pi\times10^6 t-40\cos6280t)\text{（V）}\end{aligned}$$

（2）调频指数为

$$m_f=\frac{k_f U_{\Omega m}}{\Omega}=\frac{\Delta\omega_m}{\Omega}=\frac{\Delta f_m}{F}$$

将数值代入后求出 $m_f=40$（rad）。

最大频偏为

$$\Delta f_m=m_f F=40\text{（kHz）}$$

最大相偏为

$$\Delta\varphi_m=m_f=40\text{（rad）}$$

（3）当调制信号频率减半时，调频指数为

$$m_f=\frac{k_f U_{\Omega m}}{\Omega}=\frac{\Delta\omega_m}{\Omega}=\frac{\Delta f_m}{F}$$

最大频偏为

$$\Delta f_m=m_f F=\frac{k_f U_{\Omega m}}{2\pi}=40\text{（kHz）}$$

调制信号频率减半，最大频偏不变，说明最大频偏与调制信号频率无关。

最大相偏 $\Delta\varphi_m=m_f=\dfrac{k_f U_{\Omega m}}{\Omega}=80$（rad）变为原来的 2 倍，与调制信号频率成反比变化。

（4）当调制信号振幅加倍时，最大频偏 $\Delta f_m=m_f F=\dfrac{k_f U_{\Omega m}}{2\pi}=80$（kHz）变为原来的 2 倍，与调制信号振幅成正比变化。

调频指数 $m_f=\dfrac{k_f U_{\Omega m}}{\Omega}=\dfrac{\Delta\omega_m}{\Omega}=\dfrac{\Delta f_m}{F}$。

最大相偏 $\Delta\varphi_m=m_f=\dfrac{k_f U_{\Omega m}}{\Omega}=80$（rad）同样变为原来的2倍，与调制信号振幅成正比变化。

综上，调频信号的最大频偏与调制信号的振幅有关，与频率无关；而最大相偏与调制信号的振幅和频率都有关系。在今后的参数计算中要注意这些变量对调频信号的影响。

8.2.4　调角信号的频谱及参数

1. 调角信号的频谱

由调频信号和调相信号的数学表达式可知，二者由调制信号引起的附加相移仅区别于正弦和余弦变化，即只是相位相差π/2，用调角指数 m 代替两个表达式中的 m_f 和 m_p，调角信号的数学表达式可以写为

$$u(t)=U_{cm}\cos(\omega_c t+m\sin\Omega t) \tag{8.22}$$

利用三角函数公式将其展开，得到

$$\begin{aligned}u(t)&=U_{cm}\cos(\omega_c t+m\sin\Omega t)\\&=U_{cm}\cos\omega_c t\cos(m\sin\Omega t)-U_{cm}\sin\omega_c t\sin(m\sin\Omega t)\end{aligned} \tag{8.23}$$

式中，$\cos(m\sin\Omega t)$ 和 $\sin(m\sin\Omega t)$ 是周期为 $2\pi/\Omega$ 的特殊函数，可以将它展开为傅氏级数，其基波角频率为 Ω，即

$$\cos(m\sin\Omega t)=J_0(m)+2\sum_{n=1}^{\infty}J_{2n}(m)\cos 2n\Omega t \tag{8.24}$$

$$\sin(m\sin\Omega t)=2\sum_{n=0}^{\infty}J_{2n+1}(m)\sin(2n+1)\Omega t \tag{8.25}$$

式中，$J_n(m)$ 是以 m 为宗数的 n 阶第一类贝塞尔函数。当 m、n 一定时，$J_n(m)$ 是定系数。第一类贝塞尔函数曲线如图 8.4 所示，$J_n(m)$ 的值可由函数表查出。将式（8.24）和式（8.25）代入式（8.23），得到调角信号的级数展开式，即

$$\begin{aligned}u(t)=&U_{cm}J_0(m)\cos\omega_c t-U_{cm}J_1(m)[\cos(\omega_c-\Omega)t-\cos(\omega_c+\Omega)t]+\\&U_{cm}J_2(m)[\cos(\omega_c-2\Omega)t+\cos(\omega_c+2\Omega)t]-\\&U_{cm}J_3(m)[\cos(\omega_c-3\Omega)t-\cos(\omega_c+3\Omega)t]+\cdots\end{aligned} \tag{8.26}$$

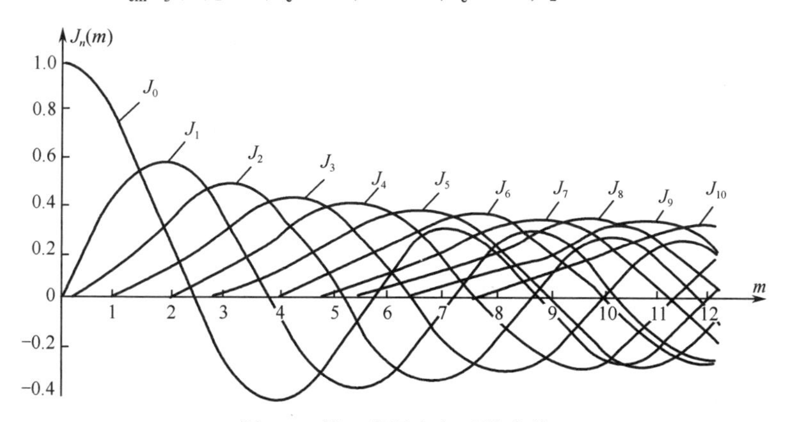

图 8.4　第一类贝塞尔函数曲线

由式（8.26）可知，在单频调制情况下，当调角指数 m 为不同值时的调角信号频谱图如图 8.5 所示，由此可得到调角信号具有以下特点。

（1）调角信号可以分解为载频分量和无穷对上、下边频分量之和，各边频分量对称地分布在载频两侧，它们之间的距离等于调制频率，偶数次的上、下边频分量符号相同，奇数次的上、下边频分量符号相反。由此可见，角度调制不是调制信号频谱的线性搬移，而是频谱的非线性变换。

（2）包括载频分量在内的各频率分量振幅取决于第一类贝塞尔函数$J_n(m)$，由第一类贝塞尔函数的变化规律可知，随着阶数n的增大，边频分量的振幅总趋势是减小的，当n足够大时边频分量很小，可忽略不计。这说明调角信号的能量大部分集中于载频附近。

（3）调角指数m的大小对频谱结构产生影响。m越大，具有较大振幅的边频分量就越多，也有可能某些边频分量的振幅会超过载频分量；当m为某些值如2、40等时的载频分量的振幅为0，或者当m为其他特定值时边频分量的振幅为0，利用频谱的这一规律，可以测量调角信号的调角指数。

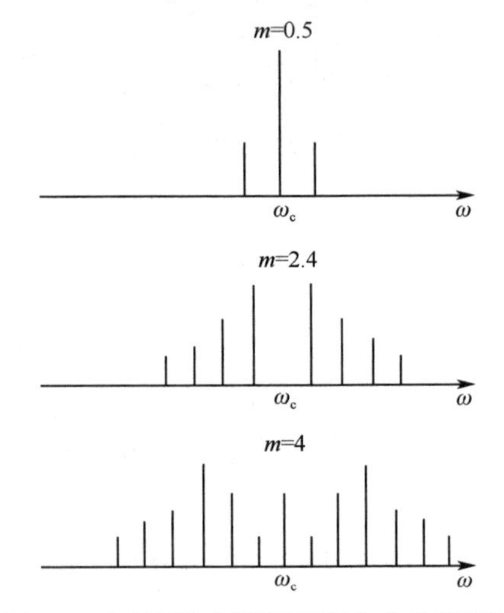

图 8.5　在单频调制情况下调角信号频谱图

对于调制信号为多频调制的情况，调角信号的频谱结构更为复杂。其边频分量不仅包含各阶调制信号频率与载频的组合频率分量，而且包含各阶调制信号频率之间相互组合后，再与载频组合产生的频率分量。

2. 调角信号的功率

调角信号的平均总功率与调幅信号类似，为载频和所有边频功率之和。根据调角信号的级数分解表达式（8.26），调角信号$u(t)$在电阻R_L上消耗的平均总功率为

$$P_{av}=\frac{U_{cm}^2}{2R_L}\{J_0^2(m)+2[J_1^2(m)+J_2^2(m)+\cdots+J_n^2(m)+\cdots]\} \tag{8.27}$$

由第一类贝塞尔函数的性质可知

$$J_0^2(m)+2[J_1^2(m)+J_2^2(m)+\cdots+J_n^2(m)+\cdots]=1 \tag{8.28}$$

因此调角信号的平均总功率为

$$P_{av}=\frac{U_{cm}^2}{2R_L}=P_c \tag{8.29}$$

由上式可见，调角信号的平均总功率与未调制时的载波功率相等。改变调角指数m，仅使载频分量和边频分量之间的功率重新分配，相当于将原载频功率重新分配到各个边频分量上，而不会引起总的功率变化。这一点与调幅信号完全不同。

3. 调角信号的有效频带宽度

从理论上分析，调角波的边频分量有无穷多对，其带宽为无穷大。但大部分能量集中于载频附近的边频分量中，而远离载频的边频分量振幅都很小，为方便计算，可将这些边频分量忽略。

观察第一类贝塞尔函数可知，当$n>(m+1)$时，$J_n(m)$的绝对值小于0.1或相对功率值小于0.01，通常将振幅小于未调载频振幅10%的边频分量忽略不计，有效的上、下边频总数为$2(m+1)$个，因此调角信号的有效频带宽度为

$$\mathrm{BW}=2(m+1)F=2(\Delta f_m+F) \tag{8.30}$$

可见调角指数m的大小决定调角信号的有效频带宽度，m越大，有效频带越宽。

当 $m \gg 1$ 时，调角信号的有效频带宽度为

$$BW = 2\Delta f_m \tag{8.31}$$

此时称为宽带调角。对调频信号而言，$U_{\Omega m}$ 一定，Δf_m 一定，有效频带宽度与调制信号频率 F 无关。对调相信号而言，$U_{\Omega m}$ 一定，m_p 一定，有效频带宽度与 F 成正比。

当 $m \ll 1$ 时，调角信号的有效频带宽度为

$$BW = 2F \tag{8.32}$$

此时带宽为调制信号的 2 倍，相当于调幅信号，称为窄带调频。实际中的信号多为复杂信号，即当多频信号调制时，仍可用式（8.30）计算有效频带宽度，只需将其中的 F 替换为调制信号的最高频率 F_{max}，将 Δf_m 替换为$(\Delta f_m)_{max}$。

例如，在调频广播中，调制信号的最高频率 F_{max}=15 kHz，最大频偏 Δf_m=75 kHz，根据有效频带宽度公式，调频信号的有效频带宽度为

$$BW = 2(\Delta f_m + F_{max}) = 180\,(\text{kHz})$$

实际一般选取的有效频带宽度为 200 kHz，其频带宽度是调幅电台的数十倍，便于传输高保真立体声信号。

4. 调角信号的特点及应用

与调幅方式相比，角度调制的边频功率占总功率的比例大，有利于提高接收设备输出端的信噪比，因而抗干扰能力强。其波形为等幅波，可采用限幅器消除干扰所引起的寄生调幅，同时提高系统的抗干扰能力。

调角信号的平均总功率与调制前的等幅载波功率相等，设备利用率高，但有效频带宽度较宽，且易受调角指数 m 等影响，更适合应用于频率范围更宽的超高频或微波波段。调频主要用于调频广播、通信及遥测等，调相则用于数字通信系统中的相位键控等。

8.3 调频的实现方法及电路

8.3.1 调频的实现方法

调频对调制信号的频谱实现非线性频率变换，不同于调幅方式，调频不能简单地用模拟乘法器和滤波器构成电路，应根据调频自身的特点来实现。调频波产生的方法主要有两种：直接调频和间接调频。

直接调频指用调制信号直接控制载波的瞬时频率，即用调制信号直接改变振荡电路的谐振频率来获得调频波。如果受控振荡器为 LC 振荡器，那么振荡频率由振荡电路中的电感和电容决定。其基本原理是在振荡电路中接入调制信号控制的可变电抗元件，利用调制电压控制电抗元件的电感或电容，从而得到频率随调制信号变化的调频波。

直接调频能够获得较大的频偏，电路简单，并且几乎不需要调制功率。其主要缺点是中心频率稳定度低。在正弦波振荡器中，可将电抗元件与晶体串联或并联，接入振荡电路构成调频振荡器，以提高频率稳定度。

间接调频先将调制信号积分，再对载波进行调相，从而得到调频波，其实现框图如图 8.6 所示。由调频波和调相波的关系可知，调频波可看作调制信号积分后的调相波，利用此特点可实现间接调频。间接调频的突出优点是载波中心频率的稳定度较高，但获得的频偏较小。

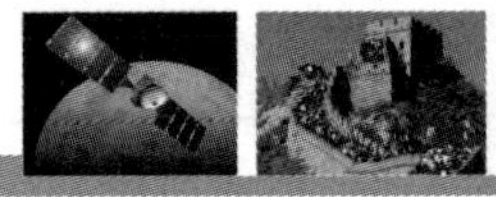

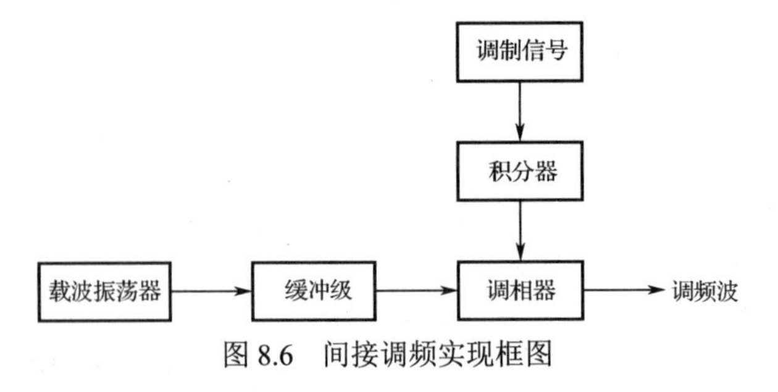

图 8.6　间接调频实现框图

8.3.2　调频电路的基本性能指标

在实际应用中，无论是直接调频还是间接调频，调频电路的主要特性是调制特性，基本性能指标如下。

（1）调频灵敏度。调频灵敏度 S_f 指调制特性曲线在原点处的斜率，表示单位调制电压变化所产生的频率偏移。S_f 越大，单位调制电压产生的频偏 Δf_m 越大。但调频灵敏度需要在合适的范围内，否则会给调频电路的性能带来不利影响。

（2）调频特性的线性度。调频电路的调制特性可用调频特性曲线（见图 8.7）表示，表示为 f 或 Δf 与 u_Ω 之间的关系。在最大频偏范围内，调频特性曲线应有很高的线性度，线性范围大，以减小调制失真。

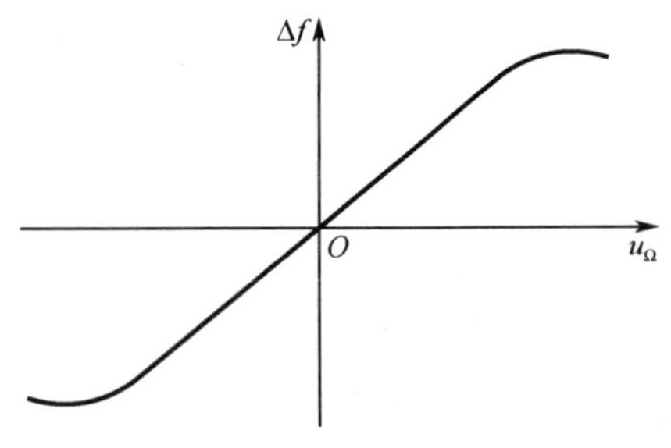

图 8.7　调频特性曲线

（3）中心频率的准确度和稳定度。调频的瞬时频率以未调制时的载波频率为中心而变化，因此，要求未调制时的载波频率的准确度和稳定度越高越好，以避免产生较大的失真。

（4）最大频偏。最大频偏是衡量信号频率受调制程度的重要参数，也是衡量调频信号质量的重要指标。当调制电压振幅一定时，最大频偏 Δf_m 应在整个波段内保持恒定。且在保证调频特性的线性度的前提下，尽可能使 Δf_m 大一些。

由调频特性可见，扩展最大频偏和改善调频特性的线性度相互矛盾。在实际调频电路中，如何扩展最大线性频偏是电路设计中需要考虑的问题，通常可用倍频器和混频器实现频偏的扩展及所需的载波频率。

扫一扫看直接调频法及调频电路教学课件

扫一扫看直接调频法及调频电路教学视频

8.3.3　直接调频法

用调制信号直接控制载波瞬时频率的方法称为直接调频法。若压控振荡器为谐振电路或晶体构成的振荡器，则通过调制信号控制电路中的可变电抗元件，改变其电容和电感量，可使电路的振荡频率随调制信号的规律变化，从而实现调频。可变电抗元件的典型代表为变容二极管，其具有工作频率高、固有损耗小、使用方便等优点。

1. 变容二极管直接调频电路

变容二极管直接调频电路由于工作频率变化大、固有损耗小、实现电路简单，且可获得较大的频偏，广泛应用于移动通信和自动频率微调电路，但其缺点是中心频率稳定度低。

1）变容二极管的特性

变容二极管又称可变电抗二极管，利用 PN 结的结电容随着反向偏置变化的特性，在半导体二极管的工艺上加以特殊处理制成，可看作电压控制的可变电抗元件。当变容二极管处于反偏状态时，其结电容 C_j 与反向偏压 u 之间的关系为

$$C_j = \frac{C_0}{\left(1+\frac{u}{U_j}\right)^r} \tag{8.33}$$

式中，C_0 为变容二极管在零偏时的结电容；u 为加到变容二极管上的反向偏压；U_j 为变容二极管 PN 结的势垒电位差；r 为变容二极管的结电容变化指数，r 取决于 PN 结的杂质分布规律及制造工艺。当反向偏压增大时结电容减小，反之结电容增大。变容二极管反向偏压与结电容之间为非线性关系，如图 8.8 所示。

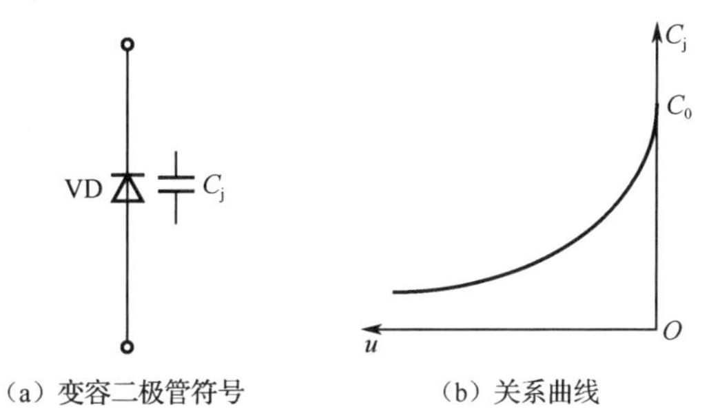

图 8.8　变容二极管反向偏压与结电容之间的非线性关系

当变容二极管上所加电压为固定的直流负偏压 U_0 时，变容二极管的静态工作点的结电容为

$$C_j = C_Q = \frac{C_0}{\left(1+\frac{U_0}{U_j}\right)^r} \tag{8.34}$$

若在固定偏压 U_0 上再叠加一个调制信号 $u_\Omega(t)=U_\Omega\cos\Omega t$，即

$$u = U_0 + U_\Omega\cos\Omega t \tag{8.35}$$

则此时的结电容为

$$C_j = \frac{C_0}{\left(1+\frac{U_0+U_\Omega\cos\Omega t}{U_j}\right)^r} = \frac{C_Q}{(1+m\cos\Omega t)^r} \tag{8.36}$$

式中，$m=\frac{U_\Omega}{U_0+U_j}\approx\frac{U_\Omega}{U_0}$ 称为调制深度，表示结电容受调制信号控制的变化程度。假设调制信号为单频信号，变容二极管结电容在调制信号控制下的变化如图 8.9 所示。

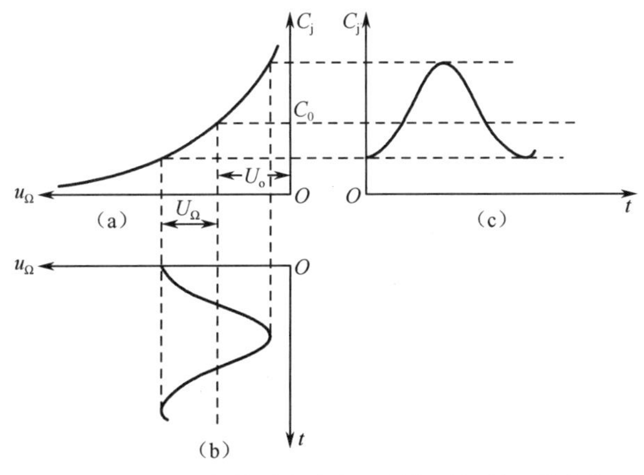

图 8.9　变容二极管结电容在调制信号控制下的变化

2）变容二极管直接调频电路

将变容二极管接入振荡器的振荡电路中，振荡频率由变容二极管及其他电抗元件共同决定。当调制电压发生变化时，振荡频率与变容二极管上所加的调制信号呈线性关系，实现调频功能。

将变容二极管作为可控电容元件接入振荡器的振荡电路中，有两种不同的接入方式，一种为变容二极管作为电路总电容接入振荡电路，另一种为变容二极管作为电路部分电容接入振荡电路。变容二极管直接调频电路及其接入振荡电路的两种方式如图 8.10 所示。

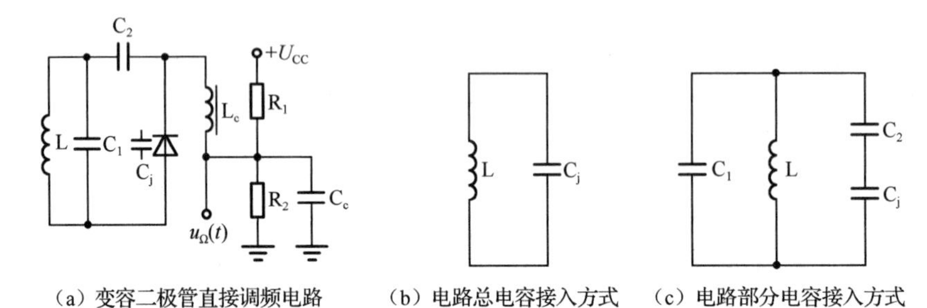

（a）变容二极管直接调频电路　（b）电路总电容接入方式　（c）电路部分电容接入方式

图 8.10　变容二极管直接调频电路及其接入振荡电路的两种方式

图 8.11 所示为变容二极管全部接入电路所构成的直接调频电路，C_j为变容二极管的结电容，与电感 L 构成并联谐振电路；R_{b1}、R_{b2}为基极偏置电阻，为电路提供静态直流偏压；C_c为高频交流耦合电容，对高频交流信号短路，对直流和低频交流信号开路；L_c为高频扼流圈，对高频交流信号开路，对直流和低频交流信号短路；U_Q提供变容二极管的静态直流偏压，保证变容二极管处于反偏状态；u_Ω为变容二极管的控制电压。

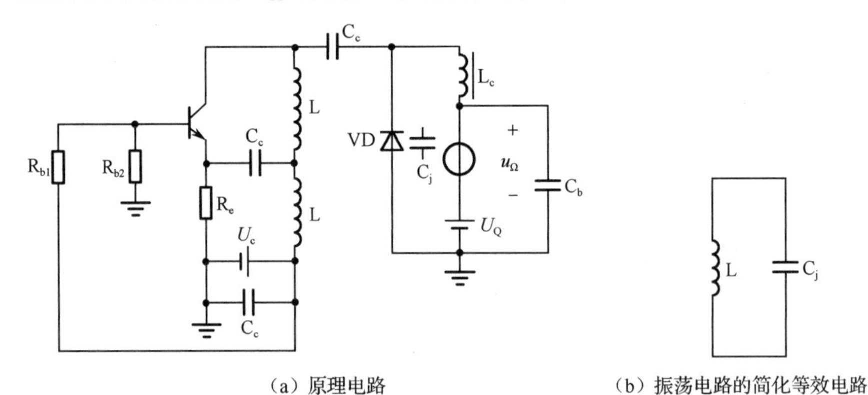

（a）原理电路　（b）振荡电路的简化等效电路

图 8.11　变容二极管全部接入电路所构成的直接调频电路

图 8.11（b）是图 8.11（a）中振荡电路的简化等效电路。当变容二极管加上调制信号电压 $u_\Omega(t)$时，结电容 C_j 随着 $u_\Omega(t)$的变化而变化，此时振荡角频率为

$$\omega(t)=\frac{1}{\sqrt{LC_j}}=\frac{1}{\sqrt{LC_Q}}(1+m\cos\Omega t)^{r/2}=\omega_c(1+m\cos\Omega t)^{r/2} \tag{8.37}$$

式中，ω_c 为未加调制信号的振荡角频率，即振荡器的中心角频率。当变容二极管的结电容变化指数 r=2 时，振荡角频率与调制信号电压 $u_\Omega(t)$成正比，实现线性调频。实际上 r 不一定等于 2，此时振荡角频率与调制信号电压呈非线性关系，输出调频波可能会产生非线性失真和频率偏移，因此调制信号的振幅不宜过大。

在 C_j 作为电路总电容的直接调频电路中，其中心频率由静态结电容决定，但该电容会随温度和电源电压的变化而变化，造成振荡频率稳定度下降。此外，由于变容二极管电容变化的非线性，因此在调制信号作用的一个周期内，平均电容会增大，可能会产生输出频率与调制信号变化规律不一致的情况，即寄生调制现象。

为了改善变容二极管直接调频电路中心频率不稳定、调制灵敏度高等缺点，减小高频振荡电压对变容二极管结电容的影响，可采用变容二极管部分接入方式，如图 8.10（c）所示。振荡频率由电感 L、电容 C_1、C_2 和 C_j 共同决定，减小了结电容 C_j 对振荡频率的影响，同时改善了调制灵敏度和最大频偏。

2. 晶体振荡器直接调频电路

在实际应用中，增加锁相环或自动频率微调电路可提高变容二极管直接调频电路的稳定度。此外，由于晶体具有很高的 Q 值，因此晶体振荡器构成的直接调频电路也可以获得很高的频稳度。

将晶体与变容二极管串联或并联接入振荡电路，构成晶体振荡器直接调频电路，如图 8.12 所示。图 8.12（a）所示为变容二极管与晶体串联构成的原理电路，图 8.12（b）所示为其交流等效电路。晶体可作为电感元件，变容二极管与晶体串联后，再与电容 C_1、C_2 组成并联型晶体振荡器，电路的振荡频率主要取决于晶体和变容二极管。变容二极管在晶体振荡器中可作为微调电容，改变晶体的负载电容，相应地，振荡器的振荡频率也会变化。

晶体振荡器直接调频电路具有中心频率稳定度高、载波频率偏移小等优点，但由于振荡器工作于感性区，电路的振荡频率在串联谐振频率 f_p 和并联谐振频率 f_q 之间变化，相对频率的变化范围很小，因此调频的频偏很小，晶体振荡器直接调频电路的最大相对频偏约为 0.001。为获得较大频偏，可在晶体支路上串联或并联一个电感，但这会降低频稳度。在实际应用中可在后级增加倍频器来提高相对频偏，同时满足提高载频的需求。

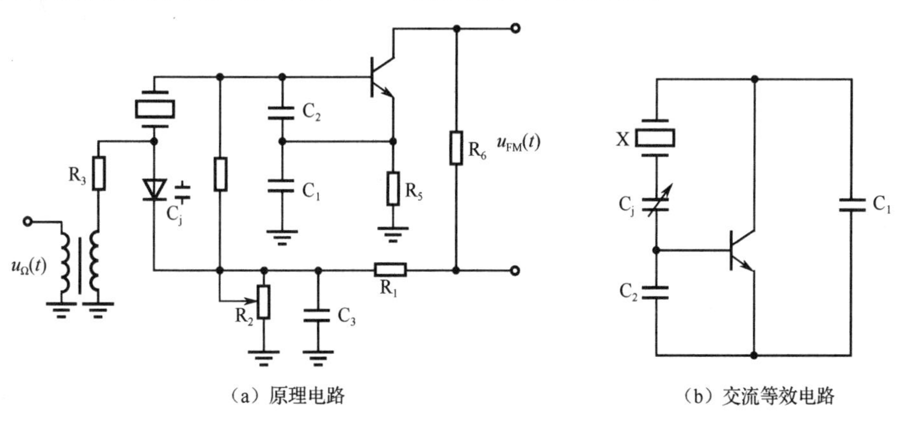

（a）原理电路　　　（b）交流等效电路

图 8.12　晶体振荡器直接调频电路

8.3.4　间接调频法

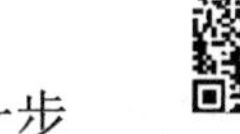

扫一扫看间接调频法及调频电路教学课件

扫一扫看间接调频法及调频电路教学视频

采用间接调频法获得调频波，可进一步提高调频信号的频稳度。间接调频的关键在于实现调相，利用调频信号和调相信号之间的关系，对调制信号积分后，对载波进行调相，所得到的调频信号的中心频率具有很高的准确度和稳定度。

假设调制信号为单频信号 $u_\Omega(t)=U_{\Omega\mathrm{m}}\cos\Omega t$，高频振荡载波信号为 $u_\mathrm{c}(t)=U_\mathrm{cm}\cos\omega_\mathrm{c}t$，对调制信号进行积分后得

$$u'_\Omega(t)=\int U_{\Omega\mathrm{m}}\cos\Omega t\mathrm{d}t=\frac{U_{\Omega\mathrm{m}}\sin\Omega t}{\Omega} \tag{8.38}$$

用高频振荡载波信号对积分后的调制信号进行调相，得到调相信号的瞬时相位为

$$\varphi(t)=\omega_\mathrm{c}(t)+k_\mathrm{p}\frac{U_{\Omega\mathrm{m}}\sin\Omega t}{\Omega} \tag{8.39}$$

输出信号的表达式为

$$u_\mathrm{o}(t)=U_\mathrm{cm}\cos\varphi(t)=U_\mathrm{cm}\cos\left[\omega_\mathrm{c}(t)+k_\mathrm{p}\frac{U_{\Omega\mathrm{m}}\sin\Omega t}{\Omega}\right] \tag{8.40}$$

在上式中令 $m_\mathrm{f}=k_\mathrm{p}\dfrac{U_{\Omega\mathrm{m}}}{\Omega}$，可看出其与式（8.7）中调频信号的数学表达式一致。这说明积分电路和调相电路可以构成间接调频电路。

常用的调相电路有移相法调相电路、可变时延法调相电路等。

1. 移相法调相电路

在移相法调相电路中，将 LC 单振荡电路作为移相网络，将受调制信号控制的变容二极管接入振荡电路，当调制信号变化时，电路失谐呈感性或容性，所产生的相移为正值或负值，电路的相移按照调制信号的变化规律变化。当输入调制信号经过积分电路后，输出调相波的相移与调制信号呈线性关系。

该电路实现调相的相移最大只有 $\pi/6$，因此得到的频偏较小。在实际使用中可采用多级振荡电路级联的方法来扩大频偏。

2. 可变时延法调相电路

调制信号控制延时后的载波信号的延迟时间与调制信号成正比，输出可得到调相信号。若先将调制信号进行积分，再控制延时后的载波信号，则输出为调频信号。在实际使用中可先将载波信号变为脉冲序列，利用数字电路进行可变延时，再将此脉冲序列转为相位变化的载波信号，得到的信号为一个模拟信号。由于采用脉冲序列进行可变延时，因此该电路又称脉冲调相电路，其优点在于调制线性好，线性相移比较大，该电路被广泛应用于调频广播和电视伴音发送设备。

8.4 调频波的解调

从调频信号中恢复出原调制信号的过程称为频率检波或鉴频。实现调频信号解调的电路称为频率解调器或鉴频器。同理，调相波的解调又称鉴相。

8.4.1 鉴频器的主要技术指标

鉴频器的主要特性是鉴频特性，即鉴频器的输出电压 u_o 与输入频率 f 之间的关系曲线，该关系曲线称为鉴频特性曲线，如图 8.13 所示。在理想情况下，鉴频特性曲线为一条直线，但实际上为曲线且两端弯曲为 S 形。当输入频率为调频信号的中心频率 f_c 时，输出电压 $u_\mathrm{o}=0$。当输入频率左右偏离中心频率位置处时，输出电压将会向正负方向大小变化，这种变化规律反映出调制信号的信息，根据其特点可以检测出调频波所包含的调制信号信息，从而还原出原调制信号。

理想的鉴频器要求鉴频特性曲线陡峭，线性范围大。但实际鉴频特性存在着非线性，只有中心频率附近的信号频率具有良好的线性。

鉴频器的主要性能指标如下。

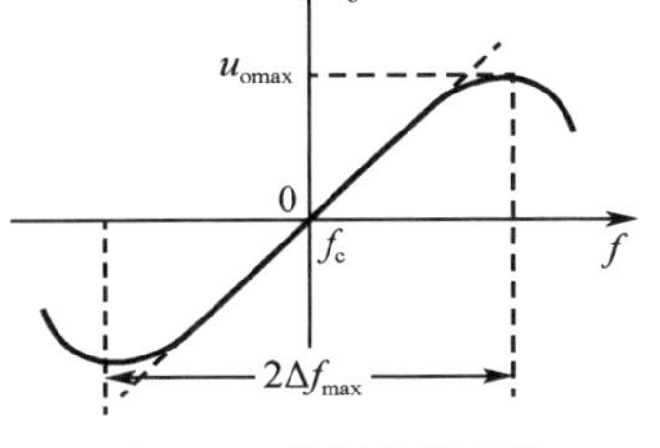

图 8.13　鉴频特性曲线

1. 鉴频灵敏度（鉴频跨导）

鉴频灵敏度又称鉴频跨导，即在中心频率处，单位频偏所能产生的解调输出电压变化量。

$$S_D = \frac{\Delta u_o}{\Delta f}\Big|_{f=f_c} \tag{8.41}$$

显然，鉴频灵敏度越高，意味着鉴频特性曲线越陡峭，电路将输入信号的频率变化转换为电压的能力越强，鉴频能力也越强。

2. 线性范围（鉴频带宽）

线性范围（鉴频带宽）即鉴频特性曲线在中心频率附近近似为直线的频率范围，在图 8.13 中用 $2\Delta f_{max}$ 表示，表明鉴频器不失真解调所对应的频率范围。鉴频带宽 $2\Delta f_{max}$ 应大于调频信号最大频偏的 2 倍，即 $2\Delta f_{max} > 2\Delta f_m$，以满足不失真解调。

3. 非线性失真

为实现理想鉴频，鉴频特性曲线在鉴频带宽内应呈线性。但实际上鉴频特性曲线只有在中心频率附近有良好的线性特性，鉴频特性为非线性所引起的失真称为鉴频器的非线性失真。在实际应用中非线性失真应越小越好。

8.4.2　鉴频方法与电路

鉴频的实现方法多样，通常可以分为直接鉴频法和间接鉴频法。直接鉴频法根据调频信号与调制信号的关系，对调频信号的频率进行检测，直接从频率中提取出原来的调制信号。脉冲计数式鉴频器、锁相环鉴频器都属于直接鉴频器。对调频信号进行变换或处理后，利用线性变换网络进行波形变换，通过振幅检波器或相位检波器间接恢复出原来调制信号的过程称为间接鉴频法。斜率鉴频器、相位鉴频器都属于间接鉴频器。

1. 直接鉴频法

1）脉冲计数式鉴频器

脉冲计数式鉴频器利用调频波单位时间内过零点（或零交点）的次数实现解调。调频信号瞬时频率的变化直接表现为单位时间内调频信号过零点的疏密变化。调频信号在每个周期有两个过零点，由负变正的过零点称为正过零点，由正变负的过零点称为负过零点。

脉冲计数式鉴频器的原理框图和波形如图 8.14 所示，限幅放大电路、微分电路、脉冲形成电路构成非线性变换网络，将输入的等幅调频波转换为脉宽相同而周期变化的矩形脉冲序列，单位时间内矩形脉冲数目的变化反映调频波瞬时频率的变化，矩形脉冲序列振幅的平均值直接反映单位时间内矩形脉冲的数目。脉冲个数越多，矩形脉冲序列振幅的平均分量越大；脉冲个数越少，矩形脉冲序列振幅的平均分量越小。将等宽的矩形脉冲序列通过一个低通滤波器，即可得到原调制信号。

脉冲计数式鉴频器的突出优点是频带宽、线性度高、便于集成。但其最高工作频率受矩形脉冲序列最小脉宽的限制，实际工作频率通常小于几十兆赫兹，一般能工作在 10 MHz 左右。若配合混频器使用，则其中心频率可提高至 100 MHz。

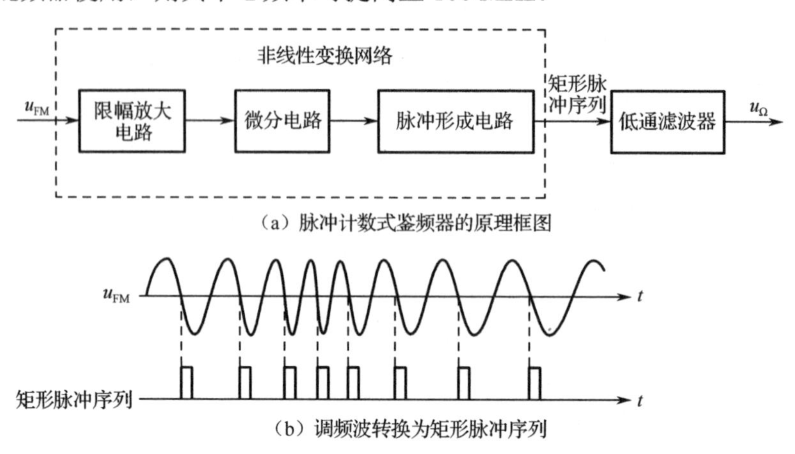

图 8.14　脉冲计数式鉴频器的原理框图和波形

2）锁相环鉴频器

锁相环可以直接用来鉴频，锁相环鉴频器的组成框图如图 8.15 所示。

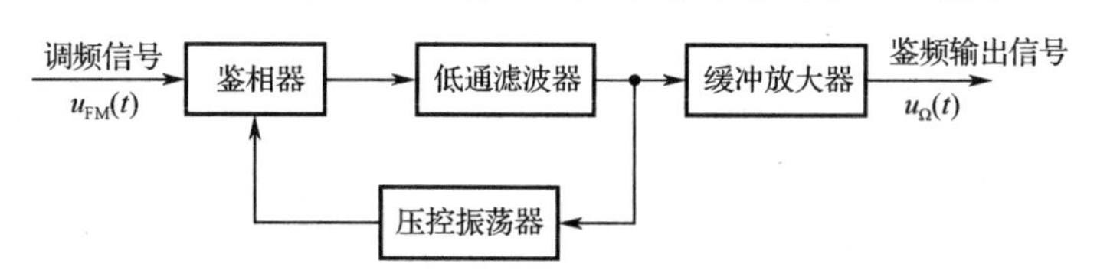

图 8.15　锁相环鉴频器的组成框图

锁相环具有跟踪特性，输入调频信号后，环路在锁定状态下，压控振荡器的振荡频率能够精确地跟踪输入调频信号的瞬时频率变化，产生具有相同调制规律的调频信号，由于解调后的输出信号中有较大的干扰和噪声，因此需要通过低通滤波器滤波后得到鉴频输出信号。为了实现不失真解调，压控振荡器的频率特性应为线性，且捕捉带大于输入调频信号的最大频偏，环路带宽大于输入调频信号的频谱宽度。

扫一扫看斜率鉴频器教学视频

2. 间接鉴频法

1）斜率鉴频器

斜率鉴频器的基本原理是利用波形变换进行鉴频，先将等幅的调频信号通过具有频率特性的线性变换网络变换为调幅调频波，然后通过包络检波器进行检波还原出原来的调制信号，其工作原理框图如图 8.16 所示。图中的线性变换网络是实现鉴频功能的核心部分，它是具有线性频率-电压转换特性的线性网络。

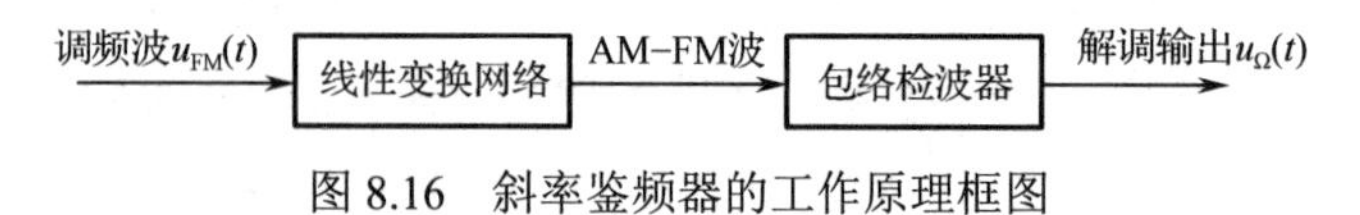

图 8.16　斜率鉴频器的工作原理框图

（1）单失谐电路斜率鉴频器。

单失谐电路斜率鉴频器如图 8.17 所示，其工作原理如图 8.18 所示。输入调频信号的中心

频率 f_c 置于并联谐振电路的谐振曲线倾斜部分的线性段中点 O，并联谐振电路的谐振频率调谐在高于或低于中心频率的频率上，即对调频波的载频适当失谐，将等幅的输入 FM 信号的瞬时角频率变化直接变换为 FM 波的包络变化，从而实现将等幅调频波变成调幅调频波，其振幅与调频信号的频偏成正比，经过包络检波器解调出原来的调制信号。这种鉴频器的主要缺点是非线性失真严重，只能用于要求不高的 FM 接收设备中。

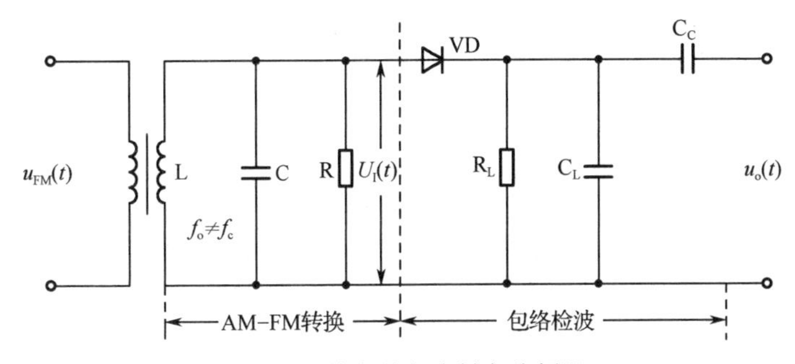

图 8.17　单失谐电路斜率鉴频器

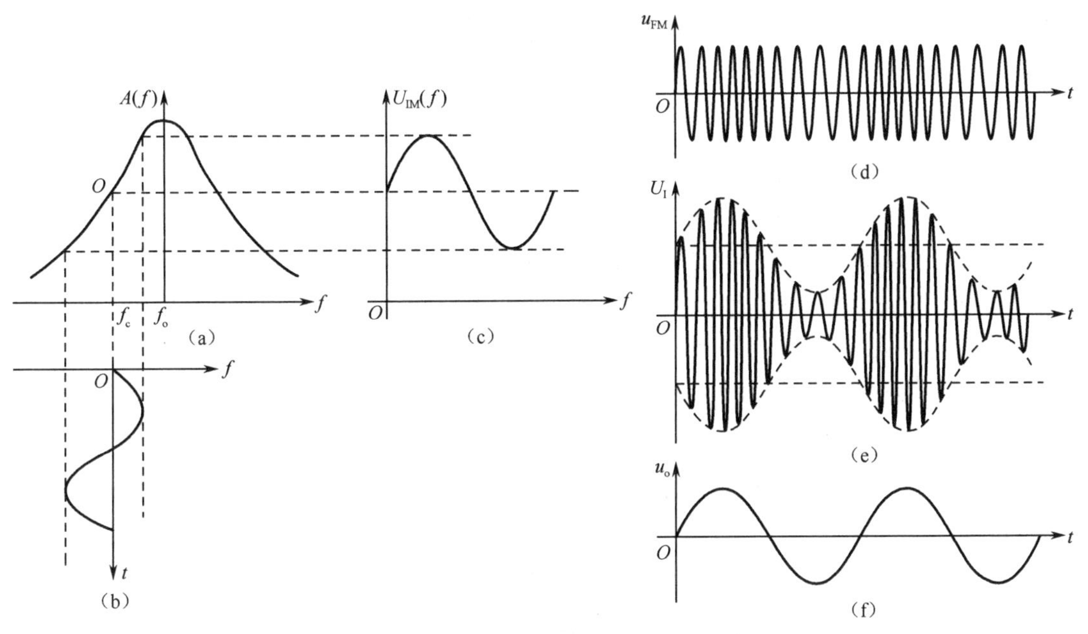

图 8.18　单失谐电路斜率鉴频器的工作原理

（2）双失谐电路斜率鉴频器。

双失谐电路斜率鉴频器是由两个单失谐电路斜率鉴频器连接起来的，如图 8.19 所示。两个并联谐振电路的谐振频率分别为 f_{c1} 和 f_{c2}，分别失谐于输入调频信号的中心频率 f_c 的两侧，且失谐间隔相等。当输入单频等幅调频波时，两个失谐电路各自将等幅调频波变换为包络线相位相差 180°的调幅调频波，其工作原理与单失谐电路斜率鉴频器一致，再由上、下两个包络检波器检出反映包络变化的 u_{o1} 和 u_{o2} 波形，鉴频器总的输出电压为 $u_o=u_{o1}-u_{o2}$，得到其鉴频特性曲线如图 8.20 所示。由于上、下两个包络检波器对称相等，因此当调频波的频率为中心频率 f_c 时，输出电压 $u_o=0$；当调频波的频率大于或小于中心频率 f_c 时，输出电压 u_o 为正值或负值。

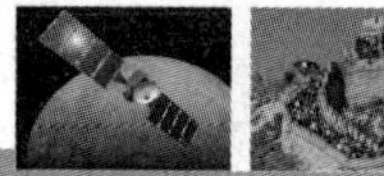

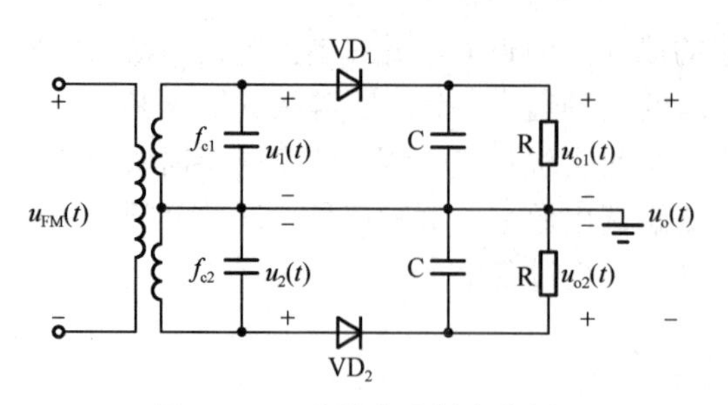

图 8.19　双失谐电路斜率鉴频器

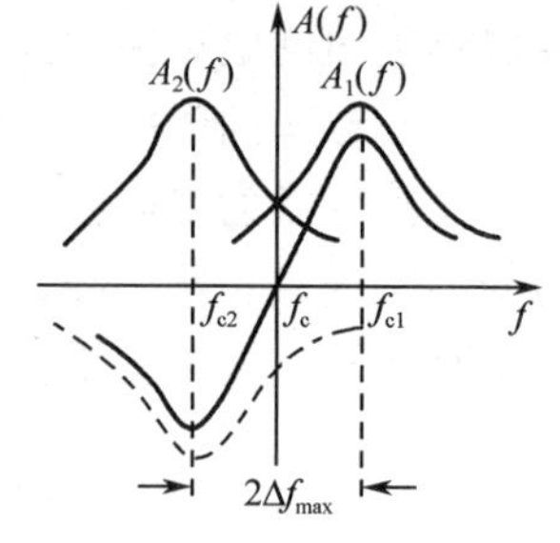

图 8.20　双失谐电路斜率鉴频器的鉴频特性曲线

双失谐电路斜率鉴频器的鉴频带宽较单失谐电路斜率鉴频器的鉴频带宽大，且鉴频特性在带内具有良好的线性。因此，双失谐电路斜率鉴频器适用于较大频偏的情况，目前主要用于要求失真很小的微波多路通信接收设备。

2）相位鉴频器

扫一扫看相位鉴频器教学课件

相位鉴频器同样基于波形变换实现鉴频，利用电路的相位频率特性先将调频波转换为相位与瞬时频率成正比的调相调频波，再由相位检波器解调出原来的调制信号，其工作原理框图如图 8.21 所示。

扫一扫看相位鉴频器教学视频

图 8.21　相位鉴频器的工作原理框图

相位鉴频器分为模拟和数字两大类。模拟相位鉴频器的应用更广泛，分为乘积型和叠加型两种。乘积型相位鉴频器由乘积型鉴相器构成，其实现原理框图如图 8.22 所示；叠加型相位鉴频器由叠加型鉴相器构成，其实现原理框图如图 8.23 所示。

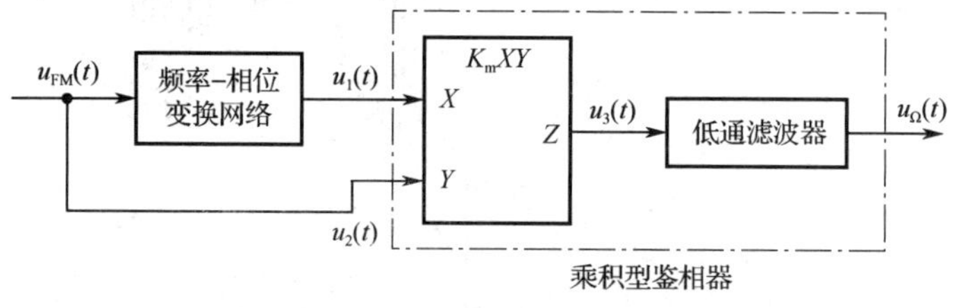

图 8.22　乘积型相位鉴频器的实现原理框图

扫一扫看仿真模拟乘法器鉴相器的基本特性教学课件

扫一扫看仿真模拟乘法器鉴相器的基本特性教学视频

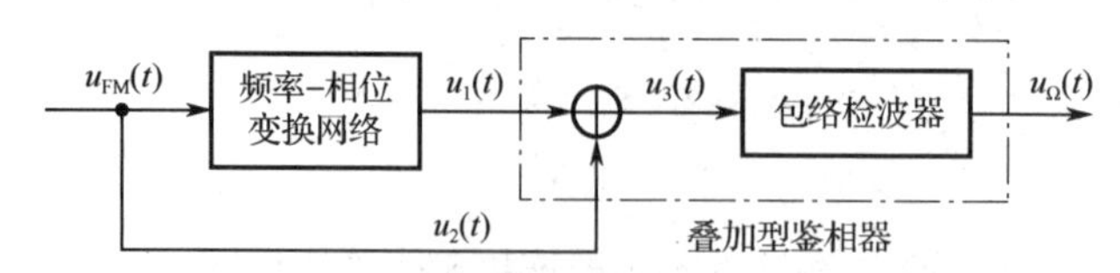

图 8.23　叠加型相位鉴频器的实现原理框图

乘积型相位鉴频器由频率-相位变换网络、模拟乘法器和低通滤波器组成。其中，一般采用 LC 单振荡电路作为频率-相位变换网络。LC 单振荡电路的频相变换电路及其频率特性如图 8.24 所示，分析其幅频和相频特性可知，谐振频率 ω_0 和品质因数 Q 分别为

$$\omega_0=\frac{1}{\sqrt{L(C+C_1)}} \tag{8.42}$$

$$Q=\frac{R}{\omega_0 L} \tag{8.43}$$

当输入信号频率 $\omega=\omega_0$ 时，相位 $\varphi(\omega)=\dfrac{\pi}{2}$；当输入信号频率 ω 偏离 ω_0 时，相位 $\varphi(\omega)$ 随着 ω 的增大而减小，且在 $\dfrac{\pi}{2}$ 的上下范围内变化。当失谐量较小时，相频特性曲线近似为线性。

假设输入信号为调频信号 $u_1(t)$，其瞬时角频率 $\omega_1(t)=\omega_c+\Delta\omega_1(t)$。当 $\omega_0=\omega_c$ 时，瞬时相位 $\varphi(\omega)$ 为

$$\varphi(\omega)=\frac{\pi}{2}-\frac{2Q}{\omega_c}\Delta\omega_1(t) \tag{8.44}$$

当调频信号 $\Delta\omega_m$ 较小时，LC 单振荡电路可不失真地完成频率-相位变换。

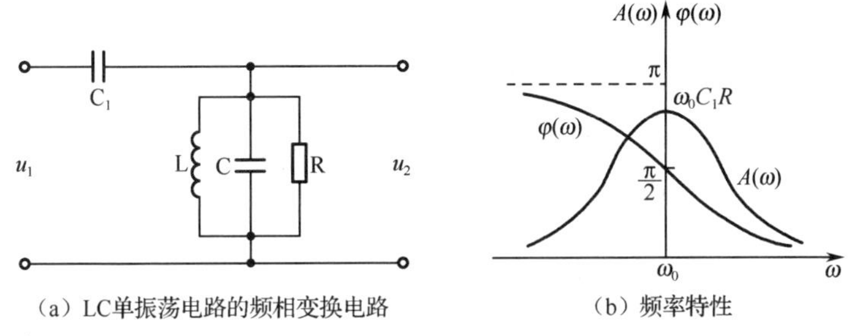

（a）LC单振荡电路的频相变换电路　　（b）频率特性

图 8.24　LC 单振荡电路的频相变换电路及其频率特性

在实际应用中，输入调频信号中的一路信号直接被送到模拟乘法器的 Y 输入端，另一路经过 LC 单振荡电路实现频率-相位变换后加至模拟乘法器的 X 输入端。两路信号在模拟乘法器中相乘，在相位变化的线性范围内，得到与两个输入信号相位差成正比的输出电压，该输出电压在通过低通滤波器后，获得所需的解调输出电压。

案例分析 8　调频对讲机

图 8.25 所示为一个实际调频对讲机接收电路框图，输入信号 30 MHz 调幅波经小信号放大器后，先与频率为 40.7 MHz 的本振信号进行一次混频，得到 10.7 MHz 的中频，为了避免镜像干扰，再进行二次混频，得到 455 kHz 的中频信号，最后通过鉴频将低频信号解调出来，并经低频放大器放大完成接收任务。

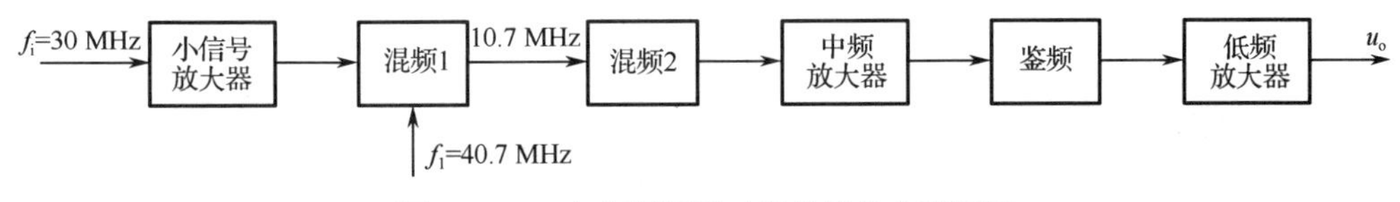

图 8.25　一个实际调频对讲机接收电路框图

其中，二次混频、中频放大和鉴频可以在 MC3361 鉴频电路（见图 8.26）中完成。首先一次混频的输出信号 10.7 MHz 与 MC3361 左下方的 10.245 MHz 晶体振荡器相混频，得到二次中频 455 kHz，然后在 MC3361 内部进行放大，再经过鉴频输出后，由集成运算放大器 LM386 进行低频放大输出，完成调频波的解调。

MC3361 鉴频电路是美国 Motorola 公司生产的单片窄带调频接收电路，主要应用于语音通信的无线接收设备。MC3361 芯片内包含振荡电路、混频电路、限幅放大器、积分鉴频器、滤波器、抑制器、扫描控制器及静噪开关电路等，主要应用于二次变频的通信接收设备。MC3361 的内部电路框图如图 8.27 所示。

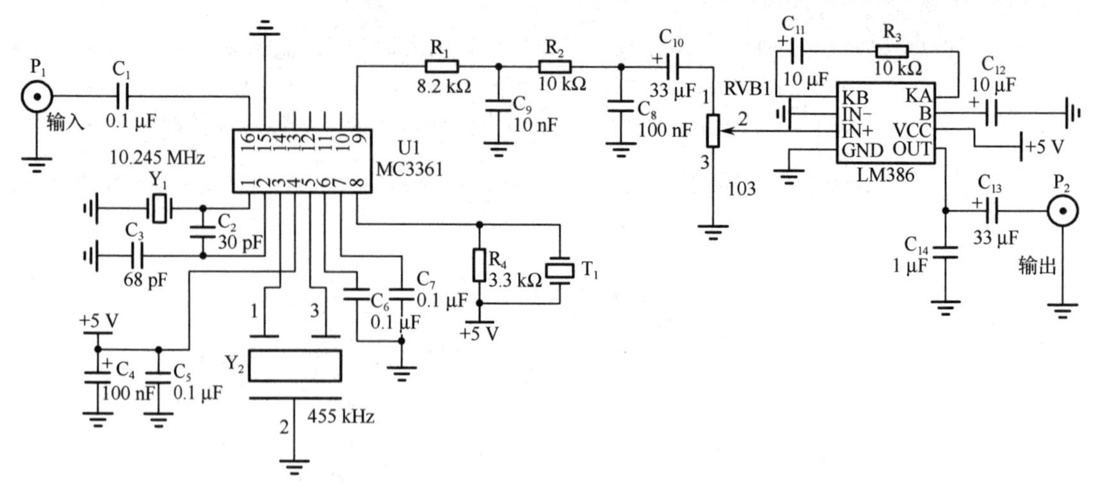

图 8.26　MC3361 鉴频电路

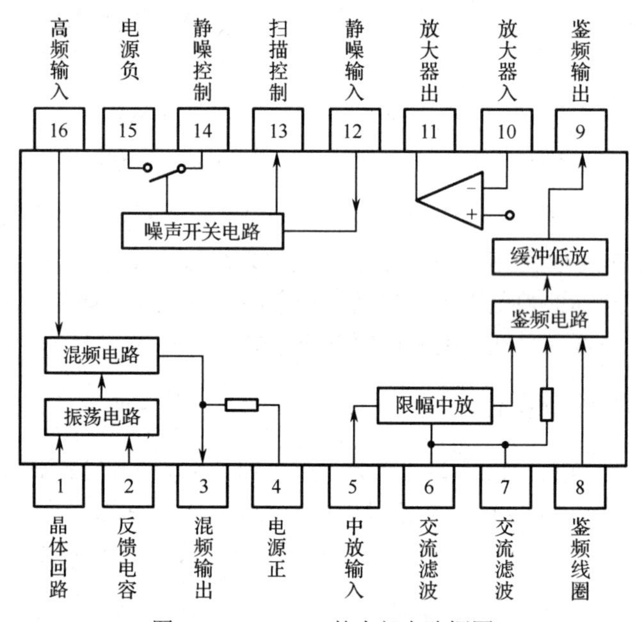

图 8.27　MC3361 的内部电路框图

专业名词解析

- **角度调制：**用调制信号去控制载波信号的角度（频率或相位）变化的一种信号变换方式。
- **调频：**用调制信号去控制载波信号的频率，其瞬时频率差与调制信号的起伏变化成正比，用 FM 表示。
- **调相：**用调制信号去控制载波信号的相位，其瞬时相位差与调制信号的起伏变化成正比，用 PM 表示。
- **鉴频：**调频波的解调，又称频率检波。
- **鉴相：**调相波的解调，又称相位检波。与调幅波的检波一样，鉴频和鉴相也是从已调信号中还原出原调制信号。
- **频偏：**调角波与载波频率间的瞬时频差绝对值的最大值。

- **瞬时角频率：**在调频波中心频率的基础上叠加了与调制信号成正比的瞬时角频偏。
- **瞬时相位：**瞬时角频率对时间的积分。
- **调频指数：**表示调频信号的最大相位偏移。
- **调相指数：**最大相位偏移，表示调相信号相位摆动的振幅。
- **调频灵敏度：**单位调制电压变化所产生的频率偏移量。
- **调相灵敏度：**单位调制信号振幅引起的相位变化。
- **调频电路的性能指标：**调频灵敏度、调制特性的线性度、中心频率的准确度和稳定度、最大频偏等。
- **直接调频：**用调制信号直接控制载波的瞬时频率。
- **间接调频：**先将调制信号积分，再对载波进行调相，从而得到调频波。
- **变容二极管直接调频电路：**属于直接调频法，一般是用调制电压直接控制振荡器的振荡频率，使振荡频率按调制电压的变化规律变化。
- **鉴频器：**将输入调频波的瞬时频率或频偏变换为相应的解调输出电压的变换器。
- **鉴频特性曲线：**鉴频器的输出电压与输入频率或频偏之间的关系曲线，它能全面描述鉴频器的主要特性。
- **鉴频灵敏度：**又称鉴频跨导，指鉴频特性在载频处的斜率，表示单位频偏所能产生的解调输出电压变化量。

本章小结

1. 角度调制是用调制信号去控制载波信号角度（频率或相位）变化的一种信号变换方式。若受控的是载波信号的频率，则称为调频（FM）；若受控的是载波信号的相位，则称为调相（PM）。无论是 FM 还是 PM，载波信号的振幅都不受调制信号的影响。

2. 与频谱的线性搬移不同，角度调制属于频谱的非线性变换，即已调信号的频谱结构不再保持原调制信号频谱的内部结构，且调制后的信号带宽比原调制信号的带宽大得多。调频波的解调称为鉴频，调相波的解调称为鉴相。

3. 调频波的调频指数与调制信号的角频率 Ω 成反比，调相波的调相指数与调制信号的角频率 Ω 无关。

4. 调角信号的平均总功率与未调制时的载波功率相等。改变调角指数 m，仅使原载频功率重新分配到各个边频分量上，而不会引起总的功率变化。

5. 调频波产生的方法主要有两种：直接调频和间接调频。直接调频指用调制信号直接控制载波的瞬时频率，即用调制信号直接改变振荡电路的谐振频率来获得调频波。间接调频先将调制信号积分，再对载波进行调相，从而得到调频波。

6. 直接调频能够获得较大的频偏，但主要缺点是中心频率稳定度低。间接调频的突出优点是载波中心频率的稳定度较高，但获得的频偏较小。

7. 鉴频的实现方法可以分为直接鉴频法和间接鉴频法。脉冲计数式鉴频器、锁相环鉴频器都属于直接鉴频器。斜率鉴频器、相位鉴频器都属于间接鉴频器。

思考题与习题 8

8.1　试叙述变容二极管直接调频电路的原理。

8.2 调频的实现方法有哪些？它们各自有什么优缺点？

8.3 简述斜率鉴频器的基本原理。

8.4 载波振荡频率 f_c=20 MHz，振幅 U_{cm}=5 V，调制信号为单频余弦波，频率 F=500 Hz，最大频偏 Δf_m =10 kHz。分别写出调频波和调相波的数学表达式。

8.5 设调频波的数学表达式为 $u_{FM}(t)=6\cos[2\pi\times5\times10^6t+4\sin(2\pi\times10^3t)]$V。求载频 f_c、调制频率 F、调频指数 m_f、最大频偏 Δf_m 、最大相偏 $\Delta\varphi_m$ 和带宽 BW。

8.6 若调频波的中心频率 f_c=12 MHz，最大频偏 Δf_m =75 kHz，则求当最高调制频率 F_{max} 分别为下列数值时的 m_f 和带宽：

（1）F_{max}=400 Hz；（2）F_{max}=3 kHz；（3）F_{max}=15 kHz。

仿真演示 12 变容二极管直接调频电路

变容二极管直接调频电路是常用的调频电路，如图 8.28 所示。图中为一个三点式振荡器在并联谐振电路中串接了一个变容二极管，此变容二极管电容受调制信号控制，因此，并联谐振电路的谐振频率也受调制信号控制。

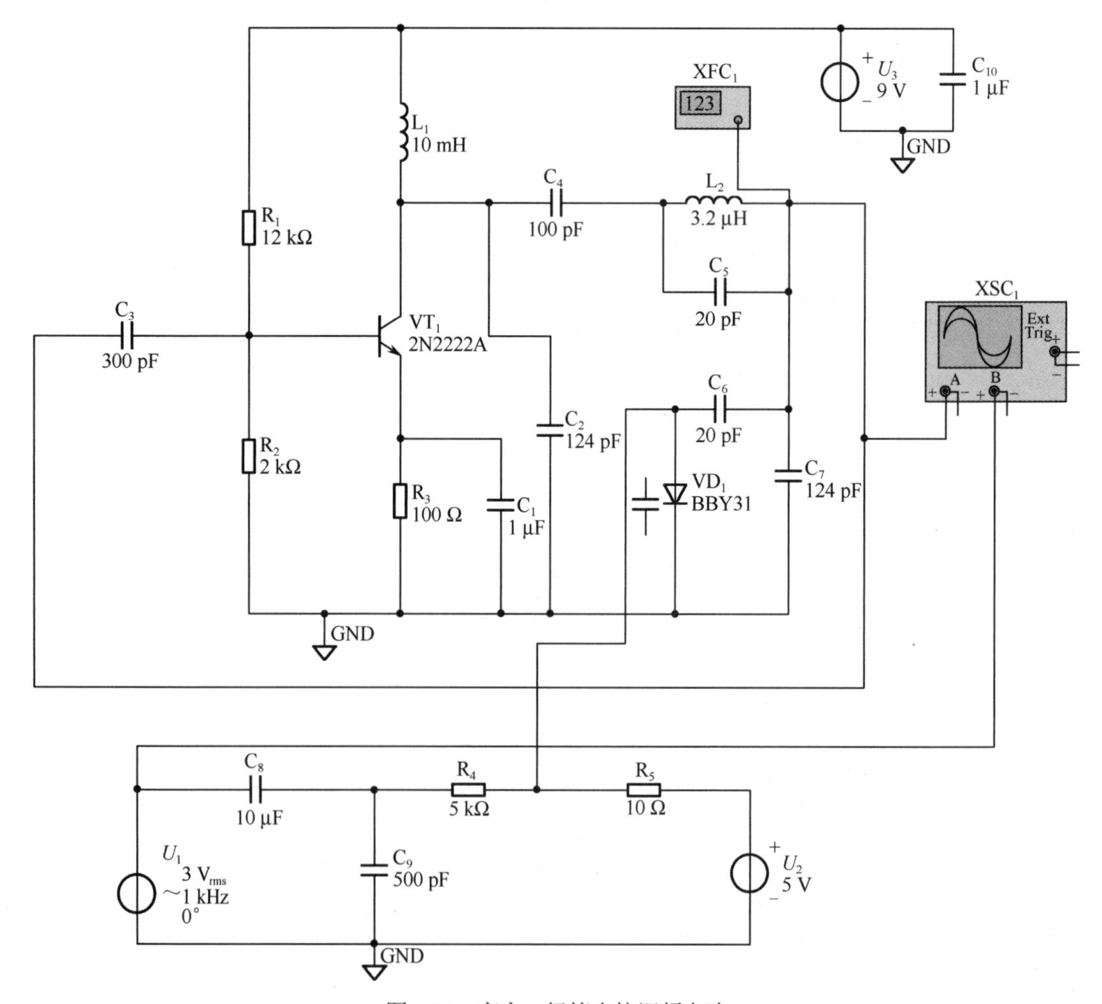

图 8.28 变容二极管直接调频电路

打开 NI Multisim 仿真软件，放置一个 XBC1 示波器和一个 XFC1 频率计，XBC1 示波器显示的变容二极管直接调频电路的波形如图 8.29 所示；XFC1 频率计显示的频率变化如图 8.30 所示。

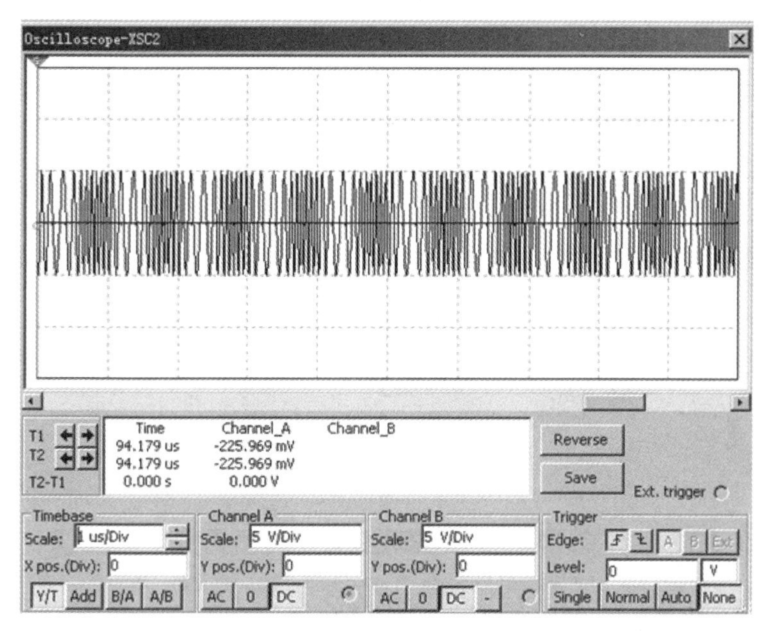

图 8.29　XBC1 示波器显示的变容二极管直接调频电路的波形

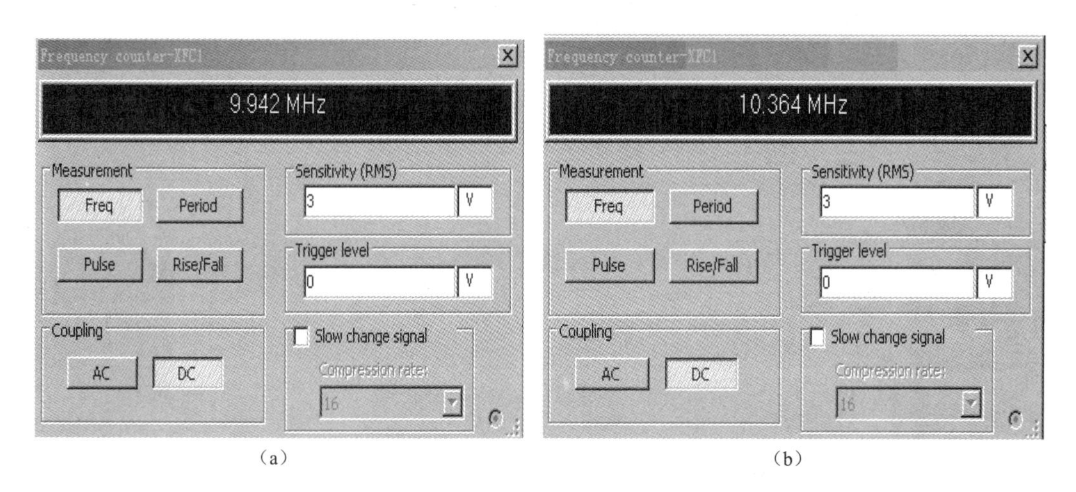

（a）　　　　　　　　　　（b）

图 8.30　XFC1 频率计频率显示的频率变化

仿真演示 13　锁相环鉴频电路

锁相环鉴频电路如图 8.31 所示，该电路利用锁相环实现无频差的跟踪特性，完成对 FM 信号的解调。打开 NI Mulitisim 仿真软件，将一个调频波信号源加入一个虚拟的 PLL 锁相环进行解调，得到图 8.32 所示的最下面的解调波形。

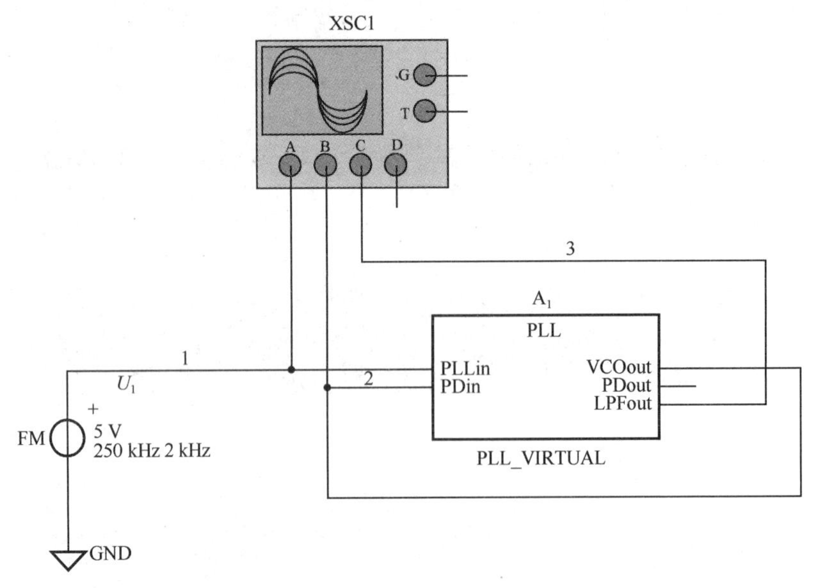

图 8.31 锁相环鉴频电路

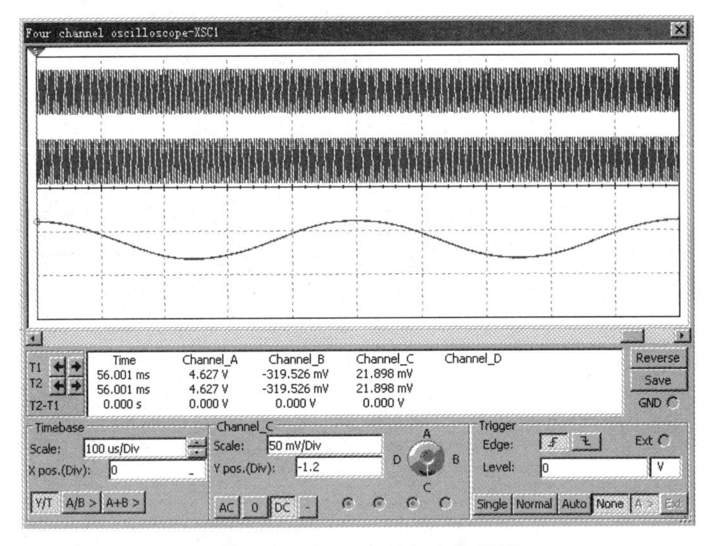

图 8.32 锁相环鉴频电路的解调

实验 10 测试鉴频器电路

扫一扫看测试鉴频器电路教学课件

扫一扫看测试鉴频器电路教学视频

1. 实验目的

（1）熟悉射频电子线路实验箱的组成和电路中各电子元器件的作用。

（2）掌握用 MC3361 实现调频波解调的原理。

（3）研究调频波与调制信号的波形关系。

（4）研究频偏对输出信号振幅的影响。

2. 预备知识

（1）认真阅读仪器使用说明，明确注意事项。

（2）复习鉴频的原理。

（3）复习 MC3361 芯片的资料。

3. 实验仪器

仪器名称	数量
射频电子线路实验箱	1 套
DDS 函数信号发生器	1 台
数字存储示波器	1 台
数字万用表	1 个

4. 实验电路

在接收设备电路中，鉴频器电路（见图 8.33）可实现对调频波信号的解调。该鉴频功能可在集成块 MC3361 中完成，首先将 10.7 MHz 的输出信号与 MC3361 左下方 10.245 MHz 的晶体振荡器相混频，得到 455 kHz 的中频信号，然后在 MC3361 内部进行放大，经过鉴频输出后，用集成运算放大器 LM386 进行低频放大输出，完成调频波的解调。

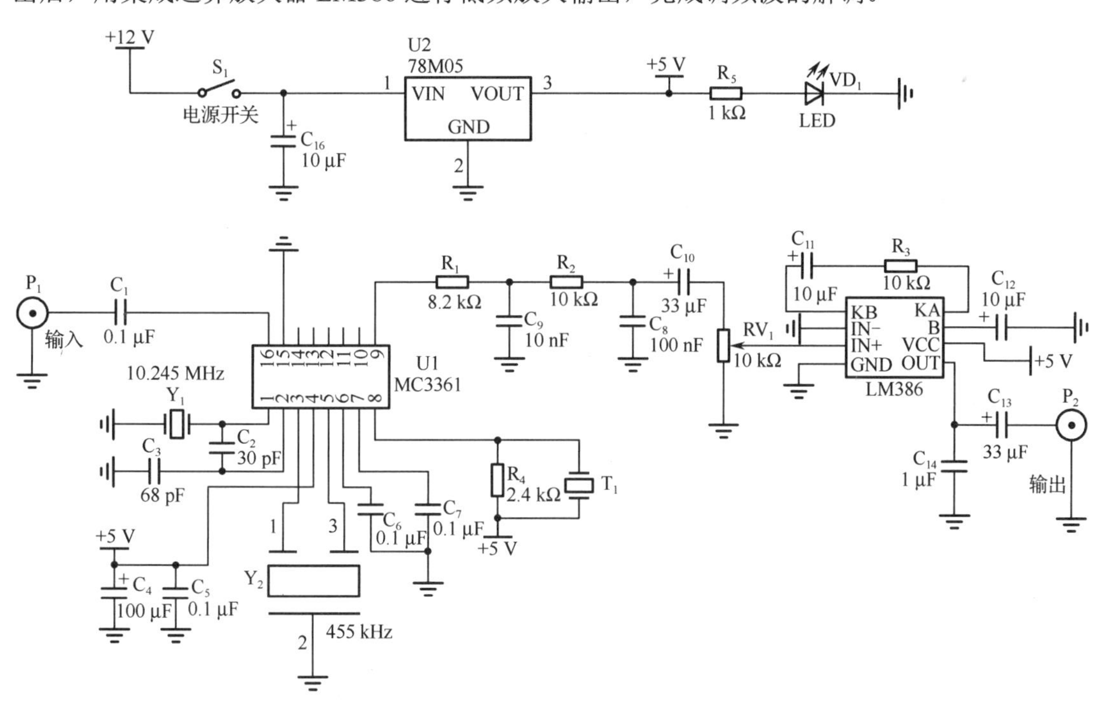

图 8.33　鉴频器电路

5. 实验内容与步骤

（1）电路供电。

将射频电子线路实验箱通电，该实验箱可通过切换交、直流开关将 220 V 的交流电压直接转换为+12 V 的直流电压，在模块实验电路中利用三端稳压器 78M05 将+12 V 转为+5 V 直流电压。此时，用数字万用表测量鉴频器电路的供电电压是否为+5 V。

（2）混频功能测试。

从 P_1 端输入频率为 10.7 MHz、电平为−20 dBm 的正弦波信号，用数字存储示波器测量

MC3361 的 5 脚的输出信号波形，此时产生的正弦波信号频率 f_i=__________kHz。

（3）鉴频功能测试。

① 将 P_1 端输入信号改为载频为 10.7 MHz、电平为−20 dBm、调制信号频率为 1 kHz、频偏为 3 kHz 的调频信号，此时应从 MC3361 的 5 脚产生一个__________（AM 信号/FM 信号/AM-FM 信号）。

② 用数字存储示波器观察 MC3361 的 9 脚的输出信号波形，此时应产生一个__________（低频信号/调频波信号），但波形比较粗，这是因为其中包含高频纹波。

③ 进一步从电容 C_{10} 的右侧观察信号波形，经过__________（高通滤波器/低通滤波器）后，信号波形较清晰，说明已经解调出了低频信号。

（4）放大性能测试。

① 在 P_2 输出端用数字存储示波器观察并记录 LM386 的输出信号波形，测量电压振幅 U_{om1}=__________V，发现经过 LM386 后，信号__________（不变/被放大）。

② 调节电位器 RV_1 的大小，发现信号的振幅可进一步变化，说明通过改变输入端电阻的大小，__________（可以/不可以）改变电路的放大倍数。

（5）频偏对信号波形的影响测试。

① 将调频信号的频偏改为 6 kHz，观察 P_2 输出端的波形，此时解调出的信号振幅 U_{om2}=__________V。

② 将调频信号的频偏改为 10 kHz，观察 P_2 输出端的波形，此时解调出的信号振幅 U_{om3}=__________V。

③ 比较频偏大小对解调出来的信号的影响，观察可知，频偏越大，解调出的信号振幅__________（越大/越小）。

6. 实验报告要求

（1）写明实验目的。

（2）整理实验数据，说明 MC3361 的鉴频原理。

7. 实验反思

鉴频器可实现__________（调幅波/调频波）的解调，其输出信号随着调频频偏的变化而__________（变化/不变）。

附录 A　自动搜台调频收音机应用

随着通信电路集成化技术的发展，目前已有很多高频接收设备、发送设备及高频收发设备等集成电路。这些高频系统集成电路外接元件少、功耗低、使用方便、性能优良，从而得到了广泛的应用。这里以一种常用的调频接收设备集成芯片为例，讨论它的内部结构、功能及应用，以便读者了解高频系统集成电路的结构特点及应用，从而增强对接收发射整机概念的理解，开阔思路，提高实际应用能力。

1. 集成电调谐 FM 收音机

单片收音机是由一块集成电路芯片和一些外围电路组成的，它属于系统集成电路。目前单片收音机集成电路的种类很多，这里以 TDA7088T 为例，讨论集成调频收音机的内部结构及应用。

TDA7088T 是飞利浦公司开发生产的集成调频收音机模块，它具有外接元件少、静态电流小、灵敏度高和使用方便等优点。

1）TDA7088T 集成芯片的内部结构

TDA7088T 采用 16 脚双列直插式扁平封装，其引脚排列如图 A.1 所示，引脚功能如表 A.1 所示。

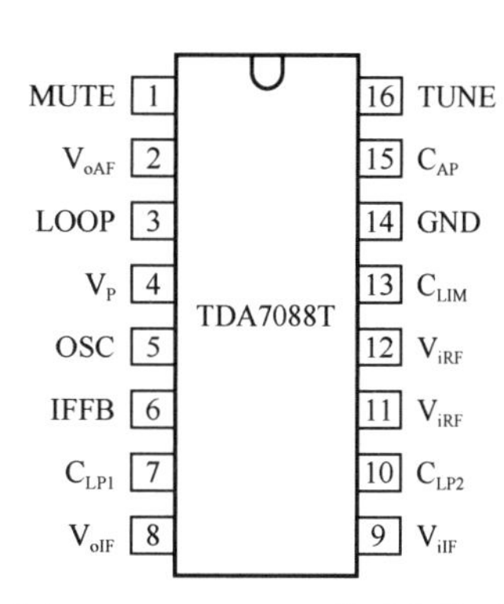

图 A.1　TDA7088T 的引脚排列

表 A.1　TDA7088T 的引脚功能

引脚	功能	引脚	功能
1	静噪控制端	9	中频信号输入端
2	音频信号输出端	10	中频限幅放大器低通电容连接端
3	AF 环路滤波元件连接端	11	射频信号输入端 1
4	工作电源电压输入端	12	射频信号输入端 2
5	本振协调电路元件连接端	13	限幅器失调电压电容连接端
6	中放反馈元件连接端	14	接地线端
7	1 dB 放大器的低通电容连接端	15	全通滤波器电容连接端及搜索调谐输入端
8	中频信号输出端	16	电调谐 AFC 信号输出端

TDA7088T 内部包含了调频收音机中的天线接收、振荡器、混频器、AFC（频率自动控制）电路、中频放大器（中频频率为 70 kHz）、中频限幅器、中频滤波器、鉴频器、低频静噪电路、音频输出等全部功能，还专门设有搜索调谐电路、信号检测电路及频率锁定环路。其内部功能图如图 A.2 所示，内部结构框图如图 A.3 所示。

信号从 TDA7088T 的 11 脚输入集成块，经高频放大、混频、中频放大、鉴频和低频放大后，得到立体声复合信号，并通过静噪开关从 2 脚输出。

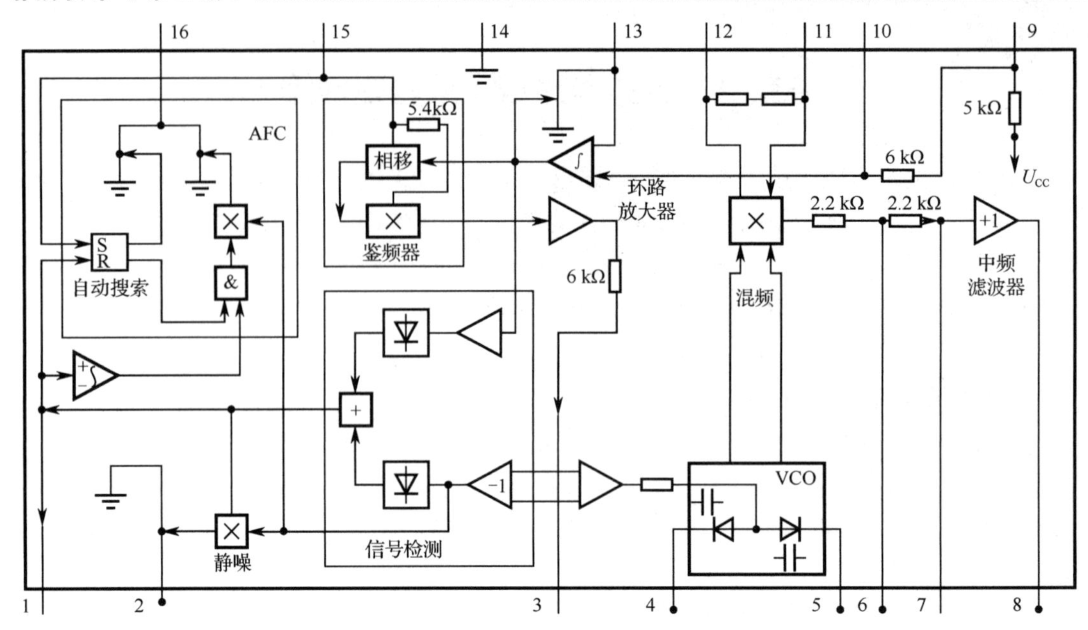

图 A.2　TDA7088T 的内部功能图

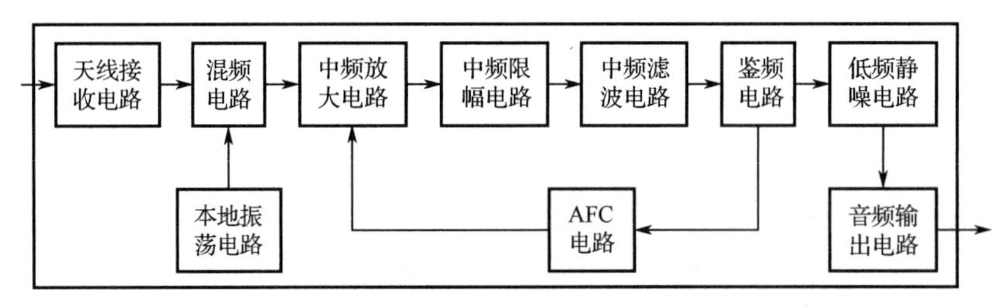

图 A.3　TDA7088T 的内部结构框图

2）TDA2822 芯片

TDA2822 是双声道音频功率放大电路芯片，适合在袖珍式盒式放音机、收录机和多媒体音箱中作为音频放大器使用，其特点是：电源电压范围宽（1.8～15 V）；静态电流小，交越失真也小；适用于单声道桥式或立体声线路两种工作状态；采用 8 脚双列直插式封装。其引脚排列如图 A.4 所示，引脚功能如表 A.2 所示。

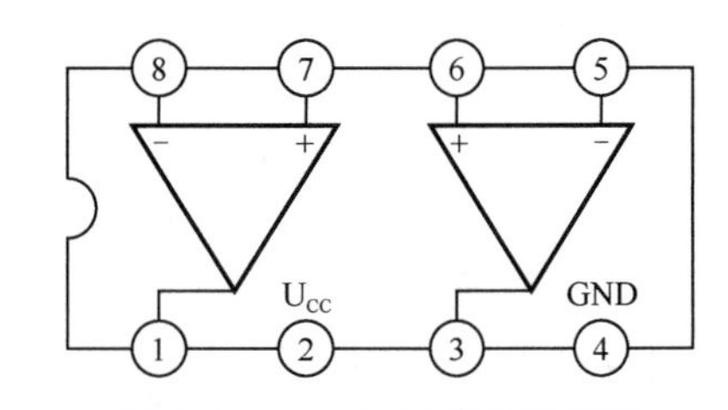

图 A.4　TDA2822 的引脚排列

表 A.2　TDA2822 的引脚功能

引脚	符号	功能	引脚	符号	功能
1	OUT_1	输出端 1	5	$IN_{2(-)}$	反向输入端 2
2	U_{CC}	电源	6	$IN_{2(+)}$	正向输入端 2
3	OUT_2	输出端 2	7	$IN_{1(+)}$	正向输入端 1
4	GND	地	8	$IN_{1(-)}$	反向输入端 1

2. 自动搜台调频收音机

自动搜台调频收音机与普通调频收音机的主要区别在于它们的调台方式不同。自动搜台

调频收音机采用电调谐方式选择电台，省去了可变电容器，设置了“搜索”和“复位”两个轻触式按钮。在使用时只要按下“搜索”按钮，收音机就会自动搜索电台，当它搜索到一个电台时，会准确地调谐并停止下来。如果想换一个电台，那么只需再次按下“搜索”按钮，收音机就会继续向频率高端搜索电台。当调谐到频率最高端后，需要先按下“复位”按钮，让收音机本振频率回到最低端，然后才能重新开始搜索电台。这种自动搜台调频收音机使用方便、调谐准确，由于其不使用可变电容器，所以使用寿命长（可变电容器容易损坏），但它的缺点是没有频率指示。图 A.5 所示为自动搜台调频收音机的原理图，其核心器件是 TDA7088T 集成电路。

图 A.5 所示电路既可作为调频收音机使用，也可作为对讲机的接收设备使用，可用开关 K_3 进行切换；K_2 是自动选台按钮，每按一次就自动调谐选频，频率从低端开始直到高端；K_1 为选频复位按钮，每按一下，选台频率自动回到最低端，重新开始选频。

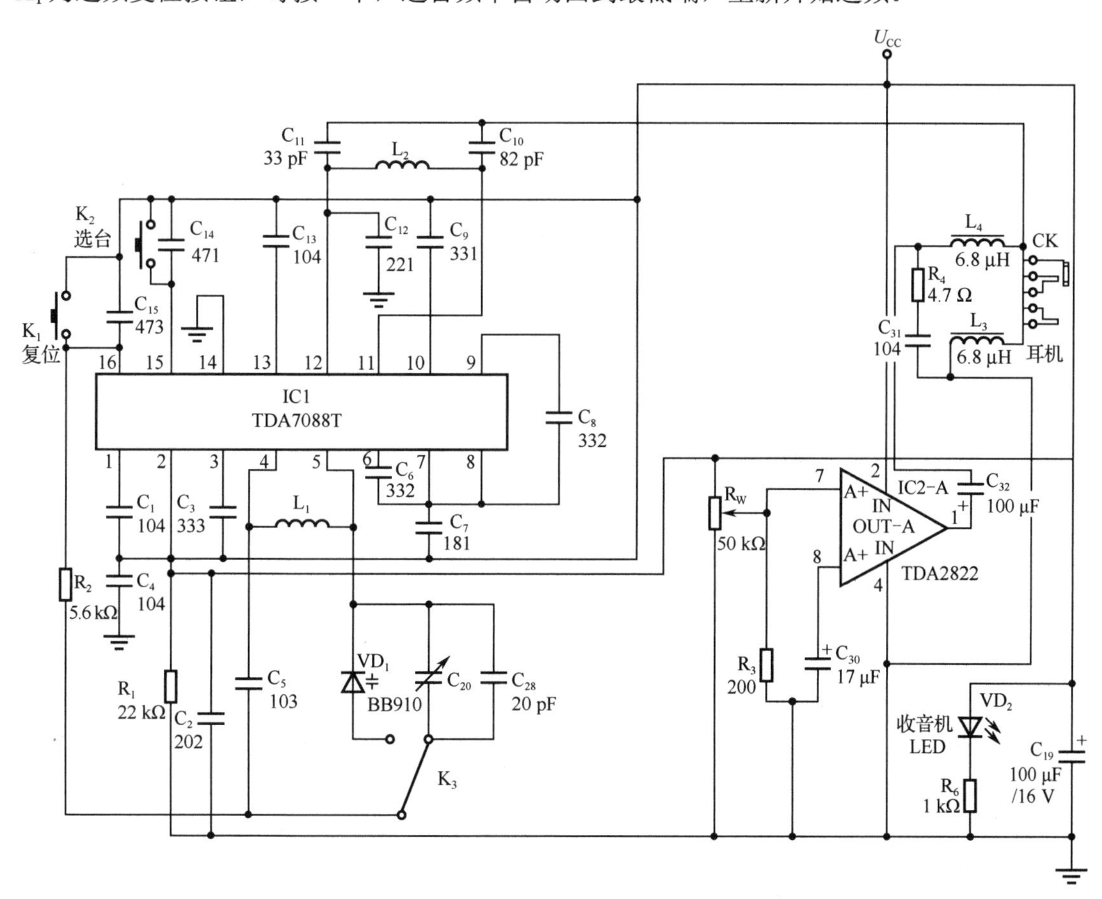

图 A.5 自动搜台调频收音机的原理图

取代可变电容器的是变容二极管，它是一种特殊的二极管，它的 PN 结电容随着 PN 结上偏压（反向电压）的变化而改变。偏压增大，PN 结变厚，PN 结电容变小；偏压降低，PN 结变薄，PN 结电容增大。因此，改变 PN 结上的偏压，就可以改变 PN 结的电容。电路中的变容二极管接在本机振荡电路上，可以改变振荡频率。

因为集成电路中很难集成较大容量的电容，所以集成电路外接的电容较多。TDA7088T 集成电路的 1 脚接的电容 C_1 为静噪电容；3 脚外接环路滤波元件；6 脚上的 C_6 为中频反馈电

容；7脚上的C_7为低通电容；8脚为中频信号输出端；9脚为中频信号输入端；10脚上的C_9为中频限幅放大器的低通电容；15脚为搜索调谐输入端，C_{14}为滤波电容；16脚为电调谐AFC信号的输出端。

调频收音机的耳机线兼作天线，将接收到的电台信号送入TDA7088T集成电路的11脚和12脚，由电感L_2、电容器C_{10}、C_{11}、C_{12}构成带通滤波器的输入电路。电路的频率由L_1、C_5及变容二极管VD_1决定。送入11脚的高频信号经过高放混频后产生的70 kHz中频信号经集成电路内的中频放大器、中频限幅器、中频滤波器和鉴频器变为音频信号，由TDA7088T的2脚输出，送到音量电位器R_W上，再由R_W的滑动触点送入音频功率放大器TDA2822的7脚进行放大，最后由1脚输出信号推动耳机发声。连接耳机插座的电感器L_3、L_4是为了防止天线的信号被耳机旁路而设置的。发光二极管VD_2和电阻器R_6组成电源显示电路。

3. 无线发送设备

图A.6所示的无线调频发送设备电路主要由一个功率放大器和一个振荡电路构成。其中，VD_3为发射LED，在发射状态时灯亮。麦克风将声音信号转变成微弱的电信号，通过C_{27}送入TDA2822的6脚进行放大后，由3脚输出，经R_L和C_{21}送到三极管C3355的基极，C3355构成振荡调频电路，将送到基极的信号变成已调波信号，经C_{24}和L_8耦合由天线A_1发射出去。

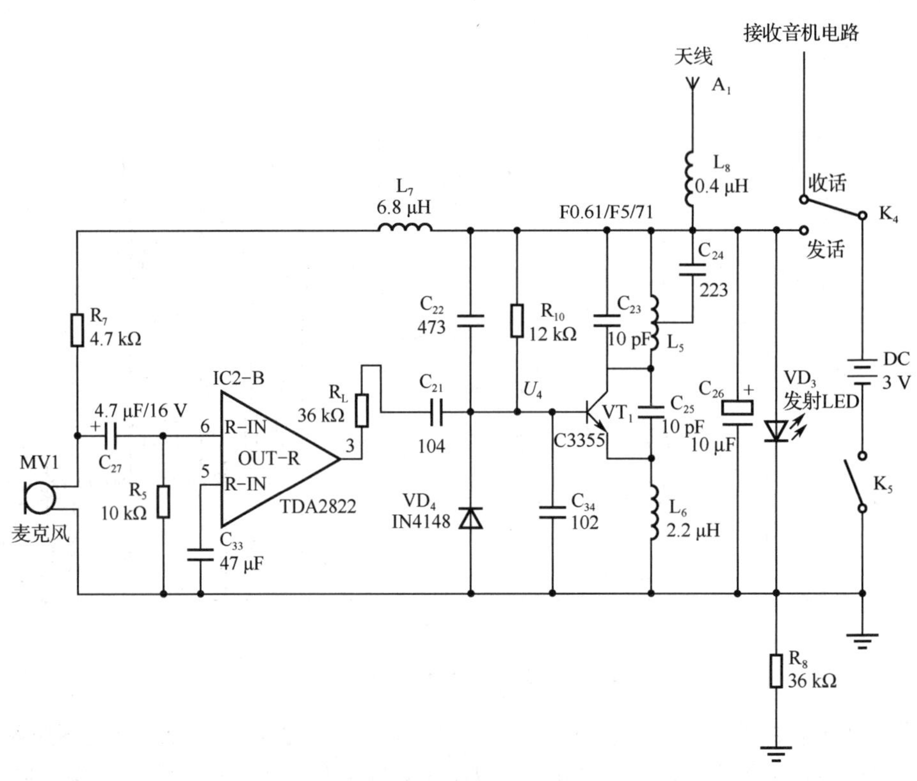

图A.6　无线调频发送设备电路

4. 整机安装调试

无线调频发射接收设备的安装示意图如图A.7所示。

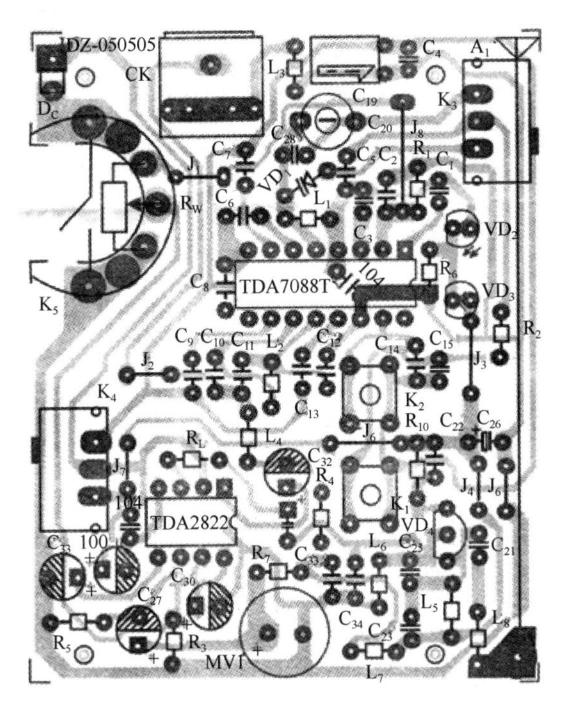

图 A.7　无线调频发射接收设备的安装示意图

在安装时按照先低后高的原则；在焊接时要注意 TDA7088T 的引脚排列方向不要弄错，焊接用的电烙铁外壳要接地，不能在线路板通电的情况下焊接板上的元器件。

这里需要特别注意的是两个空心线圈 L_1 和 L_2，圈数少的是振荡线圈 L_1，安装在集成块 TDA7088T 的 4 脚和 5 脚之间；圈数多的是输入调谐电路线圈 L_2，安装在集成块 TDA7088T 的 11 脚与 12 脚之间，由于中频频率选得很低，本振信号很容易从天线输入端传到电路里造成干扰，所以这两个线圈的位置要相互垂直。

所有元器件安装好并检查无误后就可以进行调试了。电路在不接耳机时的耗电约为 7 mA，最大音量在收听时的总耗电为 15 mA 左右。

第一步，调试收音机部分。接通电源，把 K_4 置于收话处，VD_2 灯亮，将 K_3 置于收音位置，收音机的工作频率为 87～108 MHz，通过调整线圈 L_1 的疏密程度来调整收音机接收频率的范围。如果高频端的电台搜不到，那么可以把线圈拉开一点；如果低频端的电台搜不到，那么可以把线圈夹紧一点。由于自动搜台调频收音机没有频率指示，所以可找一台普通调频收音机进行频率对比。通常只要装配正确即可收到电台的美妙音乐。

第二步，调试发射电路。这里需要两台收音机，分别称为 A 机和 B 机。先将 A 机用来发射，把 K_4 置于发话处，VD_3 灯亮，二极管应发光，工作电流为 10～25 mA。将 B 机用来收音，把 K_4 置于收话处，K_3 置于收音位置，用自动搜台按键选出 A 机发射的信号后，将 K_3 置于对讲处，用无感起子调节可变电容 C_{20} 增加接收的灵敏度。如果收不到信号或信号弱小阻塞，那么可拉长线圈 L_1，直到找到发射频率。交换 A 机和 B 机，按上述步骤重新调试一次，调试完毕之后，两台收音机就可以作为对讲机使用了。本机在正常情况下开阔对讲的距离不少于 30 m。

无线调频发射接收设备的元器件清单如表 A.3 所示。

表 A.3　无线调频发射接收设备的元器件清单

名称	文字代号	图形符号	规格型号	备注	名称	文字代号	图形符号	规格型号	备注
电阻器	R_1		22 kΩ或 20 kΩ	—	电容器	C_{30}		17 μF	—
电阻器	R_2		5.6 kΩ	—	电容器	C_{31}		104	—
电阻器	R_3		200 Ω	—	电容器	C_{32}		100 μF	—
电阻器	R_4		4.7 Ω	—	电容器	C_{33}		47 μF	—
电阻器	R_5		10 kΩ	—	电容器	C_{34}		102	—
电阻器	R_6		1 kΩ	—	二极管	VD_1		BB910	变容二极管
电阻器	R_7		4.7 kΩ	—	二极管	VD_2		收音 LED	绿色
电阻器	R_8		36 kΩ	—	二极管	VD_3		发射 LED	红色
电阻器	R_9		2.2 kΩ	—	二极管	VD_4		1N4148	—
电阻器	R_{10}		12 kΩ	—	三极管	VT_1		C3355	C、E、B 排列
电阻器	R_L		36 kΩ	—	集成块	IC1		TDA7088T	双列直插
电位器	R_W		50 kΩ	—	集成块	IC2		TDA2822	双列直插
电容器	C_1		104	—	电感	L_1		线绕	细小可调
电容器	C_2		202	—	电感	L_2		线绕	粗大可调
电容器	C_3		333	—	电感	L_3		电码电感	6.8 μH
电容器	C_4		104	—	电感	L_4		电码电感	6.8 μH
电容器	C_5		102	—	电感	L_5		线绕	发射用
电容器	C_6		332	—	电感	L_6		电码电感	2.2 μH
电容器	C_7		181	—	电感	L_7		电码电感	6.8 μH
电容器	C_8		332	—	电感	L_8		电码电感	0.4 μH
电容器	C_9		331	—	开关	K_1		—	复位
电容器	C_{10}		82 pF	—	开关	K_2		—	选台
电容器	C_{11}		33 pF	—	开关	K_3		单刀双掷	收音、对讲转换
电容器	C_{12}		221	—	开关	K_4		单刀双掷	收话、发话转换
电容器	C_{13}		104	—	普量电位器	K_5		50 kΩ可调	兼电源开关
电容器	C_{14}		471	—	耳机插座	CK	—	立体声小型	
电容器	C_{15}		683	—	电池片	—	—	专用	一套
电容器	C_{19}		100 μF	—	螺钉	—	—	专用	—
电容器	C_{20}		102 可调	—	连线	—	—	—	若干
电容器	C_{21}		104	—	天线	A_1		拉杆	—
电容器	C_{22}		473	—	天线片	—	—	专用	—
电容器	C_{23}		10 pF	—	印版	—	—	专用	—
电容器	C_{24}		223	—	机壳	—	—	专用	—
电容器	C_{25}		18 pF	—	耳机	—	—	专用	—
电容器	C_{26}		10 μF	—	电源	DC		3 V	—
电容器	C_{27}		4.7 μF	—	跨线	J_1～J_8		—	—
电容器	C_{28}		20 pF	—					

附录B 软件无线电技术

1. 软件无线电技术的发展

软件无线电技术是利用现代化软件操纵与控制传统的“纯硬件电路”，以实现不同功能的一种先进无线通信技术。软件无线电可以使整个系统（包括用户终端和无线网络）采用动态的软件编程对设备特性进行重配置，换句话说，相同的硬件可以通过不同的软件定义来完成不同的功能。也可以这样定义：软件无线电是一种新型的无线体系结构，它通过硬件和软件的结合使无线网络和用户终端具有重配置能力。软件无线电提供了一种建立多模式、多频段、多功能无线设备的解决方案，可以通过软件升级实现功能的提高。

也就是说，软件无线电技术以传统的硬件无线电通信设备作为基本通信平台，以现代化的软件来实现不同的通信功能。它打破了原有的通信功能仅依赖于硬件设备实现的格局。软件无线电技术可称为固定通信到移动通信、模拟通信到数字通信之后的第三次通信领域革命。

1991 年，美军针对在海湾战争暴露出来的军事通信保障中的协同、动机、保密、抗干扰和抗毁灭五大方面协调性差的问题，开始研究解决办法。1992 年 5 月，Joe Mitola 在美国国家远程系统会议上首次提出了软件无线电（Software Defined Radio，SDR）的概念，希望通过这一技术解决三军无线电台多频段、多工作方式的互通问题。SDR 的基本思想是以硬件作为基本平台，把无线及个人通信的功能尽可能多地用软件来实现。由于修改软件比修改硬件容易，而且设计、测试非常方便，所以在不同系统间可以互连与兼容。

随后，美国成功研制出了可同时处理 4 种不同的信号波形、兼容 15 种以上电台的多频段、多模式电台（MBMMR）的易通话（Speak-easy）系统。1994 年，美军采用 Texas 公司生产的 TMS320C40 处理器（4 个）和 5 MB 存储器开发的多芯片模块，构建了以 VME 总线为基础的模块化结构的电台，其工作频段为 2～2 000 MHz，可编程的数字信号处理能力达到 2GFLOPS、11GOPS（整数运算）和 3GI/OIPS（每秒输入/输出指令），对具有 15 种以上现有战术无线电台的 MBMMR 进行了演示，取得了令人满意的结果。

美国麻省理工学院计算机科学实验室的 SpectrumWare 项目从通用计算机实现 SDR 的角度出发，引入了更多的软件成分，提出并正在试图实现虚拟无线电（Virtual Radio）。此外，Ericsson、Airnet 和 Motorola 等公司在移动基站方面也通过 SDR 研制出了可灵活配置的基站。

在中国，软件无线电技术也得到了多个部门的重视，在“九五”“十五”和“863”计划中都将软件无线电技术列为重点研究项目。“九五”期间立项的“多频段多功能电台技术”突破了软件无线电的部分关键技术，开发出了 4 信道多波形样机。随后，我国研制出了 SDR 的第三代移动通信系统方案 TD-SCDMA。

2. 软件无线电技术的基本结构

软件无线电系统结构由三大模块组成，即实时信道处理模块、环境管理模块和软件工具。

1）实时信道处理模块

在信道处理部分，软件无线电与硬件无线电没有根本区别，都包括射频变换、A/D（模数）和 D/A（数模）转换器、中频处理、基带与比特流处理及信源编码，典型的软件无线电结构如图 B.1 所示，理想的软件无线电结构如图 B.2 所示，二者的主要差别在于 A/D、D/A

转换器的位置。另外，可用高速数字信号处理器（DSP）代替传统的专用数字集成电路ASIC，并用低速DSP进行A/D转换后的一系列信号处理。这是因为：一方面，A/D、D/A转换器的带宽受限（目前一般仅能做到约 100 MHz）；另一方面，一般无线电台的射频变换基本上采用模拟方式。因此，决定了目前A/D、D/A转换适合在中频部分实现。

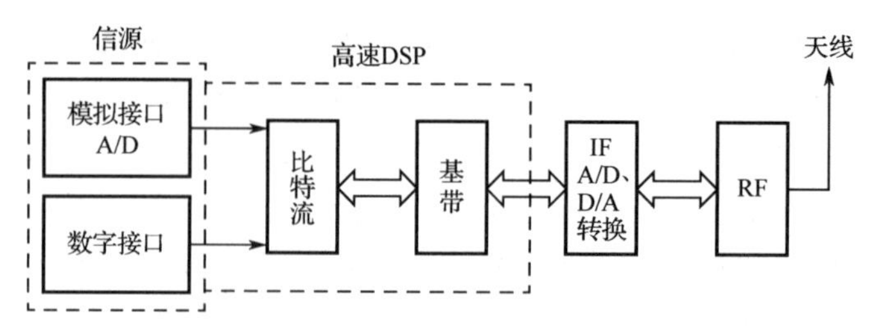

图 B.1　典型的软件无线电结构

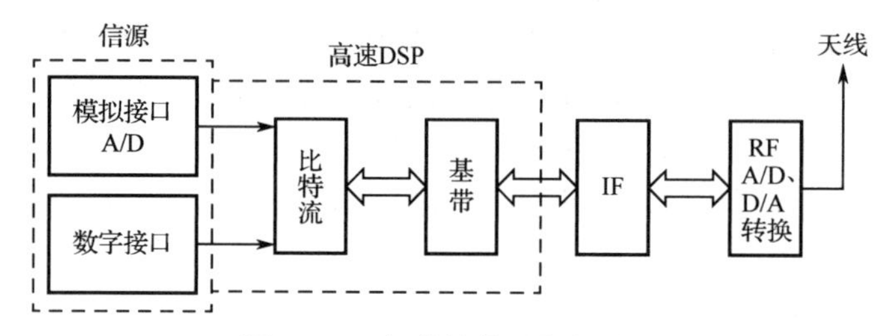

图 B.2　理想的软件无线电结构

信号处理过程可用离散时间点操作来描述，其实现方法是将离散时间域的基带波乘以一个离散的参考载波，以便产生中频信号的采样，这样的点操作需要数百 MIPS（每秒百万指令）和几兆字节至几吉字节的 FLOPS（每秒浮点运算），并且要求严格的等时同步。另外，每个A/D转换器的输入/输出速率可达 Gbps 的数量级，尽管数据可按一定比例压缩（通常是 10 : 1），但对 I/O 接口来说，要维持严格的等时同步和实时嵌入仍是困难的。因此，最简单的方法就是将多处理器组合成流水线，使内部连接在一起的各种处理器分别实现不同的功能，而更好的方法是应用多种总线标准进行互连。

2）环境管理模块和软件工具

在准实时环境管理模块中，可以使用时间、频率和空间特征来刻画无线通信环境，包括信道确认并估算其他一些参数，如信道干扰程度和用户位置等，所有的这类运算可由一个多指令多数据平行处理器完成。

利用在线和离线的软件工具可以实现增量业务的增强。例如，可增加用户密度的波束形成器、均衡器和格状解码器等。增量业务的增强和升级均可在实时信道处理模块中进行，高度集成化的软件工具可较快地实施增值的软件升级；当软件定义的网络迅速扩大后，可通过无线电波提供改进的服务功能。

典型的软件无线电系统结构框图如图 B.3 所示。由于软件无线电技术可使模拟信号的数字化过程尽可能地接近天线，即将A/D转换器尽量靠近RF射频前端，利用DSP的强大处理能力和软件的灵活性可实现信道分离、调制解调和信道编码译码等工作，从而为第二代移动通信系统向第三代移动通信系统的平滑过渡提供一个良好的无缝解决方案。

软件无线电的基本思想就是将宽带A/D转换器及D/A转换器尽可能地靠近射频天线，建立一个具有“A/D-DSP-D/A”模型的通用的、开放的硬件平台。在该硬件平台上尽量利用软

件技术来实现电台的各种功能模块。例如，使用宽带ADC，通过可编程数字滤波器对信道进行分离；使用DSP技术，通过软件编程实现各种通信频段的选择，如HF、VHF、UHF和SHF等；通过软件编程完成传输信息抽样、量化、编码/解码、运算处理和变换，以实现射频电台的收发功能；通过软件编程实现不同的信道调制方式的选择，如调幅、调频、单边带、跳频和扩频等；通过软件编程实现不同的保密结构、网络协议和控制终端功能等。

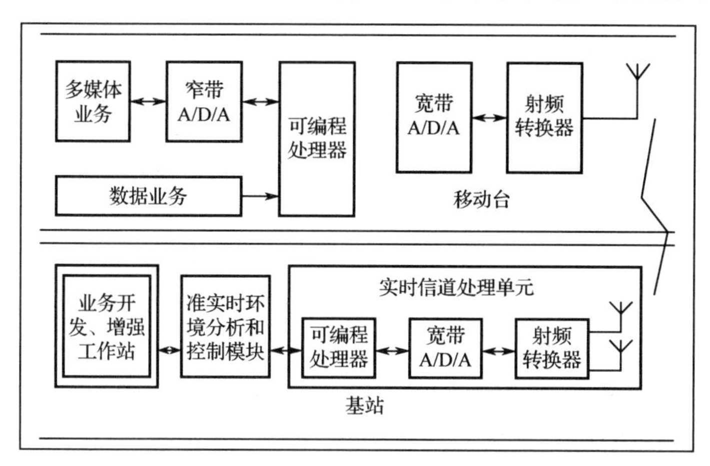

图B.3　典型的软件无线电系统结构框图

3. 软件无线电技术的特征

（1）充分数字化：从信号源、基带信号到射频信号都实现了数字化。

（2）完全可编程性：通过更换程序和模块插件来适应多频段、多波束及多种工作方式。

（3）模块化设计：采用高标准、高性能和开放式的总线结构，能支持并行、流水线和异种多处理机，并支持模块化设计。

（4）多种业务：利用可编程性方便且低成本地增加及改进无线通信的业务功能，以保障移动通信系统的信源终端允许多种业务（语音、传真和数据等）的接入；基站具有与公共电话网（PSTN）互通的能力及对系统的维护能力。

（5）高性能的互连结构：在传统的系统结构中一般采用流水线形式进行互连，其特点是各功能单元之间用电路相连，若要增加、删除或修改某一部分的功能，则与其相应的功能模块都要做出调整，因此，该结构不具有开放性。而SDR可提供一个开放的、可扩展的硬件平台，很容易地使系统中的各功能单元直接应用多种总线标准（如VME总线、PCI总线等）进行互连，并具有较高的数据吞吐率。

在未来更高级的应用中，SDR系统在发送时还将具备标注传输信道、探测传输信道、选择智能调制方式、电调天线波束及选择合适功率电平的能力。同样，在接收时其应能标注本信道与邻信道的能量分布、识别接收信号的模式、自适应地消除干扰、估价所要求信号的多径特性、自适应均衡等，并能对信道调制进行树状译码及通过前向纠错（FEC）自动控制方式达到尽可能低的误码率。

4. 软件无线电的关键技术

1）多频段、多波束与宽带射频

由于SDR能实现不同的通信功能，所以SDR系统的天线要有10倍频程以上的工作带宽

（0.4～3 GHz），并满足天线增益、物理尺寸及价格等方面的要求。又由于在无线电工程中，具体的 SDR 系统有其特定性，没有必要覆盖全频段，只需覆盖几个不同频段的窗口就可满足工作要求，所以可采用组合式多频段天线、模块化和通用化收发双工技术、多倍频程宽带低噪音放大器，以及调谐和能量控制等方案。

2）开放式总线结构

SDR 的重要特点是具有开放性。先进的标准化总线使得软件无线电能更好地发挥其适应性广和升级换代方便等特点，因此，标准化的总线是构建硬件平台和软件平台的基础。目前一般采用控制总线和高速数据总线的双总线结构。控制总线可采用 VME 总线和 PCI 总线等，而数据总线结构则是软件无线电体系结构的关键，目前还没有形成标准。

3）高速数字信号处理

高速数字信号处理包括数字上/下变频、基带处理、调制解调、比特流处理及解码功能等。对于调频和扩频系统，还应含有解扩和解跳功能。要实现这一部分功能，就要对单片 DSP 提出更高的要求，包括有更多的多址呼叫 MAC、更宽的程序总线和数据总线、单指令多数据 SIMD、多指令多数据 MIMD 结构及采用超指令结构等。当现有单片 DSP 的 ADC 配置无法满足这种要求时，可采用多个 ADC 并联的方式，以进一步提高工作速度。

（1）模数转换部分。

模数转换部分的参数主要包括采样速率和精度，这是整个 SDR 方案的灵魂和核心。软件无线电的灵活性、开放性和兼容性等特点主要是通过以数字信号处理器为中心的通用数字平台及 DSP 软件来实现的。软件无线电中的数字信号处理器除了能适应运算处理的高速度、高精度、大动态范围和大运算量，还应具有高效的结构和指令集、较大的内存容量和较低的功耗等。DSP 是软件无线电的核心，除了要完成全部基带处理功能，如信号检测、同步获取和解调等，还要完成加密、纠错、均衡、信号环境评估、信道接入控制、网络管理等功能。通常采样速率要求大于信号带宽的 2.5 倍，采样精度在 80 dB 的动态范围要求下不能低于 12 位。

（2）数字上、下变频部分。

数字下变频（DDC）是 A/D 转换后首先要完成的处理工作。数字变频器由数字混频器、数字控制振荡器和低通滤波器 3 部分组成。与模拟混频器相比，数字混频器的非线性与模拟本地振荡器的频率稳定性、边带、相位噪声、温度漂移、转换速率等有关，因此以前人们最关心的问题在数字混频器中都是不存在的。另外，数字变频器的控制和修改比较容易，这也是模拟变频无法比拟的。

数字变频性能主要受两个方面影响：一是表示数字本振、输入信号及混频乘法运算的样本数值的有限字长所引起的误差；二是数字本振相位的分辨率不够大而引起的数字本振样本数值的近似取值。另外，数字上、下变频还包括数字滤波和二次采样，这是系统中数字处理运算量最大的部分。若系统带宽为 10 MHz，则需要 2500 MIPS 的运算能力，这需用高速 DSP 芯片完成。

（3）信令处理部分。

软件无线电的任务是将通信协议及软件标准化、通用化和模块化。无线接入是无线通信的重要内容，其协议的主体部分是公共空间接口，目前已形成许多不同的标准。因此，当用软件无线电实现多模互连时，实现通信信令处理是很有必要的。这就需要把现有的各种无线信令按

软件无线电的要求划分成几个标准的层次，开发出标准的信令模块，研究出通用的信令框架。

软件无线电技术作为无线通信领域的重要技术之一，具有更高的灵活性、可编程性和可重构性，能够满足不同应用场景的需求。同时，随着新一代信息技术的发展，软件无线电技术也在不断地与人工智能、物联网和区块链等相融合，为各行各业提供更加高效、可靠的通信方式，为人们的生活和工作带来更多的便利和更高的效率。

附录 C　思政小学堂

本书不断挖掘知识点所蕴含的思政元素，形成碎片化学习资源，有助于教师在专业课程教学中自觉融入课程思政元素的教学理念，实现“价值引领、知识传授、能力培养”三位一体的教学目标。

1. 教材思政元素的内容获取途径

图 C.1 所示为“射频技术”课程教学与思政教育相结合方式的方法示意图。

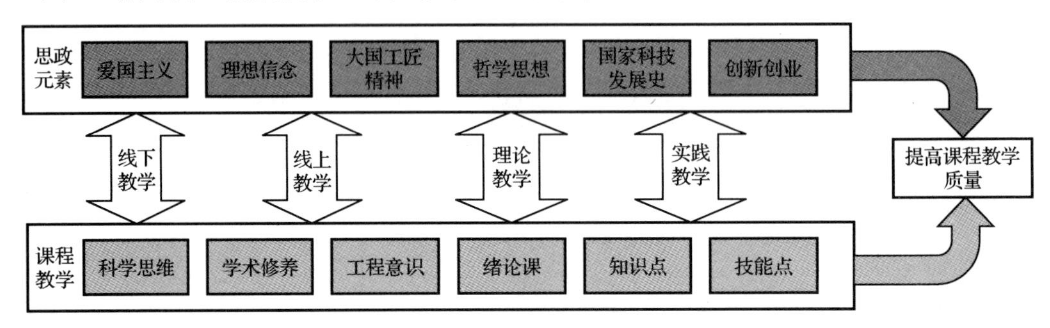

图 C.1 “射频技术”课程教学与思政教育结合方式的方法示意图

“射频技术”课程中思政元素的内容获取拟从以下 3 个方面展开。

（1）马克思主义哲学、习近平新时代中国特色社会主义思想、社会主义核心价值观等方面与教学内容的挖掘与融合，培育和塑造学生树立正确的世界观、价值观和人生观；

（2）充分挖掘知识点背景下蕴藏的科学故事、科学家故事，培养学生的科学思维、科技自信，感受名人榜样的力量，树立科技强国的意识；

（3）弘扬工匠精神，培养学生诚实守信、遵守规范、安全操作、团队协作、敢于创新的职业素养。

2. 教材知识点和思政融入点的对应关系

本书各章节的知识点和思政融入点的对应关系如表 C.1 所示。

表 C.1　本书各章节的知识点和思政融入点的对应关系

序号	单元	知识点	思政融入点
1	射频技术概论	通信的发展史	培养学生马克思主义的辩证思维方式，对专业的热爱和科学精神
		无线电信号的传输	
		无线电收发系统的组成及功能	正确看待个体与整体之间的辩证关系，树立正确的人生观和价值观
2	高频电路基础	LC 单振荡电路	用联系的观点看待串、并联谐振电路的区别，辩证地分析两种谐振电路的优缺点
3	高频小信号放大器	高频小信号放大器电路及其工作原理	理解系统的整体性与相关性；树立普遍联系的观点
		高频小信号放大器的主要技术指标	培养学生矛盾论的辩证观点

续表

序号	单元	知识点	思政融入点
4	高频功率放大器	高频功率放大器的工作原理	培养学生马克思主义的辩证思维方式
5	正弦波振荡器	振荡器的工作原理	培养学生矛盾论的辩证观点
		振荡器的振荡条件	
		LC 正弦波振荡器	用全面的眼光和观点看待和处理问题，树立全局观
6	反馈控制电路	反馈控制电路	培养学生的辩证思维，即看待问题要全面，凡事有利亦有弊
7	振幅调制、解调与混频	调幅波	培养学生用联系与发展的眼光看待问题，以及科技报国的责任感、使命感
		调幅电路	
		混频原理	
8	角度调制与解调	调频的实现方法及电路	培养学生用联系与发展的眼光看待问题
9	实验环节	各单元实验	弘扬工匠精神，培养学生诚实守信、遵守规范、安全操作、团队协作、敢于创新的职业素养

3. 思政案例

案例 1　以高频小信号放大器的视角看国家的强大

在平时的课堂教学中，教师经常和学生谈到“自律”“自强”的重要性。当课程进入高频小信号放大器的主要技术指标的学习时，便在讲解过程中自然而然地将指标设置的目的与“自强”“自律”联系起来。

新冠疫情是人类社会曾面临的共同挑战，中国在这场没有硝烟的战役中展现的努力与能力、信心与决心，让国际社会动容。中国强大的执行力令人折服，“中国速度”“中国效率”一次次让国际社会赞叹中国的应对能力。中国在应对新冠疫情时反应迅速、执行有力、信息公开透明，成功地向世界展示了中国的能力。

这一切，依靠的是什么？实力！有实力、有能力，才能在关键时刻所向披靡。中国在历经 70 多年的风雨后日益强大，我们身为中国公民深感自豪与幸福，身处祖国的怀抱感受到温暖与安全感，所以我们要让自己更加优秀，为国家的富强尽自己的全力!

从通信系统的视角来看，系统本身各环节要匹配好，其自身的性能要足够优越，才能输出更高质量的信号，更圆满地完成任务。例如，高频小信号放大器的增益一定要足够大，在谐振频率处放大能力够强，才能将失谐处的其他频率信号 PK 下去，让有用信号更加无障碍地向后级传输；选择性指标中的抑制比要尽可能大，从而放大器在有用信号与无用干扰之间的取舍就会更加从容、不“纠结”，而保障选择性的前提之一就是有用信号自身要足够“强大”，其才能更加突显，不被干扰噪声所淹没；噪声系数可说明“自律”的重要性，它是反映电路本身噪声大小的技术指标，其值越接近 1，说明放大器的抗噪能力越强，输出信号的质量越好。结合全民抗疫来说，从小处着眼，能够坚持宅家就是一种了不起的自律；结合网课教学的实施来说，能够按时上好每一节课、做好笔记就是一种学生应该做到的自律。从大处来说，每个人的自律都是在为国家做贡献，而国家的强大也一定是由每个人的“自强”构成的。

当然，就个体而言，我们在遭遇病毒侵害时，自身强大的免疫力、抵抗力就是最好的“抵御武器”。所以无论从身体上还是从精神上，都要让自己强大起来。在通信系统中的一些电路性能指标的设置也是为了定量地去评判其自身是否“够强”，是否有能力抵制客观存在的外界干扰。

案例2　从滤波器的视角谈人生反思

锁相环是一种相位负反馈控制系统，它利用输出量与输入量之间的相位误差来实现输出频率对输入频率的锁定，即“锁相”，实现锁相的方法称为锁相技术。频率合成器的核心组成部分即锁相环。

锁相环由鉴相器（PD）、环路滤波器（LPF）和压控振荡器（VCO）三部分组成，其基本组成框图如图C.2所示。

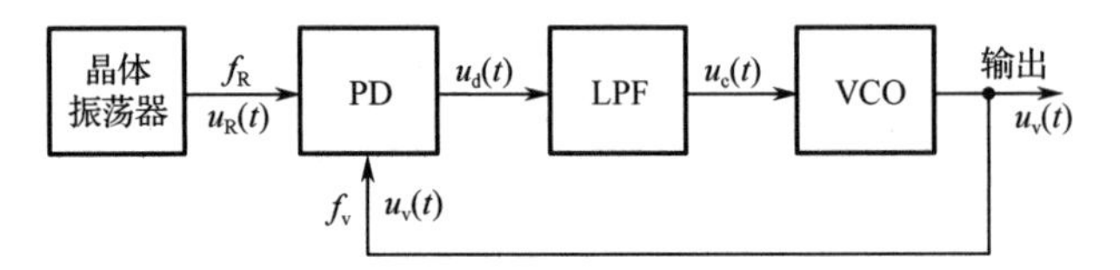

图C.2　锁相环的基本组成框图

其中，环路滤波器，即低通滤波器的作用是滤掉不想要的信号，得到想要的信号，这里是滤掉干扰信号和高频信号，得到缓慢变化的直流分量。同样地，我们在为人处世中也应如滤波器般，“择其善者而从之，其不善者而改之”，要坚持自己的原则和立场。此外，要想构造出理想的滤波器是非常困难的，正所谓“尺有所短，寸有所长”。正如锁相环加入负反馈后可以让系统更稳定，我们也要善于反思，当发现实际值与目标值不一致时，要学会不断调整，发现自身的不足和缺点，并不断优化完善，让自己变得越来越好。

因此，当遇到复杂且难以解决的问题时，不妨试试将问题简单化，如课程中多处涉及非线性器件，它们是实现调制与解调电路的核心，与线性电路相比，非线性电路的种类和形式多样，电路分析方法也很复杂。我们所熟知的线性电路的分析方法已不再适用于非线性电路，因此可考虑采用幂级数展开分析法等来分析非线性电路。在实际分析和计算时，总是取上述幂级数的有限项来近似表示非线性器件的伏安特性，从而将复杂问题简单化。

我们应该用深入思考的劲头、克服困难的勇气和修正调整的观念，去发现自己的潜力，创造属于自己的世界。

案例3　在无人机视角下的自动反馈控制技术

在无线电通信设备中，为了提高电子系统的性能指标，经常通过引入自动反馈控制电路来实现对系统自身的调节。各种类型的自动反馈控制电路都可以看成由反馈控制器和控制对象组成的自动调节系统，自动反馈控制电路在实际生活中具有广泛的应用。

在纳戈尔诺—卡拉巴赫战争（纳卡战争）中，阿塞拜疆和亚美尼亚两个国家在纳卡地区发生冲突，从网络上的多个视频中可见，阿塞拜疆从以色列、土耳其等国家采购大量携带导弹的无人机，对亚美尼亚的防空导弹系统和反无人机系统进行了精准“猎杀”，掌控了战场上的制空权。以往在战场上只是配角的无人机，对传统地面的主战装备展开了单方面的“屠杀”，引起了世界各国的广泛关注。

那么问题来了，无人机是如何实现精准猎杀的呢？

这就依赖于无人机使用的自动反馈控制系统，反馈控制电路框图如图 C.3 所示。反馈控制电路将执行器的输出结果反馈给控制输入，从而形成闭合环路的系统，这个控制系统可以根据当前执行结果自动调节控制输入，实现良好的控制效果，如控制无人机的飞行姿态、飞行位置等。采用 PID 控制方法，可以根据当前系统误差和期望快速响应达到稳态，并可以很好地消除稳态误差，配合 GPS 模块，实现精准定位。

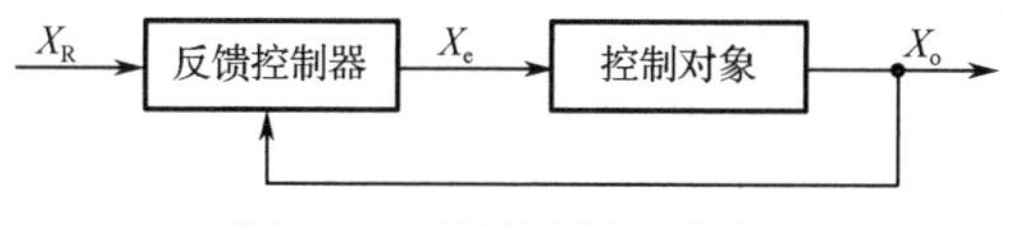

图 C.3　反馈控制电路框图

我们国家的无人机研究所也一直致力于无人机技术的研发，无人机可用于侦察、航拍、电力巡检、灾难救援等任务。目前比较厉害的就是察打一体机，其不仅可用于侦察，而且可运载导弹实施攻击，在战争中的地位日趋提升。

在庆祝中华人民共和国成立 70 周年阅兵式上，当无人机方阵走过天安门广场接受检阅的那一刻，我们的民族自豪感油然而生。

2020 年 9 月底，我国应急管理部使用中国航空工业成都飞机设计研究所自主研制的翼龙-2 无人机执行大型无人机应急通信实战演练任务，航行近 20 个小时，构建了一个完整的空中无人应急通信平台，解决了断网断电断路“三断”灾难现场通信保障难题，为第一时间开展应急救援提供了全新的解决方案。读者有时间可以了解一些相关的信息，关注时事动态。

我们的国家日益强大，少年强则国强，少年独立则国独立，少年进步则国进步。信仰和力量的星光终有一日会连缀成灿烂的银河。因为这束光，是你，是我，是我们每个人，生生不息，上下奔腾。

参考文献

[1] 曾兴雯. 高频电子线路[M]. 3 版. 北京：高等教育出版社，2016.
[2] 张肃文. 高频电子线路[M]. 5 版. 北京：高等教育出版社，2009.
[3] 廖惜春. 高频电子线路[M]. 3 版. 北京：电子工业出版社，2010.
[4] 赵建勋，陆曼如，邓军. 射频电路基础[M]. 西安：西安电子科技大学出版社，2010.
[5] 胡宴如，耿苏燕，周正，等. 高频电子线路[M]. 2 版. 北京：高等教育出版社，2015.
[6] 赵全利，李会萍. Multisim 电路设计与仿真[M]. 北京：机械工业出版社，2016.